遗产保护研究

田林 著

中国建筑工业出版社

图书在版编目（CIP）数据

建筑遗产保护研究／田林著. —北京： 中国建筑
工业出版社，2020.2
ISBN 978-7-112-24872-8

Ⅰ.① 建… Ⅱ.① 田… Ⅲ.① 建筑–文化遗产–保
护–研究–中国 Ⅳ.① TU-87

中国版本图书馆CIP数据核字（2020）第026107号

　　我国建筑遗产保护行业经过长期的工程实践与文化积淀，在借鉴国外遗产保护理念的基础上，初步形成了独具东方建筑特色的建筑遗产保护体系，为我国建筑遗产保护事业作出了重大贡献，但在项目实际实施过程中仍然存在大量保护理念不落地、保护修缮措施不当、保护方案缺乏科学性等现象。本书以建筑遗产保护理念形成、建筑遗产测绘技术方法、建筑遗产保护勘察报告、设计方案、施工图设计的编制方法等为研究重点，突破保护理论与实践脱节的瓶颈，结合大量案例分析，总结梳理建筑遗产勘察设计方案编制及保护技术措施遴选的科学方法，以期探讨适应我国建筑遗产保护的方法论。

　　本书适合于建筑遗产保护勘察设计和管理工作等从业人员、专家学者以及相关人员阅读。

责任编辑：付　娇　兰丽婷
版式设计：锋尚设计
责任校对：李欣慰

建筑遗产保护研究
田林　著
＊
中国建筑工业出版社出版、发行（北京海淀三里河路9号）
各地新华书店、建筑书店经销
北京锋尚制版有限公司制版
北京建筑工业印刷厂印刷
＊

开本：787×1092毫米　1/16　印张：16¾　字数：384千字
2020年1月第一版　　2020年1月第一次印刷
定价：**76.00**元
ISBN 978-7-112-24872-8
（35414）

自　序

　　建筑遗产凝聚了中国劳动人民的杰出创造与高度智慧，但建筑遗产自诞生之日起就面临着自然和人为等多种因素的破坏，对建筑遗产进行修缮是延续遗产寿命的重要手段，对建筑遗产进行测绘、编制保护方案和施工图设计是实施建筑遗产保护的前提。

　　保护方案是针对特定环境、特定保护物、在特定历史条件下制定的，使建筑遗产寿命得以有效延续的针对性技术措施。因此保护方案具有较强的时效性，但同时，随着认知水平的提高，我们的建筑遗产保护理念也是在动态变化中不断发展和完善的。本书首先对近二十年来笔者主持过的部分古建筑修缮设计方案进行了整理，从古建筑现场勘察、法式研究、病害分析、措施甄选、试验分析等多方面多视角，归纳了编制建筑遗产保护方案的主要方法，为保护理念的推广以及中国特色建筑遗产保护理论的形成提供借鉴与技术支撑。

　　其次，笔者选取了4大类型8个案例进行分析研究，针对每个案例编写了研究评述，限于篇幅原因，笔者对每个修缮设计案例均进行了不同程度的删减，未能将整体方案呈现给大家。

　　2014年至2018年，北京建筑大学受国家文物局委托，先后承办了九期全国文博行业保护规划和勘察设计培训班，期间获批的国家文物局文博人才培养示范基地，为全国具有文物保护甲级勘察设计资质的单位，培训了近300名一线规划、设计和管理人员；笔者作为培训班的主要组织者和主讲教师，积累了一定的教学经验与体会，本书在编写过程中对培训班讲义进行了整理汇总。由于业务工作所限，不能涵盖各个类型的建筑遗产，仅以部分方案设计为例展开研究，以期起到抛砖引玉之作用。如有不妥之处，还望专家学者、各位同仁批评指正。

目 录

第一章 ｜ 绪论

一、建筑遗产保护修缮的背景与意义

我国拥有丰富的建筑文化遗产，在已经公布的1～7批全国重点文物保护单位中，建筑遗产的占比超过60%。2019年9月26日，国务院常务会议核准了第八批762处全国重点文物保护单位，国保单位总数达到了5058处，其中建筑遗产的占比进一步提升。建筑遗产是我国优秀建筑文化的重要载体，是中华民族劳动智慧的结晶，是内容丰富、形式多样、不可多得的人类文化财富。1964年在威尼斯通过的《国际古迹保护与修复宪章》指出："世世代代人民的历史古迹，饱含着过去岁月的信息，留存至今，成为人们古老的活的见证。人们越来越多地意识到人类价值的统一性，并把古代遗迹看作共同的遗产，认识到为后代保护这些古迹的共同责任。"[1]把这些优秀的建筑遗产传下去，是我们中国当代遗产保护工作者的职责。

目前，我国的城市化进程仍在加速推进，城市大拆大建仍然没有得到有效遏制，建筑遗产仍然面临着自然、人为等多种破坏威胁，与此同时，已经实施的部分修缮工程，存在着修缮原则把握不准确、病害分析不全面、保护措施不合理等诸多问题，有的项目已经遭到业内专家的质疑，有的甚至遭到非专业人士的诟病。按照《中华人民共和国文物保护法》《文物保护工程管理办法》等法规要求，由具备勘察设计资质的单位编制勘察设计方案，并由与文物级别相对应的文物行政主管部门批准勘察设计方案，批准的方案是实施有效保护工程的前提；那么，如何编制科学合理、具有可操作性的修缮设计方案和施工图设计成果，已经成为制约建筑遗产保护理念有效发挥作用的瓶颈。保护措施的甄别与遴选，是实现保护理念的重要手段，其根本目的是"全面地保存、延续建筑遗产的真实历史信息和价值"[2]，使建筑遗产"益寿延年"，这里更加强调遗产"核心价值"的有效延续，没有核心价值的延续，保护遗产的意义将会被质疑。保护理念的达成应基于保护理论完善和保护方法的创新。改革开放四十多年来，经过对西方建筑遗产保护理论的吸收、消化和融合，具有中国建筑遗产特色的保护理论框架体系已初步成型，但是，基于技术层面的方法论体系迭代创新又成为当前亟待解决的关键。建筑遗产修缮工程勘察报告编制、设计方案编制以及施工图设计既是对保护理念的把握，更是方法体系的合理运用。部分专家及设计人员存在重理念、轻方法的现象，两者的脱节造成了修缮实际效果与设计评审初衷的严重背离。这既有工程管理环节的缺失，也有勘察测绘与设计方案科学性及合理性的欠缺，修缮勘察报告、设计方案及施工图设计是保护工程的依据，也是设计理念有效达成的途径。优秀的修缮设计应当科学运用保护理念并选择有效的修缮方法，使之到达当前技术条件下最恰当的修缮效果。

二、相关概念阐述

（一）建筑遗产

建筑遗产一般意义上说，是指具有一定综合价值的历史建筑，其特征主要体现在三个方面：首先，它是介于新生和失传之间的一种存在状态，且随着时间的流逝趋于消亡；其次，建筑遗产是城市与乡村的见证物，凝聚着人们对往昔岁月的追忆，是叠加着历史信息的载体；此外，建筑遗产还具有社会性，即使从物权的角度看，个体对某一建筑遗产拥有所有权，但就文化价值而言，它又为人们的整体利益所系，是人类的共同财富[3]。

建筑遗产一般包括：具有历史、艺术和科学价值被公布为各级文物保护单位的文物建筑和尚未公布为文物保护单位的，具有上述综合价值的历史建筑，如各级住房建设主管部门公布的挂牌建筑。本书修缮理论与方法研究重点针对被列为文物保护单位的建筑遗产。

（二）保护（Protect）

指尽力照顾，使自身（或他人，或其他事物）的权益不受损害。其含义包括：一是保重，调护。宋赵彦卫《云麓漫钞》卷九"暑溽异甚，伏望保护，寝兴万万珍重。"二是护卫使不受损害。《书·毕命》"分居里，成周郊"，即分别民之居里，异其善恶；成定东周郊境，使有保护。清代平步青《霞外攟屑·掌故·陈侍御奏摺》："保护地方，藉资乡导，不能不赖乎勇。"[4]以上古籍均谈到了"保护"的概念，但本书"保护"取"文物保护"之意。如1989年《睢县志·文化·古建筑》："袁家山（袁可立别业），……今为县图书馆馆址，县重点文物保护单位。"[5]

近年来业界针对不同级别文物保护单位，编制了大量修缮设计方案，对保护方案概念内涵有了较为清晰的认知，但尚未对保护方案的概念进行准确界定。在本书中，笔者尝试对其予以定义：建筑遗产保护方案是指针对特定环境中的具体保护物（建筑遗产），在特定技术条件下，为使其寿命得以有效延续，在对其保护现状与赋存环境进行科学评估的基础上，遴选针对性技术方法与措施而编制实施计划。

《中华人民共和国文物法》第五条第三款规定，国有不可移动文物的所有权不因其所依附的土地所有权或者使用权的改变而改变[6]。而从第六批全国重点文物保护单位公布之日起，大量非国有不可移动文物，如传统民居，被公布为全国重点文物保护单位，文物建筑权属问题变得尤为复杂，国家立法思想与实践均有认可私有地上物权的趋势，非国有不可移动文物得到了法律上的认可，多种所有形式并存将是一个长期的过程，这也是建筑遗产保护工作者将面临的实际问题。建筑遗产修缮的原则与方法是共通的，但使用者的诉求却各有不同，传统的修缮方案忽视或弱化了使用者的诉求，简化为理想模式下的修缮措施。这正是提高修缮方案与施工图设计编制水平、增加方案设计可操作性亟待解决的现实问题。

三、建筑遗产保护修缮框架体系

建筑遗产修缮理论与方法研究涉及范围广泛，需多学科交叉融合。本书以中国建筑遗产保护修缮的主要内容编写各个章节，梳理构建建筑遗产保护修缮理论的框架体系（图1-1）。

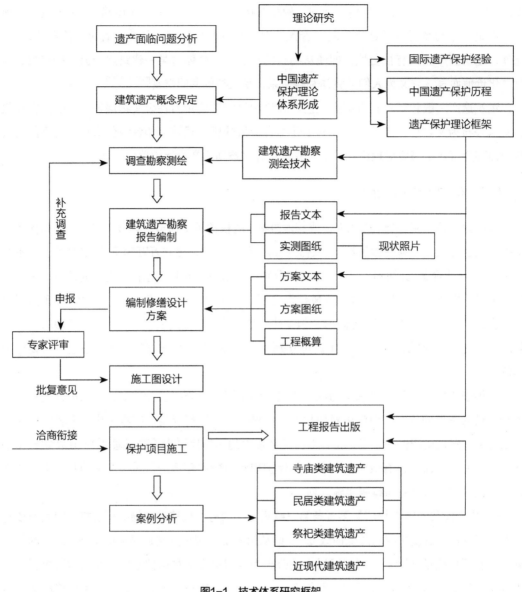

图1-1　技术体系研究框架

　　第一章绪论部分，在当前背景下阐述了我国建筑遗产保护修缮工作面临的主要问题，进而阐述本书研究建筑遗产修缮理论与方法的意义，并对建筑遗产的概念进行界定。

　　第二章阐述中国建筑遗产修缮理论体系构建，首先回顾中国建筑遗产保护修缮的历程，阐述国际遗产保护流派及其思想对我国遗产保护工作的影响；然后，基于价值评估方法论证我国建筑遗产保护理念及修缮理论与方法体系的构成。

　　第三章阐述勘察测绘技术在我国遗产保护实践中的应用与发展。在回顾建筑遗产测绘历史的基础上，梳理建筑遗产测绘方法。基于建筑遗产勘察测绘实践，明确建筑遗产勘察测绘流程，并结合案例分析，总结建筑遗产测绘方法与实践经验。

　　第四章在研究建筑遗产勘察报告编制方法之前，首先对我国现有建筑遗产修缮勘察报告及修缮设计方案的体例进行梳理与总结。然后提出建筑遗产形制研究分析的方法。在编制勘察报告过程中，全面系统梳理勘察报告文本的编制方法；并提出不同设计方案所需提供的技术支撑材料；最后对勘察设计实测图纸绘制提出规范性要求。

第五章从方案编制方法研究、图纸绘制规则、概算编制方法等方面系统阐述建筑遗产保护方案的编制方法。

第六章针对当前亟待解决的施工图设计难点问题及施工管理过程中"四方"衔接不足，提出建筑遗产施工图设计方法，明确施工图设计、技术交底与设计变更要求，并结合实际案例阐释设计施工方法，最后就竣工验收、工程资料整理出版等提出技术要求。

第七章结合建筑遗产修缮设计实例，分类研究建筑遗产的保护设计方法，包括：寺庙建筑遗产、府邸民居建筑遗产、祭祀纪念性建筑遗产、近现代建筑遗产以及石窟古桥等五种类型，采取类型特征总结与案例点评分析的方法，研究建筑遗产保护工程设计方法。

本书针对建筑遗产面临的核心问题展开分析，从理论的视角探索国内外遗产保护历程，提炼我国遗产保护理论的核心内涵，构建遗产保护理论框架体系；系统地阐述建筑遗产勘察报告和修缮方案编制方法、施工图设计、过程监督与衔接方法以及施工资料整理方法。最后以大量案例从不同视角解析建筑遗产的保护修缮技术。

第二章 | 中国建筑遗产保护
修缮理论体系构建

第一节 中国建筑遗产保护修缮历程

一、国际流派形成与影响

1425年教皇马丁五世（Martin V）颁布了一项法令——建立了道路管理部，负责维护和修整街道、桥梁、门、墙壁和有一定尺度的建筑物[7]。教皇尤金四世（Eugene IV）命令保护罗马大角斗场。

16世纪由伯拉孟特（Donato Bramante）、拉斐尔（Raffaello）、米开朗基罗（Michelangelo）和济安·洛伦佐·伯尼尼（Gian Lorenzo Bernini）重新修复圣彼得大教堂。

1515年教皇利奥十世（Leo X）任命拉斐尔为罗马大理石和石材长官，拉斐尔负责罗马甚至整个意大利的古迹调研记录工作，亲自绘制了古代建筑测绘图[8]。

1666年瑞典国王卡尔十一世（Karl XI）发出了遗迹保护布告，提出要保护"能显扬我们祖先和全王国的名誉之类"，包括"让我们会想起是世世代代生活在此地的父老先辈们所留下的古代纪念物"[9]。这是欧洲地区最早由国家提倡开展的保护事例。

1721年葡萄牙国王霍奥五世（Hoo V）下诏令，提倡保护历史纪念物。尽管这一诏令没有真正实施，但其意义不容小视。

18世纪中叶，英国的古罗马圆形剧场成为欧洲第一个被立法保护的古代建筑。

文艺复兴时期对于建筑遗产的保护主要有以下特点：建筑遗产保护的目的主要是为新建筑的修建寻找"经典的范例和样式"，借以弘扬古希腊、古罗马的自由人文精神，表达一种解放的思想。但这一时期没有系统的建筑保护理论指导，缺乏领衔人物，保护方法和措施上缺乏科学性。保护工作重点集中在建筑的发掘、整理、仿造等方面，缺乏科技开拓。

1820年法国浪漫主义运动开始。浪漫主义注重个性、主观性、自我表现、丰富的想象和强烈的感情。以维克多·雨果（Vitor Hugo）为代表的文学家通过文学作品来激发民众的保护意识。雨果在《巴黎圣母院》中论道："最伟大的建筑物大半是社会的产物而不是个人的产物，与其说它们是天才的创作，不如说它们是劳苦大众的艺术结晶。它们是民族的宝藏，世纪的积累，是人类的社会才华不断升华所留下的结晶。"[10]建筑是"石头的史书"。

1834年梅里（Merimee）美被任命为古迹局负责人。1840年编制了第一份保护建筑清单，包括1076幢建筑物，这是欧洲最早的一份保护建筑登录名单。

1840年法国制定了《历史性建筑法案》[11]，这是世界上最早的一部关于文物保护方面的宪法。

19世纪40年代，维奥莱·勒·杜克（Viollet-Le-Duc）提出了一套较完整的"整体修复"

的"风格性修复"理论，并将理论付诸修复实践，陆续主持了部分中世纪教堂的修复，形成了遗产保护的法国学派，逐渐成为欧洲各国修复建筑遗产的主导理论。勒·杜克在《法国建筑理性辞典》中认为"修复这一术语和这一事物本身都是现代的。修复一座建筑并非将其保存，对其修缮或重建，而是将一座建筑恢复到过去任何时候可能都不曾存在过的完整的状态。"他强调建筑风格的统一，他认为"每一座建筑物，或者建筑物的每一个局部，都应当修复到它原有的风格，不仅在外表上这样，而且在结构上也这样"。还建议在任何可能的部位改善建筑的结构，包括制作强度系数更大的新构件、选用安全和质量更优的材料等[12]。

勒·杜克于1844~1864年担任巴黎圣母院后期修复工程的总建筑师。在砖石材料修复中，尽量采用最贴近的材料，但没有强调新旧之间的可识别。根据其原始设计构想，巴黎圣母院修复两个90米高的尖塔，尽管这两个尖塔不曾在历史上的任何时期出现过，但他认为巴黎圣母院上面应该有此两个尖塔。最终该想法没有实现，但他还是对教堂进行了多处"改建"。根据"想象"添加了教堂拉丁十字交叉处的尖塔，更换了巴黎圣母院正立面的主要雕塑，还加上了他和其他两位建筑师的头像，与原建筑遗产差距巨大。勒·杜克的理论追求风格完整和焕然一新，这种不当修复也使欧洲建筑遗产蒙受了较大损失。

英国文物建筑保护理论被称为"反修复派"或称"英国派"。强调用经常性维护防止破坏，认为修复是根本不可能的，抨击风格修复，认为即使是最忠实的修复，也会对建筑承载的历史信息的"唯一性、真实性"造成破坏，其代表人物是约翰·拉斯金（John Ruskin）。

1849年拉斯金在其名著《建筑的七盏明灯》[13]中指出：修复"意味着一幢建筑物所能遭受到的最彻底的破坏，……不要再提修复了，所谓修复，从头到尾是个骗局……"。拉斯金认为历史建筑逐渐老化并最后坍塌，是事物发展的自然规律，任何人为的努力都无法改变这个必然的过程。拉斯金写道："要最大限度地保护这些建筑的一切，当保护也不再能使它们留存下来的时候，我宁可不采取任何措施，也好过任何随意的修复"。1877年3月英格兰古建筑保护协会在正式成立，标志着英国学派的形成。莫里斯撰写的《古建筑保护协会宣言》强调历史建筑是人类的印迹，必须真实妥善地保护，而不是修复，应当勤于维护，并将真实材料原样原址予以保存。该协会在整合各方力量对抗臆测式修复、推广提升维护和保护工作等方面发挥了重要作用。

意大利是建筑遗产最为集中的国家，意大利遗产保护工作者利用其他国家的经验，经过长期持续的激烈辩论，形成了意大利的保护理论和方法。

19世纪80年代，意大利建筑遗产保护专家卡米洛·博伊托（Camillo Boito）和他的学生L.贝尔特拉米（L·Beltrami），提出了关于保护的新理念，他们既反对法国学派的"原状恢复"，也不赞成英国学派的"保持现状"。

博伊托认为，建筑遗产应被视为一部历史文献，它的每一部分都反映着历史，故其理论观点被称为"文献式修复"理论[14]。他将杜克的理论与拉斯金的理论相互融合。博伊托认为古建筑的价值是多方面的，不仅体现为艺术价值，还应体现为历史价值，应尊重建筑物的现状，修缮的目是要保护历史上对建筑遗产的一切改动和添加，即使这些改动和添加模糊了建筑的本来面目；博伊托还提出了可识别性原则。

贝尔特拉米是意大利学派的代表性人物。他充分认识到文献档案作为修复基础的重要性，以尊重历史为前提，认为建筑遗产应该恢复到原貌，但应根据历史史料真实地恢复。贝尔特拉米的修复被称为"历史性修复"。一定程度上可以说，"历史性修复"理论是博伊托"文献性修复理论"与杜克"风格性修复理论"的折中与调和。他被认为是意大利第一位现代保护建筑师。1902年圣马可教堂钟塔坍塌，贝尔特拉米主持了威尼斯圣马可教堂钟塔的修复，采取了"原址原样"重建，但采用了混凝土这种历史上从未在钟塔上出现过的材料，整个复建还是建立在文献档案的基础上，立面形式和细部也均脱模于原塔。

贝尔特拉米认同杜克的观点，却极力反对风格性修复中自我臆造的手法，要求把修复建立在坚实的科学基础上，要尽可能多地收集有关资料，全面研究，根据确凿的证据进行修复，决不允许自己推论；他还强调在严格尊重历史形态真实性的基础上，材料和结构可突破传统，大胆采用新材料和新结构。

意大利学派既反对一味追求恢复建筑遗产的原始风格，更反对"臆造"其根本不存在的形式。意大利学派吸收各流派的合理成分，形成统一的思想体系，强调修复工作的重要性，强调保护文物建筑的全部历史信息，这些标志着建筑遗产保护理论日趋理性和科学。

20世纪初，意大利建筑师古斯塔沃·乔凡诺尼（Gustavo Giovanni）发展了博伊托的观点，强调批判和科学的方法，发展出"科学修复理论"[15]。他认为，"修复历史建筑的目的一是为了加固建筑，修补漫长岁月对它们的损毁，二是让它们回到一个新的可用状态"。在工程实践中，乔凡诺尼认为在必要时，可以在新和旧之间进行必要的调整，而不要将修复方案僵化地固定在某些标准上。还强调历史建筑的日常维护、修补与加固，在这些措施之后，若确实有必要，则可以考虑使用现代技术。

"评价性修复"是由克罗齐（Croce）总结提炼的，后经朱利奥·卡罗·阿尔甘（Jullio Carol Algan）、罗伯托·帕内（Roberto Pane）、切萨雷·布兰迪（Cesare Brandi）等人逐步完善、成熟。评价性修复强调修复和保护工作中最重要的不是技术水平，而是对历史与技术的理解、感悟和评价。

朱利奥·卡罗·阿尔甘强调，修复需要历史知识和技术能力，还要有高度的灵敏性；修复应建立在对艺术作品的文献调查和严谨"解读"的基础上，可分为"保护性修复"和"艺术性修复"两种方式。第一类强调保护，包括预防措施及保护措施；第二类强调艺术性，包括呈现遗产的美学。"艺术性修复"是修复的美学需要，而不是修复风格的需要。他认为应保存建筑遗产各个时期的历史或艺术特色要素，强调"每个纪念物应该被视为一例孤品，因为把它们当做了艺术品，就要给它们只属于自己的修复方案"。

切萨雷·布兰迪则认为，修复的目的是为了保护而非更新历史古迹，需要将现代部分结合到历史部分中，使之与历史构件相协调，而非调整历史构件来满足现代一体化的要求。布兰迪特别提出了三条修复原则：任何补全应遵循近距离"可识别性"的原则，同时也不应干扰所恢复建筑遗产的统一性；构成图像的材料中，用以形成外观而不是结构的那部分材料是不可替换的；任何修复都不得妨碍未来可能进行的必须干预措施，而应为将来必要的干预提供便利。布兰迪总结了遗产的核心保护理念，强调了保护历史与艺术真实性的必要性。强调对建筑遗产的评判过程与"评估规则"。20世纪30年代意大利学派的保护理论已经基本成熟，其"科学性修复"和"评价性修复"的理念已经成为后来多个国际宪章或宣言的基本精神。

1914～1918年第一次世界大战中大量建筑遗产毁于战火，历史城市残毁严重。战后欧洲现代建筑运动兴起，德意志制造联盟、荷兰风格派、苏联构成派等逐渐成为主导力量，对于建筑遗产保护有一定的负面影响。

1929年欧洲经济严重衰退，城市中现代建筑与历史遗产的矛盾日益尖锐。

1931年10月第一届历史性纪念物建筑师及技师国际会议在雅典召开，颁布了《关于历史性纪念物修复的雅典宪章》，又称为《修复宪章》。规定要有计划地保护古建筑，摒弃整体重建的做法；修复时应尊重过去的历史和艺术，不排斥任何一个特定时期的风格；指明延续生命、继续利用纪念物的目的是为了保护其历史和艺术特性；慎用现代技术并隐藏加固部分，但应保留纪念物原有特征与外观。

1933年7月国际现代建筑协会（CIAM）在雅典召开会议，中心议题是"功能城市"Functional City），专门研究建筑与城市规划。会议通过的《雅典宪章》是第一个国际公认的城市规划纲领性文件[16]，柯布西耶（Corbusier）为《雅典宪章》的主要起草人。

这两部雅典宪章着眼点和出发点完全不同，观察问题的角度亦完全不同，但所提出的解决方案却相互补充，并在后来逐渐得到融合，成为历史城市和历史建筑保护的重要理论基础。《雅典宪章》第一次以国际文件的形式确定了古迹遗址保护的原则，是国际共识形成的开始，规范了建筑遗产保护的观念与行动，其主旨被后来的宪章所继承。

1961年简·雅各布斯（Jane Jacobs）的《美国大城市的死与生》出版[17]，文章呼吁："老建筑对于城市是如此不可或缺，如果没有它们，街道和地区的发展就会失去活力"。这对第二次世界大战后美国城市规划理论与实践及历史城市保护有较大影响。

第二次世界大战中波兰的华沙古城遭受了毁灭性破坏，80%～90%的地面建筑被毁，基础设施破坏严重，到处是残垣断壁，城市人口从战前的126.5万剧减至16.2万。为重塑波兰的民族精神，鼓舞人民士气，同时也从经济成本上考量，1945年2月波兰政府决定采用不同于大多数欧洲国家的做法，在城市原址上原样重建华沙，制定《华沙重建规划》，经五年重建完成，城市保持了原来中世纪的风貌。

1954年5月联合国教科文组织（UNESCO）在荷兰海牙通过了《武装冲突情况下保护文化财产公约》[18]。强调应"认识到文化财产在最近武装冲突中遭受到严重的损失……考虑到文化遗产的保存对世界各国人民都是非常重要，因此文化遗产必须获得国际性的保护"。公约主要包括两方面的内容，一是明确了文化财产的内涵，二是确立了战时保护制度。

1962年法国制定了《历史街区保护法会》，法令强调了管理制度和审批程序以及城市发展视角下的历史性街区保护。

1964年5月国际古迹理事会（ICOM）在威尼斯召开了第二届历史古迹建筑师及技师国际

会议，并通过了著名的《国际古迹保护与修复宪章》，即《威尼斯宪章》。主要起草人为皮耶罗·加佐拉和罗伯特·潘。宪章重申了文物建筑的价值观念、保护方法和保护原则，阐释了基本概念和具体规定。强调真实性和整体性，扩大了文物古迹的范畴，强调古迹环境的重要性，明确保护的宗旨和原则等，并开始重视历史地段的保护。《威尼斯宪章》在国际文物古迹保护历程上具有里程碑的意义，明确文化遗产保护的基本概念、理论和方法，建立文物古迹保护的科学理论基础，成为世界范围内建筑遗产保护的"宪法"性文件。

1972年10月联合国教科文组织（UNESCO）在巴黎举行第十七届会议，通过了《保护世界文化和自然遗产公约》（简称《世界遗产公约》）[19]。公约首次提出"世界遗产"的概念，将遗产的价值扩大到"全世界共有"的高度。

1976年11月联合国教科文组织大会在肯尼亚首都内罗毕举行第十九届会议，通过了《关于历史地区的保护及其当代作用的建议》简称《内罗毕建议》[20]。其核心思想是文化遗产的"整体保护"。

1975年，欧洲理事会为振兴处于萧条和衰退中的欧洲历史中心区，发起了"欧洲建筑遗产年"活动。同年10月在荷兰阿姆斯特丹召开的"欧洲建筑遗产大会"，公布了《欧洲建筑遗产宪章》[21]。

1977年12月，建筑师及城市规划师国际会议发表《马丘比丘宪章》[22]。强调遗产保护和城市建设结合的有机发展，并提出在历史地区的更新中应包括设计优秀的当代建筑，意味着城市历史文化遗产保护的范围进一步扩大。

1979年8月，国际古迹遗址理事会澳大利亚委员会在巴拉通过了《巴拉宪章》[23]，提出了"场所"的概念，意指"地点、区域、土地、景观、建筑物（群），及其组成元素、内容、空间和风景"等。

1981年5月，国际古迹遗址理事会与国际历史园林委员会在意大利佛罗伦萨召开会议，起草了关于历史园林的保护宪章，即《佛罗伦萨宪章》[24]，指出："历史园林指从历史或艺术角度而言民众所感兴趣的建筑和园艺构造"，确定了历史园林的保护准则。

1987年10月，国际古迹遗址理事会第八届全体大会在美国首都华盛顿通过《保护历史城镇与城区宪章》，简称《华盛顿宪章》[25]。规定了保护历史城镇和城区的原则、目标和方法。该宪章寻求促进地区私人生活和社会生活的协调方法，并鼓励对这些文化财产的保护。强调这些文化财产无论其等级多低均构成了人类的记忆。

1994年12月，在日本奈良通过了《奈良文件》[26]，强调重视世界文化的多样性和文化遗产真实性的观念，提出在充分考虑文化遗产文脉关系的基础上，从遗产的形式与设计、材料与物质、使用与功能、精神与享受等方面检验遗产在艺术、历史、社会和科学等维度的详尽状况；还强调一切有关文化项目价值以及相关信息来源可信度的判断都可能存在文化差异，即使在相同的文化背景内，也可能出现不同。因此不可能基于固定的标准来进行价值性和真实性评判。反之，出于对所有文化的尊重，必须在相关文化背景之下来对遗产项目加以考虑和评判。

1999年6月，国际建协第20届世界建筑师大会一致通过了《北京宪章》[27]。宪章总结百年来建筑发展的历程，展望21世纪建筑学的前进方向，提出了新的行动纲领：变化的时代、纷繁的世界、共同的议题、协调的行动。该宪章是指导21世纪建筑发展的重要纲领性文件。

国际古迹遗址理事会于1965年在波兰华沙成立，总部设在巴黎。国际古迹遗址理事会是联合国教科文组织在文化遗产保护领域的咨询机构，负责对所有提名列入《世界遗产名录》的文化遗产进行评估。1978年国际古迹遗址理事会通过了组织章程并设立常设机构，接纳各国成立国家委员会。国际古迹遗址理事会中国国家委员会（ICOMOS China）于1993年成立。

2000年后，遗产保护理论向纵深发展，内涵也进一步扩展到城市整体保护层面，出台了一系列宪章和文件，如：2000年的《中国文物古迹保护准则》[28]、2001年的《世界文化多样性宣言》和《澳大利亚乡土文化遗产的声明》、2003年的《下塔吉尔宪章》、2005年的《西安宣言》[29]《维也纳备忘录》和《会安草案——亚洲最佳保护范例》以及2008年的《文化线路宪章》等。遗产保护理论在世界范围内达成了广泛的共识。

二、中国建筑遗产保护修缮历程

中国建筑遗产保护起源相对较晚，中国古代没有真正意义上遗产保护的概念，每当朝代更替，多弃用原来古城池重建新城，更有甚者将上一朝代的宫殿付诸一炬，完全没有保护之意。古代寺庙修缮也多记录修缮人的丰功、捐款人与数量、修缮手法等内容，不论大修或岁修均以当时的材料、做法、技艺为据，也不存在保护利用原做法、原工艺、原材料。梁思成在《为什么研究中国建筑》[30]中论道："这些无名匠师，虽在实物上为世界留下许多伟大奇迹，在理论上却未为自己或其创造留下解析或夸耀。因此一个时代过去，另一时代继起，多因主观上失掉兴趣，便将前代伟创加以摧毁，或同于摧毁之改造。亦因此，我国各代素无客观鉴赏前人建筑的习惯。在隋唐建设之际，没有对秦汉旧物加以重视或保护。北宋之对唐建，明清之对宋元遗构，亦并未知爱惜。重修古建，均以本时代手法，擅易其形式内容，不为古物原来。"因此我们看到现存早期建筑遗产，均保留了不同时期的建筑手法。

直至清代末年才初步有了保护的意识，清光绪三十二年（1906年）出台了《保存古物推广办法》[31]，清光绪三十四年（1908年）又颁布了《城镇乡地方自治章程》，其中提及"保存古迹"，这是我国最早涉及保存古迹的法律文件。清宣统二年（1910年），再次通知各省"饬将所有古迹切实调查，并妥拟保存之法"，这为后世建筑遗产保护奠定了基础。

民国5年（1916年）3月，北洋政府民政部颁发《为切实保存前代文物古迹致各省民政长训令》；同年10月又颁发《保存古物暂行办法》[32]，该办法是为妥善保管文化遗产所拟定的一个临时应急办法，也是我国第一部由政府颁布的、具有法律效力的文物保护法规，推动了我国遗产保护的立法工作。（同年）内务部颁发《通咨各省调查古迹列表报部》，其内容涉及建筑、遗迹、碑碣、金石、陶瓷、植物（古树）、文玩、武装（古）、服饰、雕刻、礼器、杂物等12类；调查表列名称、时代、地址、保管、备考等5个栏目。这是我国政府层面组织的最早、最全面的遗产调查，是推动遗产保护发展的基础性工作。

民国11年（1922年），北京大学设立考古学研究室，成为我国最早的遗产保护研究机构。1926年中国学者首次考古发掘，对山西夏县西阴村与仰韶文化同期历史遗存进行考古发掘。

民国17年（1928年），南京国民政府设立了"中央古物保管委员会"。这是我国历史上由国家设立的第一个专门负责古物保护与管理的机构。

民国18年（1929年）发布了《名胜古迹古物保存条例》[33]，条例将"名胜古迹"分为三类：名山名湖及一切山林池沼等风景为湖山类；古代名城、关塞、堤堰、桥梁、坛庙、园囿、寺观、楼台、亭塔等一切古建筑为建筑类；古代陵墓、壁垒、岩洞、矶石、井泉等一切古胜迹为遗迹类。

民国19年（1930年），中国营造学社正式成立，其主旨是"研究中国固有之建筑术、协助创建将来之新建筑"[34]，由朱启钤（1872～1964年）创办，梁思成（1901～1972年）担任法式部主任，刘敦桢（1897～1968年）担任文献部主任。营造学社开启了遗产保护工作的新起点。

民国19年（1930年），国民政府颁布了《古物保存法》[35]，共14条，明确以在考古学、历史学、古生物学等方面具有价值的古物为保护对象。是我国第一部古物保护法规，其中"古物"的范围和种类"包括与考古、历史、古生物等学科有关的一切古代遗物"。此处"古物"的概念和内容既是对清末古物概念的拓展，也包含了现代遗产的内容。

民国20年（1931年），国民政府颁布了《古物保存法施行细则》，其第十二条规定："采掘古物不得损毁古代建筑物、雕刻、塑像、碑文及其他附属地面上之古物遗物或减少其价值"，包含了禁止性法规条款；同年颁布了《保护城垣办法》，意在保护城墙现状，减少破坏。

民国21年（1932年），民国政府设立中央古物保管委员会，制定了《中央古物保管委员会组织条例》，并规定了委员会的隶属关系、职权范围、工作内容和组织办法。该保管委员会开展了大量有益工作，但是由于政局动荡，该条例没有得到有效执行，大量文化遗产处于无人管理状态。随着战争的爆发，大量文化遗产遭到破坏，流失严重。

民国24年（1935年），民国政府颁布了《暂定古物的范围及种类大纲》，包括12类"古物"，其中"建筑物"类包括城郭、关寨、宫殿、衙署、书院、宅第、园林、寺塔、祠庙、陵墓、桥梁、堤闸及其一切遗址等，这是对1929年颁布的《名胜古迹古物保存条例》的细化。

1935年1月，"旧都文物整理委员会"及其执行机构"北平文物整理实施事务处"（简称"文整会"）成立。"文整会"由知名古建筑匠师和工程技术人员组成，负责古建筑保护与修缮工程设计施工事宜，聘请中国营造学社梁思成、刘敦桢为技术顾问。1935～1937年，"文整会"共修缮明长陵、天坛祈年殿、圜丘、皇穹宇、北京城东南角楼、西直门箭楼、国子监、中南海紫光阁等20余处重大保护工程，取得了较好的成效，为现今开展建筑遗产保护工作积累了经验。同年北平市政府秘书处编辑出版了《旧都文物略》[36]，该书包括城垣略、宫殿略、坛庙略、园囿略、坊巷略、陵墓略、名迹略、河渠关隘略、金石略、技艺略及杂事略等章节，共收录图片近400幅，所载之"文物"包括不可移动的文物（如城垣、宫殿等）、可移动文物

（如金石）和非物质文化遗产（如技艺、杂事）等，此时"文物"的概念逐步趋于完整。

1936年颁布了《非常时期的古物保管办法》，客观上为应对全面抗日战争的爆发做了准备。

1937年抗日战争全面爆发后，期间大量建筑遗产被日军烧毁，1937年7月至1945年8月，据不完全统计，"全国有930余座城市被日军先后攻占，占全国（除东北和港澳台以外）城市47%以上，其中大城市占全国大城市数80%以上，广大乡村亦遭日军蹂躏，全国除新疆、西藏等几个省区基本未受战火侵袭外，其他地区都受到了日军的攻击，特别是沿海发达地区和广大中原地区"。根据损失概况统计数据分析，"自九一八事变以迄日本战败投降，由于侵华日军的军事进攻和肆意焚烧行为，遭日军毁坏的中国古建筑至少应在10000处以上"。

1938～1941年，中国营造学社对西南地区的古建筑进行了调查和测绘。1940年国民政府公布《保存名胜古迹暂行条例》[37]，该条款未能有效实施。民国35年（1946年）制定的《中华民国宪法》，明确了"保护有关历史文化艺术之古迹古物"内容。

1947～1948年，解放区政府颁布了一些保护文物规定，成立了保护文物委员会。哈尔滨成立了东北文物管理委员会，颁布了《东北解放区文物古迹保管办法》和《文物奖励规则》。1948年1月，华北人民政府发布《关于文物古迹征集保管问题的规定》[38]。

1948年12月～1949年3月，受中国人民解放军委托，梁思成先生主持编写了《全国重要建筑文物简目》[39]，为中国人民解放军作战及接管时保护重要建筑文物提供了依据。其中将"北京城全部"列入保护目录，可以认为这是我国整体历史城市思想的开端（图2-1）。

1949年解放浙江奉化县时毛泽东主席指示部队："在占领奉化时，不要破坏蒋介石的住宅、祠堂及其他建筑物"。同年1月，平津战役前毛泽东专门就保护北平文化古迹问题作出指示，"积极准备攻城。此次攻城，必须做出精密计划，力求避免破坏故宫、大学及其他著名而有重大价值的文化古迹……要使每一部队的首长完全明了，哪些地方可以攻击，哪些地方不能攻

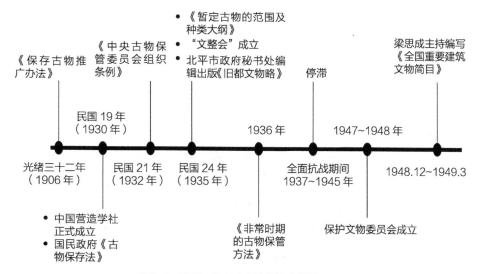

图2-1　1906-1949中国建筑遗产保护历程

击，绘图立说，人手一份，当做一项纪律去执行。"至此，中国共产党人已经做好了全面接管国家文化遗产的准备。

1950年7月，中央政务院发布《关于保护古文物建筑的指示》规定："凡全国各地具有历史价值及有关革命史实的文物建筑，如革命遗迹及古城郭、宫阙、关塞、堡垒、陵墓、楼台、书院、庙宇、园林、废墟、住宅、碑塔、石刻等以及上述各建筑物内之原有附属物，均应加以保护，严禁毁坏"。次年，颁布《关于地方文物名胜古迹的保护管理办法》，其中规定"在文物古迹较多的省、市设立'文物管理委员会'，直属该省市人民政府。文物管理委员会以调查、保护并管理该地区的古建筑、古文化遗址、革命遗迹为主要任务"。中华人民共和国文物管理机构体系开始形成。

1951年7月，政务院对天津市政府要求将一些废置庙宇改为学校的报告批示道："该废置的庙宇为具有历史文物价值之寺庙，则须妥加保护，防止破坏，不要轻易移作他用，倘必须使用时，应先与中央人民政府文化部洽商，取得同意。而且在使用中还须对该寺庙具有历史文物价值的部分妥慎保护，不得有任何破坏或变更"。这一批示对于建筑遗产利用指出了新的思路，客观上遏制了建筑遗产毁坏的趋势。

1953年6月，中共北京市委成立了规划小组，同年11月提出了《改建与扩建北京市规划草案的要点》，确定了"行政中心区域设在旧城中心区"的规划方针。北京城墙及各门城楼陆续被拆除。主要是受客观现实的影响，中华人民共和国刚成立，财政资金严重短缺，该规划是最为经济的办法。

1953年10月，政务院发布了《关于在基本建设工程中保护历史及革命文物的指示》，其中规定："一般地面古迹及革命建筑物，非确属必要，不得任意拆除；如有十分必要加以拆除或迁移者应经由省（市）文化主管部门报经大区文化主管部门批准，并报中央文化部备查"。

1956年，国务院发布了《关于在农业生产建设中保护文物的通知》[40]，强调在社会基本建设和农业发展中保护遗产的重要性，规定："必须在全国范围内对历史和革命文物遗迹进行普查调查工作。各省、自治区、直辖市文化局应该首先就已知的重要古文化遗址、古墓葬地区和重要革命遗迹、纪念建筑物、古建筑、碑碣等，在本通知到达后两个月内提出保护单位名单，报省（市）人民委员会批准先行公布，并且通知县、乡，做出标志，加以保护"。首次提出了"保护单位"的概念和树立保护标志的措施。同年开始了第一次全国文物普查，确定文物保护单位名单7000余处。

1958年9月，北京市都市规划委员会发布《北京市总体规划说明》，"对北京旧城进行根本性的改造"，大量建筑遗产受到了影响，1959年中轴线上的中华门被拆除。

1960年11月，国务院通过了《文物保护管理暂行条例》[41]，这是中华人民共和国成立后第一部文物保护法规，奠定了我国文化遗产保护的理论基础。《条例》一是明确了文物价值的内涵为历史、艺术和科学价值等三大价值，规定："在中华人民共和国国境内，一切具有历史、艺术、科学价值的文物，都由国家保护，不得破坏和擅自运往国外。各级人民委员会对于所辖境内的文物负有保护责任。一切现在地下遗存的文物，都属于国家所有"。二是明确了文物的具体内容，规定文物包括"（1）与重大历史事件、革命运动和重要人物有关的、具有纪念意义和史料价值的建筑物、遗址、纪念物等；（2）具有历史、艺术、科学价值的古文化遗址、古墓葬、古建筑、石窟寺、石刻等；（3）各时代有价值的艺术品、工艺美术品；（4）革命文献资料以及具有历史、艺术和科学价值的古旧图书资料；（5）反映各时代社会制度、社会生产、社会生活的代表性实物"。三是明确了文物保护单位的架构，分为全国重点文物保护单位、省级文物保护单位和县（市）级文物保护单位三级。这标志我国文物保护单位制度初步形成。四是提出了将文物保护纳入城市规划，规定："各级人民委员会在制定生产建设规划和城市建设规划的时候，应当将所辖地区内的各级文物保护单位纳入规划，加以保护"。五是提出文物保护的基本原则，"一切核定为文物保护单位的纪念建筑物、古建筑、石窟寺、石刻、雕塑等（包括建筑物的附属物），在进行修缮、保养的时候，必须严格遵守恢复原状或者保存现状的原则，在保护范围内不得进行其他的建设工程"。

1961年3月，国务院公布了第一批180处全国重点文物保护单位。其中革命遗址及革命纪念建筑物（33处）、石窟寺（14处）、古建筑及历史纪念建筑物（77处）、石刻及其他（11处）、古遗址（26处）和古墓葬（19处），自此开启了中国遗产保护工作的新纪元。

1963年，文化部颁布了《文物保护单位保护管理暂行办法》[42]与《革命纪念建筑、历史纪念建筑、古建筑、石窟寺修缮暂行管理办法》，这是对《文物保护管理暂行条例》的细化。

1966年开始的"文化大革命"运动，使得刚刚建立起来的文物保护制度遭到重挫，建筑遗产保护举步维艰。在"破旧立新"思想的指导下，大量建筑遗产遭到前所未有的破坏。

1973年，国务院下发了《关于进一步加强考古发掘工作的管理的通知》。1974年8月国务院发布《加强文物保护工作的通知》[43]，提到"保护古代建筑，主要是保存古代劳动人民在建筑、工程、艺术方面的成就，作为今天的借鉴，向人民进行历史唯物主义的教育。对于全国重点文物保护单位，要切实做好保护和维修工作，分别轻重缓急订出修缮规划。对于古代建筑的修缮，要加强宣传工作，说明保护文物的目的和意义，……在修缮中要坚持勤俭办事业的方针，保存现状或恢复原状。不要大拆大改，任意油漆彩画，改变它的历史面貌"。该《通知》开始对"文革"初期的政策进行反省，对于破坏建筑遗产之风起了一定的遏制作用。

1976年5月，国务院发布《关于加强历史文物保护工作的通知》（图2-2），总结到："近十几年来，由于林彪、'四人帮'推行极'左'路线，煽动极'左'思潮，鼓吹历史虚无主义，严重破坏法制，使祖国历史文物经历了一场浩劫，很多历史文物遭到破坏。……如不采取有力措施，加强管理，制止破坏，将使我国珍贵文化遗产遭到不可弥补的损失"。《通知》要求"认真保护各种有历史意义和艺术价值的古建筑、石刻、石窟等历史文物，未经原来规定为文物保护单位的机构批准，不得对这些历史文物进行拆除、改建，严禁损伤或其他破坏活动，违者严惩"。同年颁布的《中华人民共和国刑法》第173条、第174条明确了对违反文物保护法者追究刑事责任，强化了对文物破坏行为的执法力度。

党的十一届三中全会以后，我国建筑遗产保护行业发展逐步走上正轨。1980年5月，《国务院批转国家文物事业管理局、国家基本建设委员会关于加强古建筑和文物古迹保护管理工

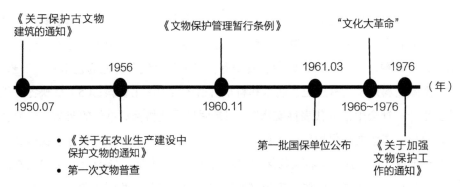

图2-2　1949~1978年中国建筑遗产保护历程

作的请示报告的通知》[44]，号召全国人民保护珍贵的文化遗产。

1981~1985年，国家文物局组织了第二次全国文物普查，成果显著，意义深远。共调查登记不可移动文物40余万处，并先后公布了2351处全国重点文物保护单位，8000余处省级文物保护单位，60000余处市县级文物保护单位，并出版了20余本《中国文物地图集》。

1982年2月，国务院批准《关于保护我国历史文化名城的请示》[45]，公布了第一批24个国家级历史文化名城。至此我国的"历史文化名城"制度正式确立。1986年、1994年又先后公布了第二批（38个）和第三批（37个）国家历史文化名城。

1982年3月，国务院批准公布了第二批全国重点文物保护单位共计62处。1988年公布了第三批258处，1996年公布了第四批250处，2001年6月公布了第五批518处，2006年6月公布了第六批1080处。

1982年11月，全国人大常委会通过了《中华人民共和国文物保护法》[46]，这是我国第一部文物保护法律，标志着我国文物保护制度的创立，其意义深远。1991年全国人大常委会对文物保护法进行了补充和修改。

1983年，城乡建设环境保护部发布了《关于强化历史文化名城规划的通知》[47]和《关于在建设中认真保护文物古迹和风景名胜的通知》。提出"历史文化名城集中体现了中华民族的悠久历史、灿烂文化和光荣革命传统，是全国人民极其宝贵的物质和精神财富。把历史文化名城保护好、规划好、建设好，是城市规划工作的一项重要任务"。

1985年11月，中国加入《保护世界文化和自然遗产公约》，1987年12月成功申报故宫等6处列入世界遗产名录，标志着我国文化遗产保护事业与国际接轨。

1986年，文化部颁布《纪念建筑、古建筑、石窟寺修缮工程管理办法》[48]，确立了"不改变文物原状"的文物保护修缮原则，将保护工程分为五类：经常性保养维护工程、抢险加固工程、重点修缮工程、局部复原工程和保护性建筑物与构筑物工程等。对建筑遗产保护工程性质进行了界定。

1987年11月，国务院颁发《关于进一步加强文物工作的通知》指出："在名胜古迹的中心地带和文物保护单位附近兴建高楼大厦，是对环境风貌的破坏，不仅不利于文物保护，而且也不利于发展旅游事业。要在积极为发展旅游创造条件的同时，切实防止因开展旅游可能给文物保护带来的有害影响"。"把文物的保护管理纳入城乡建设总体规划。文物的保护管理要纳入全国和各地区的城乡建设总体规划，要根据实际情况，分别确定为历史文化名城、各级文物保护单位和重点文物保护区"。这是"五纳入"规划措施的起点。

1988年11月，建设部和文化部联合发出《关于重点调查、保护近代建筑物的通知》[49]，要求将优秀近代建筑作为文物保护单位上报。《通知》指出"具有重要纪念意义、教育意义和史料价值的近代建筑物是近代文化遗产的重要组成部分。这些建筑无论在建筑史上还是在中国历史和文化发展史上都有其一定的地位。一些近代建筑物已成为城市的标志和象征，其建筑形式和风格已经构成了城市的独特风貌，展现了城市建筑艺术和技术发展的历史延续性，对培养人民群众热爱家乡、热爱祖国的高尚情操有重要作用"。《通知》提升了近现代建筑保护的等级，促进了近代建筑的保护。

1992年《中华人民共和国文物保护法实施细则》颁布[50]，标志着我国以文物保护为中心内容的历史文化遗产保护制度和方法逐步走向成熟。

1997年3月，国务院发布《关于加强和改善文物工作的通知》，提出"保护好历史文化名城是所在地人民政府及文物、城建规划等有关部门的共同责任。在历史文化名城城市建设中，特别是在城市的更新改造和房地产开发中，城建规划部门要充分发挥作用，加强城市规划管理，抢救和保护一批具有传统风貌的历史街区，同时加强对文物古迹特别是名城标志性建筑及其周围环境的保护"。强调了地方政府与城建规划部门保护文化遗产的责任。

1997年8月，建设部在转发《黄山市屯溪老街历史文化保护区保护管理暂行办法》的通知中指出："历史文化保护区是我国文化遗产的重要组成部分，是保护单体文物、历史文化保护区、历史文化名城这一完整体系中不可缺少的一个层次，也是我国历史文化名城保护工作的重点之一"。通知明确了历史文化保护区的特征、保护原则与保护方法。为形成文物古迹、历史文化街区、历史文化名城等'由点到面'的三层保护体系的建立提供研究案例。

2000年，国际古迹遗址理事会中国国家委员会、美国盖蒂保护研究所（The Getty Conservation Institute）、国际古迹遗址理事会澳大利亚委员会合作，共同编制了《中国文物古迹保护准则》。《准则》是在中国文物保护法规体系的框架下与国家宪章的有机结合，是对我国文物古迹保护工作的重要补充。

2002年全国人大常务委员会通过了修订后的《中华人民共和国文物保护法》。提出："文物工作贯彻保护为主、抢救第一、合理利用、加强管理的方针"，并要求"各级人民政府应当重视文物保护，正确处理经济建设、社会发展与文物保护的关系，确保文物安全。基本建设、旅游发展必须遵守文物保护工作的方针，其活动不得对文物造成损害"自此确立了文化遗产保护的十六字方针。

2003年10月，建设部和国家文物局发布《中国历史文化名镇（村）评选办法》[51]，分别于2003年、2005年、2007年、2008年、2010年公布了5批350个中国历史文化名镇名村。

2004年3月，建设部发布《关于加强对城市优秀近现代建筑规划保护工作的指导意见》，提出："城市中优秀的近现代历史建筑是体现城市历史文化发展的生动载体，是城市风貌特色的具体体现，是不可再生的宝贵文化资源。切实加强对城市优秀近现代建筑的保护，是城市历史文化遗产保护工作的重要组成部分，是各级城市人民政府的重要职责"。进一步明确了地方政府保护遗产的责任。

2005年10月，国际古迹遗址理事会第十五届大会在西安举行，通过了《西安宣言》。宣言第一次系统地确定了古迹遗址周边环境的定义，强调了对古建筑、古遗址和历史区域周边环境的保护。同年10月，业界就"我国以木构建筑为主体的文物古建筑的保护维修理论与实践问题进行了深入的讨论"，发表了《曲阜宣言》。这对我国建筑遗产的保护和修缮具有一定的指导意义，同时表明我国遗产工作者对国际文化遗产保护体系的贡献。

2005年，国务院发布《关于加强文化遗产保护的通知》[52]，明确提出文化遗产的内容，意味着从"文物保护"到"文化遗产保护"的转变，标志着我国文化遗产保护进入一个转型时期。确定每年6月第二个周六为全国性的"文化遗产日"，以唤醒社会大众对文化遗产的保护意识。

2006年9月，国务院公布了《长城保护条例》，这是我国第一个专项保护条例，提出"加强对长城的保护，规范长城的利用行为"，强调"长城保护应当贯彻文物工作方针，坚持科学规划、原状保护的原则"，明确"国家对长城实行整体保护、分段管理"。该条例是我国长城保护工作的直接依据，对长城的保护发挥了重大作用。

2007年5月，中国国家文物局、国际文物保护与修复研究中心、国际古迹遗址理事会、联合国教科文组织世界遗产中心在北京联合举办了"东亚地区文物建筑保护理念与实践国际研讨会"，通过了《北京文件：关于东亚地区文物建筑保护与修复》[53]，该文件重点针对东方建筑遗产保护，在一定程度上是《威尼斯宪章》的补充。

2007年6月，我国启动了第三次全国文物普查。查明"不可移动文物总量：全国共登记不可移动文物766722处（不包括港澳台地区，以下同），其中新发现登记不可移动文物536001处，复查登记不可移动文物230721处。……类别构成：古遗址类193282处，古墓葬类139458处，古建筑类263885处，石窟寺及石刻类24422处，近现代重要史迹及代表性建筑类141449处，其他类4226处"。基本摸清了文化遗产的家底。

2007年10月，全国人民代表大会常务委员会通过了《中华人民共和国城乡规划法》，规定："旧城区的改建，应当保护历史文化遗产和传统风貌，合理确定拆迁和建设规模，有计划地对危房集中、基础设施落后等地段进行改建。历史文化名城、名镇、名村的保护以及受保护建筑物的维护和使用，应当遵守有关法律、行政法规和国务院的规定"。

2008年4月国务院公布了《历史文化名城名镇名村保护条例》[54]，内容涉及历史文化名城、名镇、名村的申报、批准、规划和保护。规定"历史文化名城、名镇、名村的保护应当遵循科学规划、严格保护的原则，保持和延续其传统格局和历史风貌，维护历史文化遗产的真实性和完整性，继承和弘扬中华民族优秀传统文化，正确处理经济社会发展和历史文化遗产保护的关系"。这标志着我国历史文化名城名镇名村的保护纳入了国家遗产保护的法规体系（图2-3）。

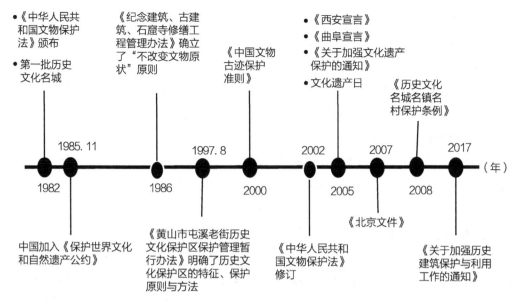

图2-3　1978~2019年中国建筑遗产保护历程

　　截至目前，国务院已将135座城市列为国家历史文化名城；住房和城乡建设部与国家文物局公布了7批799个中国历史文化名镇名村；住房和城乡建设部、文化部、财政部三部门发通知公布了第一批646个中国传统村落；国务院公布了8批5058处全国重点文物保护单位；中国的世界遗产已达到55处，在世界遗产名录国家里与意大利并列排名第一；国务院总共公布了9批244处国家级风景名胜区。中国遗产保护成果丰富、成效显著。

第二节　基于价值评估的修缮理论与方法体系

一、建筑遗产价值评估体系

　　2015出版的《中国文物古迹保护准则》[55]一书，对文物古迹的价值认知做了新的调整，在原来历史价值、艺术价值和科学价值等三大价值基础上，增加了文化价值和社会价值的内容，并对其内涵进行了阐释。

　　（1）历史价值：指建筑遗产作为历史见证的价值，历史价值既有史学研究之功，又能起到纪念、教义、认同等情感作用。

　　（2）艺术价值：指建筑遗产作为特定时代典型风格和艺术特征的载体所具有的价值，这种代表着某个时期的艺术风格能够为文明留下空间实体的印记，具有"标本"的存留和研究价值。

（3）科学价值：建筑遗产是人类创造性和科技进步的实物见证载体，这种指代着特定时期的技术特征同艺术价值一样为文明留下了实体空间的印痕，同样具有"标本"的留存和研究价值。

（4）社会价值：包含了记忆、情感、教育等内容，指建筑遗产作为记录和传播历史信息、传承文化精神、产生社会凝聚力的载体所具有的社会效益和价值。

（5）文化价值：遗产所承载的民族、地区和宗教文化以及文化内涵所具有的价值。

五大价值构成了我国建筑遗产评估的核心内容。价值分为普适性价值和多样性价值，所谓普适性价值是指人类对于价值认识的基本共识和基本需求有着一致性。所谓多样性是指人类由于民族、文化、生存地域的多种多样、千差万别而对价值认知存在不同性。

建筑遗产的五大价值均应从普适性和多样性两个维度进行考量，不可偏废。建筑遗产是人类文明的共同财产，具普适性的人类价值。尤其是我国加入世界遗产公约，这是对世界遗产评价体系的认可与融入。遗产的普适性价值是多样性价值的基础，是在普适性价值这一尺度下，对文化多样性及区域价值差异性的认同和尊重，是各种相异的文化独特性得以保持的前提。离开了这一普适性价值谈多样性是毫无意义的。

建筑遗产保护的各个环节均是以价值评估为基础的，是基于价值评估体系的保护。认定文物保护单位本体的过程是基于价值评估的结论进行的，目前我们将文物保护单位分为4个等级，全国重点文物保护单位、省级文物保护单位、市县级文物保护单位和登记不可移动文物等。确定等级的依据就是基于价值评估结论。明确每个建筑遗产的核心价值，修缮措施选择主要标准是确保遗产的核心价值不降低或缺失，措施选择应当有利于核心价值的提升。

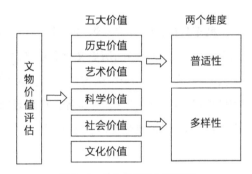

图2-4　文物价值维度示意图

二、建筑遗产保护修缮理念与原则

（一）建筑遗产保护理念的形成

我国建筑遗产保护研究工作起步于20世纪二三十年代，朱启钤创办了中国营造学社，并提出了"修旧如旧"的修缮方法。以梁思成、刘敦桢为代表的第一代遗产保护专家，开始用现代科学的方法研究中国古代建筑，对大量古建筑进行了实地调查测绘和文献考证研究，1932～1937年，中国营造学社调查了华北和华东2700余处古建筑，测绘了206组建筑遗产，出版了《营造学社会刊》《营造法式注释》[56]，编辑了我国第一部《中国建筑史》。其中最为重要的是对《营造法式》[57]和《清式营造则例》[58]的整理出版与研究，第一次用现代语汇与科学绘图方法解析了两大古典巨著，取得了突出成就。这些研究开中国古建筑现代研究之先河，启蒙了后来的大量学者。营造学社还首次提出了对古建筑的保护要保持其历史原貌，对古建筑的维修要"修旧如旧"、恢复原状的观点，形成了我国早期保护建筑遗产的维修原则。这期间实施的修缮项目不多，1935年开工的天坛祈年殿修缮工程是不可多得修缮实例，工程由杨廷宝总负责，施工方为"恒茂木厂"，聘请了朱启钤、梁思成、刘敦桢以及林徽因作技术顾问；还聘请了参加过故宫修葺的老工匠和师傅参与施工。施工人员广泛查考文献资料，详细进行现场拍照测绘，采用"修旧如旧"方法，按原样补齐构件、调配色彩，使建筑整体色彩较为协调。1934年浙江省建设厅邀请梁思成先生到杭州商榷重修六和塔事宜，就如何修复与保护六和塔，梁思成先生提出，必须恢复初建时的原状，方对得住钱塘江上的名迹。这一时期修复观念体现在对历史古迹重修的重视上。

1949年苏联颁布了《属于国家保护下的建筑纪念物的统计、登记、维护和修理工作程序的规定》，对建筑遗产的保护原则和目的做了具体说明，目的是要"恢复或重新建立纪念物原来的形状，或是恢复其肯定的有科学依据的早日期的形式"，从而"大限度地把它从那些后来添建修改的部分之中解放出来，以复原它原来的面貌"。这与梁思成先生的保护理念十分接近，梁先生在1935年就六和塔修复提出，"我以为不修六和塔则已，若修则必须恢复塔初建时的原状"。此种复原性修缮理念得到国内学界的广泛接纳。也对中华人民共和国成立初期的遗产保护相关法规的确立产生了影响。

中华人民共和国成立后，北京文整会等大批文物保护机构进行了大量工程实践活动，在营造学社原来"修旧如旧"的基础上，梁思成先生提出了"整旧如旧"的基本原则[59]，并阐释了其核心内涵：保护文物建筑应以"整旧如旧"为原则，避免"焕然一新"，应该"老当益壮"，而不要"返老还童"。也就是说，修缮后，在文物建筑要保持其历史面貌，新修复的部分和原有部分要保持外观协调。保护措施应该维持文物建筑的原貌。避免修缮完后像一座新建建筑，也要避免制作假古董；文物建筑修复必须以调查、研究为基础，所采用的修复措施必须经过必要的验证，即证明这些措施不会对文物建筑的重要价值造成损害；在文物建筑的修复和维护中，要充分考虑周边环境；保护文物建筑，同时应注意古为今用，可以改造为博物馆等；但利用的方法要加以区分，不可一概而论。

这一原则在工程实践中广泛加以运用，如20世纪50年代在正定隆兴寺转轮藏殿的修缮工程中，对清代所加的"腰檐"进行了拆除，局部"恢复原状"，恢复了宋代原状。尤其是70年代对五台山南禅寺大殿的维修，几乎可以认为是全面"恢复原状"，类似于法国派风格修复的做法。五台山南禅寺大殿建于唐建中三年（782年），是我国目前已知年代最早的木结构建筑，南禅寺大殿为面阔三间进深三间单檐歇山顶建筑。但由于历代改动，面貌发生了很大的改变，门窗、瓦顶、出檐等部分均被改为晚期做法。20世纪70年代修复方案选择了"恢复原状"的方式，对台明、月台、檐出、椽径、殿顶、脊兽、门窗等各个部分采取了全面"恢复原状"的修缮方式[①]。

1973年在完成了南禅寺大殿修缮方案编制工作后，在广泛征求意见的基础上，1974～1975年实施了复原工程。主要修缮复原内容如表2-1所示。

五台山南禅寺大殿修缮内容   表2-1

序号	修缮内容	备注
1	拆除后建台明，恢复唐代台明和月台	依据考古发掘资料
2	复原被后代锯短的檐椽和角梁	依据资料研究成果
3	拆除后代维修时改变的门窗，恢复唐代装修	依据资料研究成果
4	复原被后代更换的瓦兽件	依据资料研究成果
5	与檐墙内和木构架的隐蔽处增加抗震构件	根据结构抗震需要
6	用高分子材料对劈裂的大梁、斗栱进行加固	依据现状残损程度

这种在充分调研、分析法式特征基础上，将后代不同时期维修或改造的构件全部拆除，按照唐代风格进行统一的做法，使建筑风格达到统一，主要思路类似法国的风格修复，不同之处在于对考古资料的补充调查和历史文献的系统研究上，类似于意大利文献修复学派的做法。其这一修缮复原方法的优点是能够展现统一的唐代建筑风采，使观众能够直观地感知唐代建筑的整体特征。缺点是在设计依据不充分的条件下设计者的主观臆断无法避免。

1961年颁布了《文物保护暂行条例》[60]，在总结之前修缮经验、结合保护工程实践的基础上，明确了建筑遗产的修缮原则，"一切核定为文物保护单位的纪念建筑物、古建筑、石窟寺、石刻、雕塑等（包括建筑物的附属物），在进行修缮、保养的时候，必须严格遵守恢复原状或者保存现状的原则"。这是我国最早的法定意义上的建筑遗产保护原则。1963年《革命纪念建筑、历史纪念建筑、古建筑、石窟寺修缮暂行管理办法》重申了"保持现状或恢复原状的原则，以充分保护文物所具有的历史、艺术、科学价值。"该条例的出台在我国遗产保护历史中具有里程碑的意义，在我国建筑遗产保护过程中发挥了重要作用。这一法规确定的保护理念，明显受到了苏联和梁思成保护理念的影响。"整旧如旧"的修复原则，很容易混淆建筑遗产的新旧关系，可能使建筑遗产历史的真实性遭受损失。《威尼斯宪章》历史真实性强调

---

① 1964年，梁思成先生在《闲话文物建筑的重修与维护》中说道："重修具有历史、艺术价值的文物建筑，一般应以'整旧如旧'为我们的原则"，"把一座文物建筑修得焕然一新，犹如把一些周鼎汉镜用擦桐油擦得油光晶亮一样，将严重损害到它的历史、艺术价值"。文中还强调了文物的当代利用："我们保护文物，无例外地都是为了古为今用，但用之道，则各有不同。文物建筑不同于其他文物，其中大多在作为文物而受到特殊保护之同时，还要被恰当地利用。"文中还强调，对于文物建筑的维修，"除了少数重点如赵县大石桥、北京故宫、敦煌莫高窟等能得到较多的'照顾'外，其他都要排队，分别轻重缓急，逐一处理。但同时又必须意识到，这里面有许多都是危在旦夕的'病号'，必须准备'急诊'、随时抢救……各地文物保管部门的重要工作就是及时发现这一类急需抢救的建筑和它们的'病症'的关键，及时抢修，防止其继续破坏下去，去把它稳定下来，如同输血、打强心针一样，使古建筑'病情'稳定，而不是'涂脂抹粉'，做表面文章。"

"必须一点不走样地把它们的全部信息传下去"，修复"目的不是追求风格的统一"，"补足缺失的部分，必须保持整体的和谐一致，但在同时，又必须使补足的部分跟原来部分明显地区别，防止补足部分使原有的艺术和历史见证失去真实性"。

梁思成先生提出"整旧如旧"的原则，对后来的研究者及社会各界影响较大且传播深远，概因其文字通俗易懂，言简意赅。中华人民共和国成立后至改革开放前，受到苏联强调复原的保护思想和中国传统对完美的追求的影响，形成了中国独特的保护意识和观念。业界对"整旧如旧"的理解逐渐发展为"保持现状，恢复原状"的修缮原则，这时期"保持现状"特指"保持古建筑应有的健康面貌，而不是歪闪、残破的状况"[61]，而"恢复原状"被视为维修古建筑的最高原则，是一种维修的理想状态，但"恢复原状"被视为十分复杂的科研工作，强调充分科学的设计依据，因此大部分修缮工程只能采用"保持现状"的维修原则，而非"恢复原状"。这里的"保持现状"并非不实施保护工程，而是采取静态保持或日常养护。其在概念上已不同于我们当代人对保持现状的理解，在内涵上却类似于《中国文物保护准则》中的现状修整和重点修复。这里的"恢复原状"特指在原址上进行复建，其要求"首先对原基址进行考古发掘，然后查找有关文献资料，进行校核研究，再根据所得资料，按原来的造型、结构做出设计，经有关文化主管部门批准后才能施工，施工时并要求对原来的造型、结构、材质、工艺不得变更"。因此在此原则指导下，个别建筑得以复建，如永定门城楼等。

关于修缮原则的把握，梁思成先生有精辟的论述，"应当表现得十分谦虚，只做小小的'配角'，要努力做到'无形中'把'主角'更好地衬托出来，绝不能喧宾夺主影响主角地位。这就是我们伟大气概的表现。在古代文物的修缮中，我们最好能做到"有若无，实若需，大智若愚"，那就是我们最恰当的表现了。"[62]在针对添配构件采用断白、随色做旧处理的方式，就是应遵循"添配件总体上与邻近旧构件色调相仿、质感相近"的原则。这种方法在永乐宫、南禅寺、佛光寺、崇福寺、正定隆兴寺、浙江宁波报国寺、金华天宁寺等早期建筑遗产修缮中广泛使用。该做法符合中国文化理念和审美观点，符合当时对遗产保护理念的理解。

（二）中国特色建筑遗产保护修缮理论体系构建

1978年12月党的十一届三中全会后，开始实施改革开放政策，国际建筑遗产保护理念逐步引进中国。"他山之石可以攻玉"，我国自古以来就有不断引进吸收国外成果的优良传统，经过吸收改造为我所用。国际保护理论逐渐与我国的遗产保护实践相融合。随着改革开放的深入开展，劳动力得到释放，国家经济实力显著增强，为遗产保护工作提供了较好的基础条件，使其得以迅速发展，取得了显著成就。在此时期，大量重要建筑遗产保护工程得以实施，如西藏布达拉宫、罗布林卡、萨迦寺，山西云冈石窟，北京故宫等保护工程。但不可否认，随着全国城镇化脚步的加快，大规模房地产开发和资源掠夺式旅游开发，使得许多历史文化名城被实施大规模旧城改造，肆意开发带来的"建设性破坏"，严重冲击着城市历史文化遗产，其所面临的空前危险局面"不亚于以往'大革命'的洗礼"①。同时建筑遗产周边历史环境也遭到可严重破坏。例如济南老火车站被拆除，该火车站由德国建筑师赫尔曼·菲舍尔（Hermann Fischer）设计，由中国工程队伍施工，于1912年建成并投入使用，具有浓郁的日耳曼风格，是当时远东地区最为著名的火车站之一，也是中国早期欧式火车站建筑的成功案例。该火车站曾经是济南市地标建筑，是建筑学教科书中的范例，1992年被拆除。

值得庆幸的是随着文物保护意识的增强，这种大拆大建行为逐步得到了有效抑制。文化遗产和城市规划部门已逐步认识到，应当妥善处理文物保护与城市建设二者之间的关系，使其紧密配合，相得益彰。随着法规体系的完善，中国遗产保护修缮理论体系也在发展中逐渐走向成熟。

大量学者基于古建筑理论的深入研究与实践也为保护理论体系构建提供了有效支撑。在建筑遗产保护理论框架下，经专家学者不断努力，取得了较丰富的研究成果，尤其以陈明达先生的《营造法式大木制度研究》[63]、郭黛姮先生的《南宋建筑史》[64]、刘致平先生的《中国建筑类型与结构》[65]等著作为代表。在工程实践方面也是成绩斐然，如刘大可先生的《中国古建筑瓦石营法》[66]按照建筑基础、台基、地面、墙身、屋面等不同建筑部位，分部分类阐述了瓦作、石作的营造方法；马炳坚先生的《中国古建筑木作营造技术》[67]对明清官式建筑木作进行了系统研究；杜先洲先生主编的《中国古建筑修缮技术》[68]，从木作、瓦作、石作、油漆作、彩画作及搭材作等方面阐述了古建筑维修技术；《齐英涛古建论文集》更是涵盖类型广泛，既涉及木结构古建筑的保养与维护，还涉及油饰彩画维修、脚手架搭设及工程预算等诸多方面。经过几代人的努力，建筑遗产保护行业取得了较为突出的成就。

1982年颁布了《中华人民共和国文物保护法》，其第十四条规定"核定为文物保护单位的革命遗址、纪念建筑物、古墓葬、古建筑、石窟寺、石刻等（包括建筑物的附属物），在进行修缮、保养、迁建的时候，必须遵守不改变文物原状的原则"。这是在不断发展背景下，首次将"不改变文物原状"的原则以法律的形式予以明确。但业界"对不改变文物原状"原则中原状的理解尚未达成共识，对原状的理解不尽相同，一曰建筑遗产建成之日为原状，一曰建筑遗产最辉煌时期为原状，一曰从建筑遗产建成至以后历代维修的过程均为原状，更有认为现状即是原状。也有学者对原状这样分类：实施保护工程以前的状态；历史上经过修缮、改建、重建后留存的有价值的状态，以及能够体现重要历史因素的残毁状态；局部坍塌、掩埋、变形、错置、支撑，但仍保留原构件和原有结构形制，经过修整后恢复的状态；文物古迹价值中所包涵的原有环境状态等。不管哪种分类方式，针对这个问题的讨论各执一词、林林总总。实际修缮项目中由于对原状理解的不一致，造成采取修缮措施的不同。

笔者认为，判断建筑遗产原状也就是文物原状应从价值认知方面考量，应当从全面尊重建筑遗产的角度展开，既应尊重建筑遗址的初建原始构件，也应客观分析后代改造与增加的构件，初建原始构件作为原状的组成部分不容置疑，而针对后代增加构件既要考虑其与原构

① 肆意开发带来的"建设性破坏"，严重冲击着城市历史文化遗产，其所面临的空前危险局面，"不亚于以往'大革命的洗礼'"引自冯骥才讲话。

的协调性、材料的真实性，更应考虑其对建筑遗产整体价值的作用。历史上的修缮总要留下历史的烙印，烙印本身的价值也是需要统筹考虑的范围。同时对"不改变文物原状"的理解，不是机械的、静止的，不应简单定义在历史的某一节点。在修缮过程中，对不同历史时期的修缮构件均应给予其应有的尊重。在传统工艺施工的基础上，也不排除现代科学技术的应用。

近年来逐渐形成了遗产保护修缮理论框架体系。该体系是以"不改变文物原状"的原则为总指导，以真实性和完整性原则、最小干预原则、可逆原则、可识别原则等为补充的，基于价值评估与认知、尊重传统工艺做法、结合现状残损病因分析、实事求是确定优选保护措施与方法的理论。

我们通过解构的方式进一步展开研究，可将"不改变文物原状"原则分解成"文物原状"和"不改变"，这里的"文物原状"更多带有文物自身属性的性质，而其内涵恰恰包含了真实性和完整性，而真实性与完整性则属于文物自属性原则。这里的"不改变"，是动词性质，代表行动与执行的过程与状态，影响"不改变"的直接因素是最小干预原则和可识别原则；间接影响因素是可逆性和延续性等原则，由此形成了各个原则之间较为清晰的逻辑框架，如图2-5所示。

罗哲文先生提出应"构建有中国特色文物保护理论体系"，这是一个几代人为之努力的目标。中国建筑遗产保护理念从"修旧如旧"，发展到"保持现状，恢复原状"，再到"不改变文物原状"，是一个逐渐科学理性发展的过程（图2-6）。

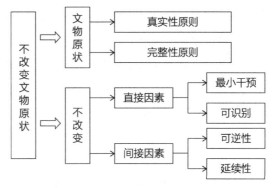

图2-5　文物保护原则之间逻辑关系图

本书在总结前人大量理论与实践经验的基础上，尝试将中国文物保护理论归结为：以价值评估为前提、以全面尊重为基础、以恰当措施为手段、以代际传承为目标等4方面内涵。建筑遗产修缮理论构架如图2-7所示。

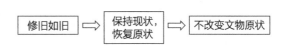

图2-6　文物保护原则发展变化过程

所谓"以价值评估为前提"是指建筑遗产保护的调研、勘察、测绘、设计、监理、施工等各个环节，针对建筑遗产本体及其构件的加固、修缮、添配、拆除、取舍等各种措施的实施均以价值评估为依据，价值评估既是前提也是依据，可以说没有价值评估就没有建筑遗产保护修缮工程。

所谓"以全面尊重为基础"是指对建筑遗产始建、后代修缮、添加、改造以及建筑遗产的保存现状等全过程的全面尊重，即使是后代不良的或者看似无意义的添加，也应当认真对待，不能随意拆除，应给予建筑遗产自身应有的尊重，这里既要有心理上的尊重也要有仪式上的重视，只有以全面尊重为基础，才能审慎地对待每一个修缮行为，才能杜绝修缮性破坏。

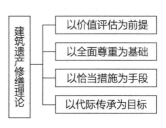

图2-7　遗产保护理论框架图

所谓"以恰当措施为手段"是指修缮措施的甄选受到施工建筑材料、人员技艺水平、施工客观条件等多种因素影响，修缮措施应当选择当前科技水平下最为恰当的措施。首先应考虑使用原材料、原做法、原工艺，但当传统的材料、工艺和做法不能排除会引起遗产本体安全隐患时，则可以考虑采用现代材料与技术措施。因此，这些现代材料与技术措施的运用也是恰当的。既不"维旧"也不"维新"，是在限定条件下的合理措施，即是"恰当"。

所谓"以代际传承为目标"是指建筑遗产保护工作总会受到所处时代的约束，当代人不可能穷尽所有的遗产保护工作，也不能指望一劳永逸。因此应当遵循最小干预或称最低限度的干预，只要不存在安全隐患，就应当保持现状，当代人干预得越少，给后代人留下的真实遗产就越多；随着科技的发展，将来会有更为科学合理或者更为恰当的修缮方式，因此，建筑遗产保护工作应当为后人留有研究的原始素材，为后人留有研究的空间，遗产保护工作需要代际传承，建筑遗产保护工作的代际传承与建筑遗产本体的传承同样重要。

基于上述遗产保护理论，近年来国内进行了大量工程实践，虽然理论研究领域对遗产保护理念尚未达成全面共识，但以国家文物局为中心的主导流派，其思路是很清晰的。我们可以从近年来国家文物局批复的意见初步判断其中的发展趋势。在表2-2整理的近年来国家文物局的批复中，同意复建宝圣禅寺鼓楼是依据文物保护规划和自身的必要性与可行性；而闽东北廊桥中余庆桥的复建，是源于其毁坏时间较晚、有残留构件、资料翔实且两岸群众需求等原因；刘铭传旧居的复建则主要依据现存资料照片和相关考古成果。以上3个项目同意复建均有其特殊的内在原因。而辽宁义县恢复重建奉国寺下院、云南曼短佛寺复建僧房、北京万寿寺复建唱经台院等项目，其目的均是用于宗教活动，仅仅是为了旅游和宗教活动等原因不能作为建筑遗产复建的充分必要条件，因此国家文物局不同意复建，并要求其做好遗址的保护工作。寿县古城墙复建西门，这类项目复建主要涉及下层遗址的安全性，同时考虑了真实性的问题，在近年来城墙修缮工程中过度干预现象较为普遍，城墙本体的真实性遭到严重质疑，因此未同意该复建工程。未同意圆明园遗址正大光明殿遗址复建工程，主要源于其不符合《圆明园遗址公园规划》的具体规定；同时圆明园遗址作为爱国主义教育基地，其真实遗址的意义远远大于复建后假文物的意义；另外，圆明园大规模复建的后果，客观上存在替历史上英法侵略者销毁罪证的作用，因此国家文物局未同意该工程复建。总之，针对复建问题的批复国家文物局是极为慎重的，有这些案例可见一斑，这也代表了中国建筑遗产保护理念发展的主流趋势。

近年来国家文物局针对复建申请批复的意见举要　　　　表2-2

序号	保护单位名称	复建项目	批复	具体意见
1	宝圣禅寺	鼓楼 （毁于"文革"时期）	同意	要在选址、规模、高度、色彩等方面严格遵守《水西双塔文物保护规划》的相关规定，并应采用传统工艺和传统材料
2	闽东北廊桥（余庆桥）	余庆桥修复 （2011年5月28日着火燃烧坍塌）	同意	要求应按照原形制、原结构、原工艺、原材料进行，尽可能使用原有构件。对散落的条石等尚能使用的构件应尽可能归安，已不能归安使用的构件要有相应的保护措施。并要做好相关档案资料收集工作

续表

序号	保护单位名称	复建项目	批复	具体意见
3	刘铭传旧居	建筑三栋（12间）	同意	要求复建建筑的高度和样式，应以现存资料照片和相关考古成果为主要设计依据，同时参考该地区同时期传统建筑的做法
4	辽宁义县奉国寺	恢复重建奉国寺下院（用于恢复宗教活动）	不同意	复建奉国寺下院的必要性和依据不足，要求实施遗址保护，不得在原址重建。并建议组织开展奉国寺下院的考古勘探和调查，做好遗址保护工作
5	云南曼短佛寺	鼓房、僧房和山门（用于宗教活动）	不同意	不同意对曼短佛寺的鼓房、僧房和山门进行重建
6	北京万寿寺	万寿寺唱经台院	不同意	重建工程的必要性不足，暂不同意对万寿寺唱经台院进行重建。并要求进一步查找文献资料，深入研究考评，厘清万寿寺唱经台院的历史沿革、结构布局等
7	云南驿古建筑群	重建关圣殿大门、杨炳麟故居大门、天星竿、钱氏宗祠大门和北厢房	不同意	表示不同意对关圣殿大门、杨炳麟故居大门、天星竿、钱氏宗祠大门和北厢房等进行重建
8	寿县古城墙	复建西门		瓮城城墙墙体全部完整复建的必要性不足，建议考虑按遗址保护的要求恢复至地面的一定高度。并要求确认遗址的结构能否承载复建的城台和城楼，要确保复建后遗址的安全
9	圆明园遗址	复建正大光明殿	不同意	正大光明殿遗址复建保护工程不符合《圆明园遗址公园规划》的具体规定，不同意进行重建

资料来源：摘自对国家文物局行政审批平台批复文件的汇总分析。

第三章 │ 建筑遗产勘察测绘技术

第一节　建筑遗产勘察测绘方法

　　建筑遗产测绘是针对建筑遗产实施的科学、准确、全面的勘察测绘工作，是通过手工或仪器设备全面采集准确翔实数据资料，提取建筑遗产信息，绘制精准建筑遗产测绘图纸的过程。建筑遗产保护工程勘察是指对建筑遗产及其周边环境现状和所存问题进行的调查、分析、评价并编制工程勘察文件的工程活动。建筑遗产勘察测绘内容包括：收集建筑遗产历史资料，对建筑遗产的形制、环境、保存状态以及损伤、病害进行测绘、探查及检测。勘察测绘是保护、发掘、整理、利用建筑遗产的重要环节，也是编制修缮设计方案进而实施建筑遗产保护工程的前提条件。通过建筑遗产测绘工作，能够使我们充分了解我国建筑遗产丰富的艺术形式、多样的空间组合、独特的结构体系和严谨的设计思维，建筑遗产测绘是传承中华优秀历史文化的重要实践活动，意义深远。

一、遗产测绘回顾

　　清朝末年，1906年清政府颁布了《古物保存办法》，建筑遗产调查测绘工作并未有效开展。真正现代意义上的调查工作起源于20世纪20年代，1928年民国政府颁布了《名胜古迹古物保存条例》，随着相关管理机构中央古物保管委员会的成立，开始着手对部分建筑遗产保护进行了调查，开启了现代意义建筑遗产调查工作。20世纪30年代，随着梁思成先生和刘敦桢先生加入营造学社，大量建筑遗产实地调查测绘工作得以开展，期间营造学社测绘了百余处建筑遗产，留下了大批珍贵资料。抗日战争时期，梁思成先生等人仍坚持在西南地区进行建筑遗产测绘工作，留下了永陵、云岩寺等珍贵的测绘资料[69]。

　　1956年国务院发布《关于在农业生产建设中保护文物的通知》并开始了第一次全国文物普查，确定文物保护单位名单7000余处，对中华人民共和国成立初期文物保存状况进行了全面调查。1961年颁布了《文物保护管理暂行条例》，以法规的形式明确了文物保护单位应当建立文物档案，按要求对建筑遗产进行测绘，并建立科学档案。"文革"期间除了少量重要建筑遗产得以修缮外，建筑遗产保护事业整体处于停顿状态。

　　改革开放后，清华大学、东南大学、天津大学、同济大学等知名建筑类高校增加古建筑测绘课程，尤其是天津大学长期致力于古建筑的测绘工作[70]，对京津冀地区建筑遗产分期分类系统测绘，积累了大量一手测绘资料。1981～1985年，国家文物局组织了第二次全国文物普查，共调查登记不可移动文物40余万处，并先后公布了2351处全国重点文物保护单位。20世纪80~90年代布达拉宫等部分重点建筑遗产得到全面勘测和修缮。2007年6月，我国开始了第三次全国文物普查，查明"不可移动文物总量：全国共登记不可移动文物766722处（不包括港澳台地区），其中新发现登记不可移动文物536001处，复查登记不可移动文物230721处"。

随着测绘行业三维扫描技术的发展，建筑遗产保护行业从业者开始探索三维扫描设备在建筑遗产测绘中的应用，并取得了较为突出的研究成果，同时也证明了利用该技术测绘建筑遗产的可行性。

各大高校及科研机构积极探索利用先进测绘技术测绘古建筑的方法，北京建筑工程学院（现北京建筑大学）最早利用三维激光扫描设备对北京故宫三大殿进行了测绘研究，获得了国家科技进步二等奖。2010年国家文物局启动了"指南针计划"专项"中国古建筑精细测绘"项目，优先选定了7个子项目：基于激光雷达扫描技术的颐和园标志建筑——佛香阁精细测绘；山西潞城原起寺正殿、平顺大云院弥陀殿精细测绘；山西平遥镇国寺万佛殿精细测绘；北京先农坛太岁殿古建筑精细测绘；武当山南岩宫两仪殿精细测绘；山西万荣稷王庙测绘；晋祠圣母殿精细测绘。其目的是充分利用三维激光扫描仪、近景摄影测量等现有先进科学仪器设备，全面、完整、精细地记录古建筑的现存状态及其历史信息，为进一步的研究、保护工作提供全面、系统的基础资料，取得了良好的测绘效果。项目2012年通过验收，肯定了利用高新技术手段，开展全方位、多角度、多层次的测绘和记录工作，最大限度获取和保存古建筑承载的各方面历史信息的必要性和可行性。同时，专家们一致认为，任何高科技的测绘手段都不能代替研究人员与文物本体的接触，传统测绘方法作为遗产信息挖掘的基础手段，同样是未来工作中不可或缺的组成部分。2016年北京市文物局启动了市级以上文物保护单位三维激光扫描测绘项目，结合GIS技术试图构建建筑遗产数据库，在文化遗产数字化保护方面进行了有意探索。2013年清华大学建筑学院国际遗产中心开展了"山西南部早期木构建筑信息数字化研究"[73]，对山西南部早期建筑保护工程涉及的105处全国重点文物保护单位，153座元代以前早期古建筑进行了三维激光扫描测绘，建立了点云数据库系统，设置了模板编辑、信息录入、信息浏览和信息检索四大功能。并结合数据库，比较研究、解析山西南部古建筑早期建筑的特点，取得了初步成果。

2015年以前，由于三维激光扫描测绘成本比较高，大量修缮设计项目并未采用该技术。近年来，随着三维激光扫描仪价格的降低和三维激光扫描设备的普及，测绘成本不断下降，三维激光扫描技术操作简便，数据全面、信息丰富的优势逐渐凸显，大量建筑遗产勘察测绘项目开始利用三维激光扫描的点云数据进行病害分析、三维建模和绘制图纸等工作。

二、遗产测绘方法

（一）勘察测绘分类

1. 按勘察测绘手段分类

按照勘察测绘手段分类，建筑遗产测绘可分为传统手工测绘和仪器设备测绘两种方式。

传统手工测绘是业界进行建筑遗产测绘的必备手段。传统手工测绘仅仅借助简单的盒尺、皮尺、垂球、线绳、水平尺以及竹竿等工具，配合笔、纸张等工具进行记录。

仪器设备测绘顾名思义就是利用各种仪器设备的特性，提高测绘精度和效率的过程。随着科技的发展，仪器设备不断更新迭代，由早期的平板仪、水准仪、经纬仪、测距仪、全站仪，发展到GPS、近景摄影、三维激光扫描仪和无人机等，测绘设备日新月异。

2. 按勘察研究方法分类

按照勘察研究方法分类，根据《古建筑木结构维护与加固技术规范》[71]，建筑遗产的勘察也可分为法式勘察测绘和残损情况勘察测绘两类（图3-1）。

法式勘察测绘是对建筑物的时代特征、结构特征和构造特征进行勘查。法式勘察可以从横向和纵向两个维度进行对比研究，横向维度是与当地同时期建筑进行比较，探索其地域构造特征、营造特点等个性特征；与官式同时期建筑比较，探索其所具有的共性特征。纵向维度是与宋《营造法式》和《清式营造则例》等法式著作进行比较，或与历史上地方建筑以及历史上官式建筑进行比较，探索建筑遗产构造手法的发展与演变，挖掘其所内含的共性与个性特征，并注重建筑遗产自身特色与建造手法的保护与传承。

中华人民共和国国家标准

GB 50165—92

古建筑木结构维护
与加固技术规范

Technical code for maintenance and
strengthening of ancient
timber buildings

1992-09-29 发布　　　　1993-05-01 实施

国 家 技 术 监 督 局　联合发布
中华人民共和国建设部

图3-1　古建筑木结构维护与加固技术规范

法式勘察尤为重要，它是对文物本体所蕴含的内在规律的探查，是对其内在合理性的考量。一座建筑遗产，尤其是木结构古建筑，没有上升到法式特征的分析研究，只停留在就事论事层面，则不能把握建筑遗产修缮的核心要义，图3-2为法式勘察分析图。

残损情况勘察测绘是对建筑遗产的承重结构及其相关工程损坏、残缺程度与原因进行勘察。残损情况勘察是一个系统工程，是从下到上，从外到内，全方位勘测、调查的过程。从下到上包括：建筑地基沉降情况、建筑基础稳定状态、台明地面柱础的保存状况、柱子斗栱梁架的承重状态、

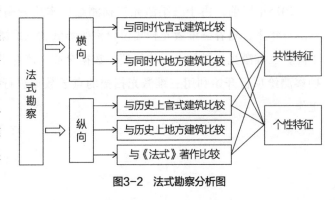

图3-2　法式勘察分析图

木基层瓦面破损情况以及墙体、装修、油饰彩画的残损状况等。从外到内包括：材质的物理化学性质、开裂糟朽程度、扭曲形变情况等。必要时，可借助压力阻抗仪、微创穿孔仪器、地质雷达等微创无损技术设备探索文物内部的残损状况。对残损部位取样进行物理化学试验是必要的补充勘察手段。

（二）传统手工测绘技术

传统手工测绘技术是从事建筑遗产保护研究与设计人员的必备技术。主要包括现场手工测绘基本原则、传统手工测绘技术基本流程、传统手工测绘技术基本方法和传统手工测绘技术注意事项等内容。

1．传统手工现场测绘基本原则

（1）先整后分原则。丈量建筑遗产时应遵循先测整体尺寸，再测分尺寸的原则；在柱网定位、斗栱分位等整体布局测绘中，往往整体测量数据优于局部测量数据。

（2）顺序测量原则。无论是从上至下或是从下至上，应按照同一顺序逐一测量，避免数据标注混乱，造成数据之间不能自恰。

（3）测量同构原则。建筑遗产测绘中涉及多个类似构件，如装修隔扇、斗栱等，测绘中应确保测绘同一构件。

（4）特征优先原则。每个建筑遗产均具有其自身特点，针对法式特征、地域特色应优先关注，重点测绘。

以上测量原则均是基于减小测绘误差的考量。

2．传统手工测绘技术基本流程

传统手工测绘技术基本流程包括前期准备、现场测绘和整理汇总3个阶段。

（1）前期准备

前期准备包括：背景资料查询、测绘工具准备等环节。

背景资料查询包括与需测绘建筑遗产相关的文献资料、金石资料、地形地貌、气候天气、地质灾害、照片影像、法式特征等内容。

测绘工具准备根据测绘建筑遗产的实际情况准备测绘资料，包括盒尺、皮尺、测距仪、水平尺等测绘工具以及笔、纸等绘图工具。需要探查墙体内部、地面基础等情况时，可准备简单的铁锹等挖掘工具；探查墙体空鼓，可准备橡皮锤等工具；测量梁架、檩枋等高处尺寸时，应准备梯子，必要时可搭设简易测绘脚手架；还应准备相机等摄像设备和配套的支架等以及为材料试验取样用的工具与包装材料等。测绘工具并非越多越好，而是根据测绘工作的实际需要配备，以满足实际需求为准。测绘前期准备阶段还应做好应急预案，考虑各种可能的突发事件。例如根据测绘现场的实际情况，提前准备安全帽及安全绳索，制定安全防护措施，确保测绘工作安全。

为使测绘工作顺利开展，应对测绘内容进行提前研判，可提前准备测绘需要的各种表格，如测绘斗栱类型时可准备构件尺寸及残损记录表（表3-1）。

斗栱细部尺寸及残损记录表　　　　　　　　　　表3-1

构件部位	上深	下深	上宽	下宽	耳	平	欹	残损情况
栌斗								
交互斗								
散斗								

　　还可以提前绘制步架尺寸表、各栱栱件尺寸表、砖石材料尺寸及数量统计表、瓦件尺寸及数量统计表、装修统计表、椽飞统计表、梁架统计表等各种表格，具体需要哪类表格根据所测绘建筑遗产的实际情况而定。

　　（2）现场测绘

　　现场测绘阶段包括勾画草图、现场测量、标注数据及校对数据等环节。

　　勾画草图是手工测绘的主要环节，考察测绘者的绘图基本功，草图绘制首先考虑纸张大小和图纸布局，应基于整体视角考量，不能过于密集也不能过于稀松，要留出标注尺寸与文字记录的空间，必要时还可适当留白，可将测绘中的感悟与思考及时予以记录。草图绘制应以全面记录建筑遗产的直观数据为主要目标，构图精美为辅助效果。图纸绘制在考虑整体格局的基础上，还应考虑构件的细节，应当绘制细部大样图。一般测绘草图应包括平面图、各个方向的立面图、各间横剖图与整体纵剖图，必要时可绘制前后视图的纵剖图、梁架仰视图、瓦顶俯视图等建筑主要图纸。细部尺寸图应包括踏跺、柱础、斗栱、装修、雀替等艺术构件，重要构造节点以及其他小木作等需要绘制的大样图。为方便尺寸标注，还可绘制拆分构件图。建筑遗产尺度标注以"毫米"为单位，标高标注时以"米"为单位；细部构件测量精度可精确到0.1毫米，实际图纸绘制中，一般都会做取整处理，或精确到整数毫米，或精确到为0.5毫米[72]。

　　标注数据环节，尺度标注要字体统一规范，方向一致，或向上或向左，应符合现代建筑制图规范。平面图应标注柱网总尺寸及分尺寸、各个柱子柱径及柱础尺寸、墙体厚度、花碱及金边宽度、地面砖尺寸及铺墁方式、台明压面石和踏跺的铺墁形式及尺寸、散水铺墁形式与尺寸，隔扇、槛窗、门窗等装修分布及开启方向。实测平面图还应标注上述部位的残损情况，包括位置、面积、数量、毁坏程度等量化数据记录。剖面图应标注主要梁架的标高，一般标注各个梁、檩的底皮标高；应标注每个梁、枋、檩的断面尺寸；梁架的举高和步架的尺寸标注应以构件中轴线为基准。剖面图重点标注建筑的竖向尺寸，应做到自下而上没有遗漏。墙体顶部抹角尺寸、椽飞檐出尺寸等只能在剖面图上显示的部位应重点标注。立面图应标注椽飞瓦垄数量、装修控制性尺寸、台明踏跺尺寸、台帮槛墙下碱墙墙砖砌筑方式及匹数等在其他图纸上无法标注和不易标注的尺寸。各个图纸标注难免重复，勘察设计图纸应以表达清晰、全面为目的，可适当重复标注。梁架仰视图应标注翼角翘飞椽的起始位置及数量、檐椽飞椽的平出及升出、斗栱分位及每缝斗栱之间的距离，庑殿建筑应标注推山尺寸及正脊长度，歇山建筑应标注收山尺寸及正脊长度、角梁的尺寸、角梁后尾的位置及交接关系，标注檐椽飞椽数量时应分间统计。瓦顶俯视图应标注各个屋脊之间的关系及尺寸；吻兽及跑兽的数量；角部瓦垄升出的瓦垄起始点、数量及尺寸；勾头或是滴水坐中；并准确统计瓦顶的面积。斗栱大样图应标注斗口、出跳、单材与足材的尺寸；标注每个斗的（上深、下深、上宽、下宽、耳、平、欹、幽）详细尺寸；正心瓜栱、正心万栱、外拽瓜栱、外拽万栱、厢栱等不同栱件的尺寸；昂、耍头、麻叶头等不同构件的细部尺寸；柱头斗栱应标注翘、昂的宽度尺寸，转角科斗栱应标注斜向构件的各种尺寸。隔扇槛窗大样图应标注整体控制性尺寸、抹头位置、心屉分格尺寸以及棂条、仔边、边梃、槛框等构件断面尺寸。裙板图案、各个构件起线等尺寸均应予以标注。

校对数据环节：测量数据校对环节较为重要，应在测绘现场进行。重点校对分尺寸与总尺寸的统一性，当分尺寸之和与总尺寸不一致时，应现场核实总尺寸，由于测量误差造成分尺寸大于总尺寸的，应对分尺寸进行调整；同时应检查是否存在数据错误或遗漏。数据校对工作中发现的所有问题均应在测绘现场及时解决。还应重点核实通过计算间接获取的数据，如测量出建筑的总体进深和室内进深，两者相减再除以2，计算得出墙体厚度，对这类数据应认真复核，不宜主观判断前后檐墙体厚度一样而简单地除以2算出墙体厚度。应选择同一的参照系，详细测量。

（3）整理汇总

整理汇总阶段包括整理文档资料与图纸整理等环节。整理文档资料环节包括现场照片与影像等资料的梳理，对照片及影像资料按照建筑及不同部位进行分类，标注部位名称；对与建筑遗产相关的金石资料进行整理、梳理并摘录有用信息，保存拓片资料；梳理访谈资料、填写访谈调查表等；并对现场收集的文献资料进行整理建档。图纸整理阶段主要任务是梳理测稿，将相同建筑或部位的测绘信息抄录在同一测稿上，必要时可重新抄绘测稿。

3.传统手工测绘技术基本方法

上面建筑遗产测试流程阐述了一般意义上建筑遗产测绘的基本过程，容易让人将建筑遗产测绘理解为一个简单机械的过程，实际上仅仅掌握测绘流程是不够的。因为建筑遗产测绘的目的除了处理和收集资料外，更为重要的是排除建筑遗产的安全隐患，即选择合理的保护措施实施修缮工程。发现建筑遗产的病害过程类似于为人体诊断病情的过程，传统手工测绘方法则类似于传统中医看病方法。因此可以借鉴传统中医的"望闻问切"诊断方法。

所谓建筑遗产的"望"是对建筑遗产整体形态、空间结构、细部尺寸的综合感知。感知的建筑遗产时代特征属于历史价值范畴，形态美学属于艺术价值范畴，内部构造及空间气韵属于科学价值的范畴，人文气息属于文化价值的范畴。"望"还包括对建筑遗产真实性和整体性的感知。目前在尚未建立起木结构建筑年代标准数据库的前提下，许多建筑遗产的断代、法式特征分析等内容，均或多或少地包含了对建筑遗产神韵感知的内容，当科学认知体系尚未完全确立时，主观感知"望"的环节尚有一定生存空间和现实意义。

建筑遗产的"闻"是指对建筑遗产的初步勘察分析，对残损状态及病害程度的初步预判，是制定勘察测绘计划的依据，如是否需要搭设测绘脚手架，是否需要采用三维激光扫描设备，是否需要无损探伤设备，是否需要使用各类物理化学分析仪器，是否需要取样以及如何取样等，均需要通过"闻"环节完善勘察测绘计划，确保测绘工作顺利高效进行，避免重复浪费。

建筑遗产的"问"是指对建筑遗产的知情人进行调查采访，包括对工匠、管理者、使用者、游览者、知情人等各类人员展开采访调查；也包括对专家学者的访谈、对技艺传承人相关技艺流程的记录整理。对"问"这一环节所获取的资料，是建筑遗产修缮，尤其是损坏、缺失构件修复的重要依据。

建筑遗产的"切"是对建筑遗产直接数据的获取过程，是指前面章节讲到的传统手工测绘过程，而利用仪器测绘，仅仅是传统手工测绘的延伸，仍属于"切"的范畴。近年来开展的无损检测技术相当于现代医学的CT、B超等技术；钻孔取样技术则相当于医学的微创技术。建筑遗产"切"的环节，既包括对建筑遗产表面尺度的测量，还包括对建筑遗产内部结构的探查和病害原因分析，是数据全面收集的过程，也是判断建筑遗产构件残损的直接依据。

在对建筑遗产病害"望闻问切"的诊断过程中，既有对建筑遗产整体性的把握与感知，又有严谨的实施计划和科学准确的测量数据，该传统中医诊断病情方法极其贴切对应了传统手工测绘的基本方法，而且是对传统手工测绘方法的高度凝练（图3-3）。

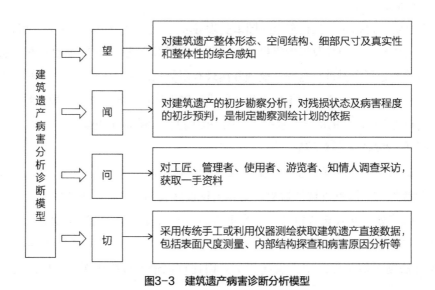

图3-3　建筑遗产病害诊断分析模型

（三）仪器勘察测绘技术

利用仪器进行建筑遗产勘察测绘已经成为编制修缮方案的必备手段，但仪器设备种类很多，方法也不尽相同。本文重点针对实践中使用较多的全站仪测绘和三维激光扫描仪测绘进行阐述，探索两种设备在建筑遗产勘察测绘中的流程、方法及技术指标要求等内容。

1. 全站仪测绘

全站仪即全站型电子测距仪（Electronic Total Station），是一种集光、机、电为一体的高技术测量仪器，是集水平角、垂直角、距离（斜距、平距）、高差测量功能于一体的测绘仪器系统。与光学经纬仪比较电子经纬仪将光学度盘换为光电扫描度盘，将人工光学测微读数代之以自动记录和显示读数，使测角操作简单化，且可避免读数误差的产生。因其一次安置仪器就可完成该测站上全部测量工作，所以称之为全站仪。可用于建筑遗产精密工程测量或变形监测。许多建筑遗产位于郊野环境，附近往往没有大地坐标控制点，需要通过全站仪自由建站的功能建立独立的坐标系。站点设置及标靶放置位置应当合理，应根据建筑遗产外形特点及室内建筑构造方式合理设置，减少设立站点的数量，提高测绘精度。确保每个站点可以通视至少三个标靶。数据测量后，应进行必要的核验。应通过实践，探索较小测量误差的方法。具体步骤如下：①全站仪现场采集坐标、绘制草图；②将全站仪数据下载到电脑进行数据格式转换；③坐标数据展绘到成图软件；④根据草图绘制建筑遗产实测图。

2. 三维激光扫描仪测绘

利用三维激光扫描仪进行建筑遗产测绘，由于三维激光扫描仪类型繁多，首先需要结合建筑遗产的实际情况，确定三维激光扫描仪的选择。一般需要基于效率和精度两方面考量，建筑遗产测量往往选择精度优先。由于遗产空间大小及室内外环境的不同，选择的仪器类型也不相同。原则上当测量建筑遗产范围较大的时，选择中远程扫描仪；范围小的时则选择近程扫描仪，有时需要多种仪器结合起来，以保证扫描的效率。

扫描密度设定，根据建筑遗产的不同，设置不同的扫描密度，例如：可用扫描点间距d衡量，将扫描仪分为4个密度等级：

稀疏密度，主要指$d \geqslant 10cm$，用于地形测量。

适中密度，$1cm \leqslant d < 10cm$，用于相对建筑遗产结构测量或体积估算等宏观测量。

高密度，$0.1cm \leqslant d < 1cm$，用于建筑遗产细部结构或纹理测量。

超高密度，$d \leqslant 0.1cm$，用于建筑遗产精细结构纹理测量。

在扫描仪中实际点云密度由扫描距离和点间距两个因素确定，一般情况下，距离扫描站点中心越远则点密度越小。当扫描设定距离为仪器中心到扫描目标中心的距离时，扫描点间距为设定点间距。

扫描站点分布，关键在于扫描与控制的结合，控制方案是为扫描服务的，因此控制点的选择和扫描方案要结合起来综合考虑，同时现场布设时也要将两者相互结合以方便数据的统一，提高数据精度。在控制网布设方面，应尽量精简点位，能够控制主要扫描连接站，易于保存量测，以便检核。具体控制网精度要求应根据建筑遗产的实际测量要求而定。在扫描站点布设上，需要遵循如下几点：①多站点视角尽量覆盖全部目标，不留死角，单一站点尽量正对相应扫描部位；②相邻站点之间保证足够数据重叠度；③控制站点至少保证有4个以上控制条件能与已知坐标系联测，图3-4为三维扫描遗产现场测绘流程。

针对木结构建筑遗产，利用三维激光扫描数据，结合相关文献调研资料，可以按照建筑遗产的总体综述、基础台明、大木构造、构件细部、小木作制度、瓦作制度、泥作制度、砖作制度、彩画作制度等不同部位分类进行比较研究（表3-2、图3-5～图3-7）。

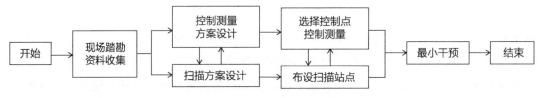

图3-4　三维扫描遗产现场测绘流程

木结构建筑部位分类分析表　　　　　　　　　　　　　　表3-2

序号	部位名称	分析研究内容
1	总体综述	建筑功能、建筑规模、建筑形制、建筑平面
2	基础台明	筑基做法、柱础形制、石材材质、基础沉降
3	大木构造	总体形制分析、结构分析、材分分析、榫卯分析、材种分析
4	构件细部	形制分析、部分残损分析、部分修缮技术分析
5	小木作制度	门窗隔扇、藻井、佛道帐、小木作材种分析
6	瓦作制度	制度分析、形制分析、构造分析、材质分析、残损致因分析、修缮技术分析
7	泥作制度	材质分析、土坯墙及墙体抹面修缮技术分析
8	砖作制度	形制分析、材质分析、残损致因分析、修缮技术分析
9	彩画作制度	形制分析、材质和构造分析

图3-5　某建筑三维扫描图轴侧

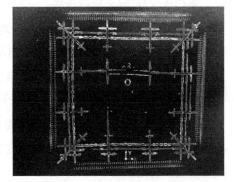

图3-6　某建筑三维扫描图斗拱分位

（图片来源：图3-5、图3-6引自清华大学建筑学院国家遗产中心编制的《山西南部早期木构建筑信息数字化研究》[73]）

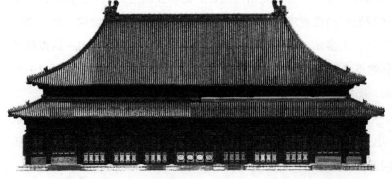

图3-7　故宫太和殿三维扫描
正立面图
（图片来源：北京建筑大学测绘）

第二节 建筑遗产勘察测绘实践

勘察测绘的目的是查明建筑遗产及其周边环境现状和所存在问题类型、严重程度、产生原因，并对问题作出分析、评价，为工程设计提供基础资料和必要的技术参数。下面以案例的形式分析传统手工测绘和利用仪器测绘的方法。

一、传统手工测绘案例分析

（一）前期准备阶段

以河北蔚县真武庙测绘为例，前期准备阶段首先对真武庙的背景资料进行查询。了解其所在蔚县地理位置与自然环境。蔚县位于河北省西北部，张家口地区南部，东临京津、依涿鹿县，南接保定涞源县，西与山西省广灵县毗邻，北与宣化接壤。地处北纬39°34′~40°12′、东经114°13′~115°04′。东距首都北京244公里。蔚县由南部深山、中部平川、北部丘陵3个不同自然区域组成。蔚州古城位于中部壶流河谷南岸台地上。海拔980米，年平均气温6.3摄氏度。

前期准备还应包括获取与需测绘建筑遗产相关的文献资料、金石资料、历史沿革及历史照片等内容。调研得知蔚县真武庙始建年代不详，从历史文献、碑刻资料中均未发现准确记载。就建筑形制及建筑残存构件分析，现存真武庙大殿保存了明代早期建筑的建筑特征。初步推断，真武大殿可能始建于明代，详情如下，据清雍正元年（1723年）四月重修碑刻《施舍香火房地碑记》中载："昔人因其势之耸而创建北极玄帝宫"。另据雍正六年（1728年）八月碑刻《重修真武庙碑记》载："创建多年来旧矣。""……西北角建玄帝庙，其坊曰：'紫霄真境'。…… 时值康熙十九年六月地震异常，摇毁殿宇，行神一宫，五神□七真二殿以及东□□天将宫，北极大殿渐至倾覆，……康熙五十九年六月重修，告成于雍正三年七月……"。从以上资料可知：清康熙十九年（1680年）六月，蔚县发生地震，原建筑坍塌，道人王太耀于清康熙五十九年（1720年）主持重修，至清雍正三年（1725年）完工。清道光庚子年（1840年）曾经小规模整修；清光绪三年（1877年）又一次小规模修缮。由此，通过金石资料分析可以判断现存建筑为清代建筑。

前期准备阶段应准备必要的测绘工具，详见表3-3。

测绘工具表　　　　　　　　　　　　　　　　表3-3

功能类型	工具名称	测量部位
测绘	盒尺、皮尺、测距仪、水平尺等	柱网、梁架、檩枋、斗栱、装修等各种测绘数据
绘图	笔、纸、橡皮、夹子等	—
探查	铁锹、铁镐、橡皮锤	地基台明情况、墙体及木构件空鼓
辅助	梯子、脚手架	高位构件尺寸

　　部分建筑遗产勘察测绘需搭设测绘脚手架，详见图3-8、图3-9。

图3-8　三维激光扫描测绘　　　　　　　　图3-9　手工测绘脚手架

　　建筑遗产勘察测绘前期准备阶段还应当编制调查登记表，应结合调研对象实际情况从表格体例、构成、内容等细节等方面设计有针对性的表格，并在进入现场测绘前对表格形式进行核对。表3-4为根据某建筑遗产彩画的特点、类别、地仗做法、保存状况及受环境影响等情况编制的彩画调查登记表。

彩画调查登记表　　　　　　　　　　　　　　表3-4

建筑群名称		保护级别/批次	
管理机构		建筑群年代	
建筑名称		建筑类型	
建筑功能		建筑面积	
原始彩画位置		原始彩画绘制时间	
周围环境干扰	□影响较小、□影响一般、□影响较大		
保存状况	□保存良好、□保存较好、□保存一般、□保存较差		
彩画类别			
地仗做法	单批灰□、三道灰□、四道灰□、麻布地仗□、一麻五灰□、其他□		

1. 椽望			
檐椽形状	圆□ 方□	椽头形式	
飞椽形状	圆□ 方□	椽头形式	
2. 上架大木			
箍头设色规律			
前后檐纹饰是否一致	是□ 否□		
老角梁 有□无□	彩画形式		
仔角梁 有□无□	彩画形式		
细部构件名称	箍头	盒子	找头	方心
内檐五架梁			
内檐三架梁			

（二）现场测绘阶段

现场测绘首先需绘制草图，草图应为规范的正身或剖切线图，应根据建筑遗产实际情况绘制总平面图、平面图、各个立面图、各个剖面图、构造平面图、节点及主要部位大样图等各类草图，图纸尺寸以适应构件尺寸标注为宜，草图表达内容应全面完整。梁思成先生编著的清工部《清式营造则例》图解中的版图多采用手工方式绘制，其所表达测绘内容的信息深度和完整度，可以作为手工测绘草图的样板予以参考。图3-10、图3-11以平面图及剖面图为例，示范建筑遗产测绘信息的深度要求。

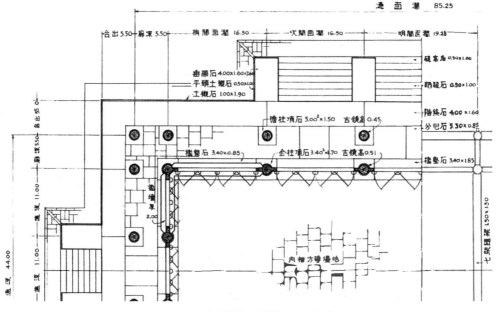

图3-10　清式营造则例图版平面图局部

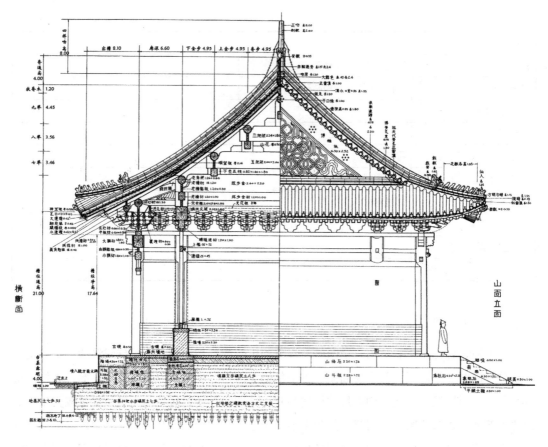

图3-11　清式营造则例图版剖面及侧立面图

　　现场调查阶段还应填写调查登记表，表中如有缺项漏项，可根据实际情况对表格进行修改完善，填写工作应在测绘现场进行。表3-5为现场完的成蔚县真武庙大殿调查残损状况登记表。

蔚县真武庙大殿残损与原因分析　　　　　　表3-5

序号	部位	残破现状	残破原因分析
1	台明	东侧台帮60％面层酥碱；已坍塌，后人补砌，参差不齐、多处下沉。后檐台明为后人改砌，杂草丛生，已严重毁坏坍塌	年久失修
2	散水	散水无存	人为拆除
3	室内地面	室内方砖为后墁，高于柱础；90％砖遗失、粉碎或断裂	改做粮库时，后墁地面
4	墙体	后檐明间墙体为后人所堵，次间及山面原墙体毁坏，外包被砖墙；现包墙部分下6层砖表面酥碱，后檐砖面层均显风化	原墙毁坏，后人按照粮库功能需要，改砌墙体
5	梁架	后金柱根部糟朽，东北角柱下沉，东侧顺梁裂缝达2cm，顺梁头斗栱变形下沉	柱根糟朽，致使角部下沉
6	椽望	檐椽、飞椽毁坏35％，内椽约毁坏20％，外檐望板全部糟朽，后坡望板约50％糟朽	瓦顶脱节，漏雨严重
7	装修	前檐装修全部遗失，明间存下槛卯口，次间槛上有卯口。后檐明间装修遗失	人为拆除

序号	部位	残破现状	残破原因分析
8	瓦顶	瓦垄脱节，屋面长草，后半坡大部漏雨，西北角漏雨严重；戗脊全部遗失，正脊垂脊大部分尚存，大吻、吞脊兽等均仅存根部，跑兽全部遗失	年久失修、自然毁坏
9	油饰彩画	壁画线条清晰，局部色块脱落，表面被刷白涂料一层，现已大部分脱落；木构件全部褪色，表面被刷白涂料一层；梁架彩画尚存痕迹	后人粉刷涂料
10	斗栱	后金柱隔架科明间补间缺一攒斗栱，其余三攒均已变形，遗失小斗8个，正心及外拽枋遗失计3根	年久失修、自然毁坏

（三）整理汇总阶段

整理汇总阶段应对测绘中的图纸尺寸进行校对，发现问题及时更正。

整理汇总阶段还应对填写的调查登记表的内容进行校对，表3-6为经校对调整后的北京某寺庙某殿彩画调查登记表，由该表与之前表格（表3-4）比对可以看出，最终成果表增加了斗栱、天花、杂件等调查内容。

某寺某殿 彩画调查登记表　　　　　　　　　　　　　　　表3-6

建筑群名称	某寺	保护级别/批次		某文物保护单位
管理机构		建筑群年代		始建于清顺治年间
建筑名称	某殿	建筑类型		歇山
建筑功能	某殿	建筑面积		120平方米
原始彩画位置	室内	原始彩画绘制时间		清代
周围环境干扰	■影响较小：干净整齐，不能受到阳光直射，不易被外界环境影响。 □影响一般：有少量积尘，不受到阳光直射但散射光会有影响，易被外界环境影响。 □影响较大：环境杂乱，能受到阳光直射，极易被外界环境影响。 其他：			
保存状况	□保存良好：画面完整，变色但原有色彩可辨认，基本没有脱落现象。 □保存较好：画面较为完整，变色严重或已经小面积脱落，脱落面积小于5%。 ■保存一般：画面较为完整，局部脱落，脱落面积小于30%。 □保存较差：画面尚可分辨，颜料层大面积脱落，脱落面积大于30%。 其他：			
彩画类别	外檐金龙和玺彩画，内檐雅伍墨旋子彩画			
地仗做法	单批灰□　　三道灰□　　四道灰□			
	麻布地仗□　　一麻五灰□			
	其他□　　看不清■			
1.椽望				
檐椽形状	圆■ 方□	椽头形式	虎眼	
飞椽形状	圆□ 方■	椽头形式	片金万字	

2.上架大木				
箍头设色规律	明间上青下绿，次间上绿下青　是■ 否□　其他			
前后檐纹饰是否一致	是■ 否□			
内外檐纹饰是否符合规律	是□ 否■			
老角梁 有■无□	彩画形式	金线金老角梁		
仔角梁 有■无□	彩画形式	金线角梁		
细部构件名称	箍头	盒子	找头	方心
南檐檐步内檐明间大额枋	素（青）	无	一整两破	黑叶花
南檐檐步内檐明间小额枋	素（绿）	无	一整两破加金道冠	攒退夔龙
明间下金檩	素（青）	无	一整两破加金道冠	黑叶花
明间下金枋	素（青）	半拉瓢卡池子　池心：夔龙（两侧）		
明间上金檩	素（绿）	无	一整两破加金道冠	攒退夔龙
明间上金枋	素（绿）	半拉瓢卡池子　池心：夔龙（黑叶花）		
明间脊檩	素（青）	无	一整两破加金道冠	黑叶花
明间脊枋	素（绿）	无	一整两破加金道冠	攒退夔龙
内檐七架梁	素（绿）	无	喜相逢	攒退夔龙
内檐五架梁	素（青）	无	1/4旋花	黑叶花
内檐三架梁	无	无	1/4栀花	攒退夔龙
抱头梁	枊头图案	枊帮	找头	方心
穿插枋	找头		方心	
3.斗栱				
斗栱　有■无□	位置	室内■室外□平座□隔架□	垫拱板	三宝珠虎眼
斗栱样式	双昂五踩斗栱		斗栱彩画形式	室外平金斗栱，室内墨线斗栱
4.天花支条				
天花　有□无■	位置	形式	图案	
支条				
5.杂件				
倒挂楣子	有□无■	形式		
雀替	有□无■	形式		
廊心做法				
记录人员		记录日期		

　　总之，手工测绘重点强调草图绘制的规范性、尺寸标注的准确性、残损记录表设计的合理性及数据填写的真实性等内容。

二、仪器测绘案例分析

使用仪器测绘是建筑遗产测绘的重要手段，其特点是数据精度高、信息量大。尤其是高处人工无法到达的区域，有显著优势。本书以山东灵岩寺辟支塔为例，该塔为九级砖塔，在没有脚手架的前提下，测绘难度较大。利用三维激光扫描仪进行测绘，配以无人机对古塔进行近距离拍摄，能够初步达到勘察测绘的需求。采用三维激光扫描仪测绘后期点云处理是关键，现有的3d建模软件无法对斗栱、檐口等复杂部位自动建模，需要古建专业人员结合古建筑的法式特征与航拍影像资料，利用点云数据，系统地进行整理，剔除干扰数据，抽出关键数据，弄清残损分布情况。后期修缮工程中，笔者带领设计人员多次到达施工现场，与施工人员沟通解决具体问题，补充测绘数据，完善施工图设计，最终该工程达到了预期目标。

（一）项目简介

辟支塔为灵岩寺标志性建筑，为八角九层楼阁式砖塔，坐落于泰山西北麓，位于济南市长清区万德镇境内。北距济南市区45公里，南离泰安25公里，为世界自然与文化遗产泰山的重要组成部分。灵岩寺是唐贞观年间（627～649年）慧崇高僧建造的，经宋、元、明几代修葺，建筑多属宋代。灵岩寺辟支塔创建于宋淳化五年（994年），竣工于嘉祐二年（1057年）。因该塔结构形式和建筑风格独特，1982年2月被公布为全国重点文物保护单位。辟支塔历经1000余年沧桑，由于自然和人为的破坏，塔体残损较重。2014年1月北京建工建筑设计研究院对辟支塔进行了全面的调查和勘测。塔高55.7米，塔基为石筑八角，八面浮雕镌刻出古印度孔雀王朝阿育王皈依佛门等故事，雕刻构图活泼，刀法娴熟，为宋代艺术杰作。塔身以青砖砌就，塔身上置铁质塔刹，由覆钵、露盘、相轮、宝盖、圆光、仰月、宝珠组成。自宝盖下垂八根铁链，由第九层塔檐角上的八尊铁质金刚承接。辟支塔造型匀称，比例适度，具有典型的宋代风格。

（二）前期准备阶段

收集整理灵岩寺辟支塔的文献资料、灵岩寺区位信息、自然与人文环境资料、作为世界自然与文化遗产泰山重要组成部分的相关资料、历史沿革资料及工程维修记录等。如工程维修记录如下：中华人民共和国成立后1956～1985年，共拨款299.5万元，10余次对灵岩寺进行全面维修。1982年2月灵岩寺被公布为全国重点文物保护单位；2007年1月，国家文物局批准了《灵岩寺文物保护规划》，在2010年前投入资金2300万元，分五期工程对灵岩寺寺内文物古迹及环境进行修缮与整治。

准备测绘工具及仪器，三维激光扫描仪分为短程、中程、远程3种类型（图3-12），本项目选取两种扫描设备，一是选择远程扫描仪用于古塔外侧维护结构的扫描。二是选择短程扫描仪用于古塔内部结构的补充扫描。三维激光扫描仪采用RIEGLVZ-1000，并结合A10自动测图仪；软件采用网络三维地理信息系统SKYLINE和绘图CAD软件。

远程扫描仪　　　　　中程扫描仪　　　　短程扫描仪 1　　　　短程扫描仪 2

图3-12　不同类型扫描仪

（三）现场测绘阶段

现场测绘需利用仪器设备对古塔进行扫描，获取数据。主要步骤如下：①布设扫描站点。一般分为地面扫描站点和构造扫描站点两部分，其中地面扫描站点又分为外部、内部扫描站点。在古塔四面分别布置扫描站点；塔内部根据结构形式，确定扫描站点。②点云数据预处理。点云即通过扫描测来的海量空间三维点群，密度和精度很高。预处理则是过滤掉点云中与被测物无关的遮挡物体的数据以及一些离散点，从而获得准确的古塔测量数据。③正影投像与二维线划图制作。三维激光点云数据通过专业软件或软件插件可以得到精度高、可量测的正射影像。

（四）资料整理阶段

资料整理阶段可利用三维点云数据提取所需的各类信息，可描绘出所需的二维线划图，再利用CAD软件绘制古塔的各层平面图、立面图及剖面图等测绘需要的各类实测图（图3-13）。根据预处理后的点云数据，在点云数据处理软件或相关软件插件上进行精细化的三维建模，依据获取的高精度古塔点云数据及纹理形成精细的古塔三维虚拟模型（图3-14、图3-15）。

根据点云数据结合照片资料、现场勘察资料等，可以分析建筑遗产的残损状况，分析造成残损的原因，标注在提取的分析图上，完善实测图绘制；这可为下一步修缮设计措施的制定提供直接依据。

图3-16～图3-19为根据仪器测绘提取后完成的辟支塔实测图。

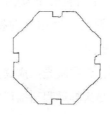
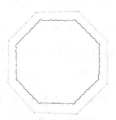

点云提取首层平面图　　　点云提取二层平面图　　　点云提取三层平面图　　　点云提取四层平面图

图3-13　点云提取各层平面图

图3-14　山东灵岩寺辟支塔南立面点云数据图

图3-15　山东灵岩寺辟支塔北立面点云数据图

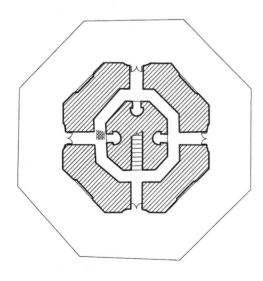

图3-16　辟支塔一层平面图

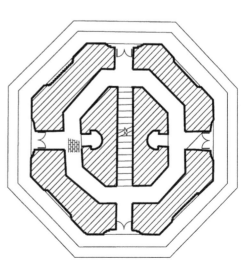

图3-17　辟支塔二层平面图

图3-18　辟支塔南立面图

图3-19　辟支塔北立面图

第四章 | 建筑遗产勘察报告编制方法

第一节　方案体例解析

一、明确遗产本体构成

明确遗产本体构成与保护对象是编制修缮设计方案的前提，《中华人民共和国文物保护法》对遗产本体构成给出了类型上的界定。根据《中华人民共和国文物保护法》第二条规定，在中华人民共和国境内，下列文物受国家保护：一、具有历史、艺术、科学价值的古文化遗址、古墓葬、古建筑、石窟寺和石刻、壁画；二、与重大历史事件、革命运动或者著名人物有关的以及具有重要纪念意义、教育意义或者史料价值的近代现代重要史迹、实物、代表性建筑；三、历史上各时代珍贵的艺术品、工艺美术品；四、历史上各时代重要的文献资料以及具有历史、艺术、科学价值的手稿和图书资料等；五、反映历史上各时代、各民族社会制度、社会生产、社会生活的代表性实物。

本书所研究的建筑遗产本体构成主要针对《文物法》第二条第一款的"古建筑、石窟寺和石刻"和第二款的"近代现代重要史迹、实物、代表性建筑"。

另外，根据《中华人民共和国文物保护法》第十三条："国务院文物行政部门在省级、市、县级文物保护单位中，选择具有重大历史、艺术、科学价值的确定为全国重点文物保护单位，或者直接确定为全国重点文物保护单位，报国务院核定公布。省级文物保护单位，由省、自治区、直辖市人民政府核定公布，并报国务院备案。市级和县级文物保护单位，分别由设区的市、自治州和县级人民政府核定公布，并报省、自治区、直辖市人民政府备案。尚未核定公布为文物保护单位的不可移动文物，由县级人民政府文物行政部门予以登记并公布。"该条法律明确了各级文物保护单位的认定机构，并明确了相应的职责范围。从申报程序看，县级文物行政部门负责县级文物保护单位的申报，县级文物保护单位由县级人民政府核定公布，并报省、自治区、直辖市人民政府备案。尚未核定公布为文物保护单位的不可移动文物，由县级人民政府文物行政部门予以登记并公布，并负责可移动文物中一般文物的认定工作及珍贵文物认定的资料申报工作。市级文物行政部门负责市级文物保护单位的申报，市级文物保护单位由设区的市、自治州人民政府核定公布，并报省、自治区、直辖市人民政府备案；市级文物行政部门负责可移动文物中珍贵文物认定的申报工作；以此类推。

《文物认定管理暂行办法》（2009年文化部令第46号）也有相关的规定，第三条认定文物，由县级以上地方文物行政部门负责。第四条国务院文物行政部门应当定期发布指导意见，明确文物认定工作的范围和重点。第五条第一款各级文物行政部门应当定期组织开展文物普查，并由县级以上地方文物行政部门对普查中发现的文物予以认定[74]。

遗产本体构成认定程序简单归纳为：申报、受理、审查、决定、送达等5个环节。其认定过程履行了法定程序，具有权威性不宜随意修改。

尽管从法律法规层面对遗产本体构成的定义、认定程序做了详细界定，但实践中存在诸多问题，本体认定是实施修缮工作的前提与基础。认定文物本体依据的核心是文物本身所承载的价值。从1961年公布第一批全国重点文物保护单位开始，至今已公布7批全国重点文物保护单位。从第六批开始，大量重要的传统村落民居建筑列为全国重点文物保护单位，由于文物本体类型复杂、申报者认知差异等诸多原因，部分国保单位申报清单不明确、内容混乱。由于对文物本体的核心价值认识不清，申报过程中遗漏了重要文物建筑，原本应当列为文物保护单位的，却没有列入；文物行政部门聘请专家，采用现场考察与审阅申报材料的方式开展文物本体认定工作，多数情况是依据所报材料进行判断，难免存在疏漏。也存在不该列入文物保护单位的，却列为文物保护单位的现象，例如：某保护单位把20世纪80年代复建的钢筋混凝土仿古建筑，列为全国重点文物保护单位明清古建筑群的遗产本体构成，存在明显错误。另外，还存在重复申报的现象，将全国重点文物保护单位的部分建筑重复申报，致使国保单位中嵌套其他国保单位。以上问题均是由于对文物本体认定不清造成的。

也有以争取上级修缮经费为目的，向多个上级部门重复申报的现象，如部分传统村落古民居建筑群修缮中，存在重复申报经费现象，主因是多部门之间协调机制不完善。还有将部分省保、市县级保护单位打包进国保单位一起申请国家文保经费的现象，除了申请人对文物本体范围认知错位外，也说明了地方政府资金匮乏不足以支付当地文物建筑修缮经费的现状，为解决这类问题，国家文物局放宽了国拨文物保护经费的使用范围。

文物本体遗产构成的认定，在实践工程中是解决修缮对象与修缮范围的核心，文物本体可用国家各级文物保护专项经费予以支持。不属于遗产本体构成的建筑不在文物保护单位的修缮范围内，不属于文物保护专项经费支持范围，经评估确需维修的，应采取有别于文物本体的维修方式，其经费来源应由其他渠道筹集，其方案设计语汇也应当有所区分。

科学认定遗产本体构成是制定修缮方案的前置问题，应确保认定程序的合规性，当发现文物本体认定问题时，设计人不能擅做主张，应依照法定程序变更。在编制修缮设计方案时应当予以区分，确定为文物本体的，需编制修缮方案；有充分证据认定文物存疑的，可视其价值高低及残损程度，出具建设性意见，不必编制修缮方案。

二、方案体例演变

中华人民共和国成立初期，国家开始对文物保存情况展开调查，1961年公布第一批全国重点文物保护单位，1949～1978年国家投入资金相对较小，仅侧重少量重大项目的修缮，这期间已有修缮设计方案的雏形，其形式更像修缮工作计划。例如：正定隆兴寺慈氏阁复原工程第二方案："……清代初年中的修缮中曾经过极大的修改，今试图恢复其原建时代——宋代的面貌"，具体措施如下：外观式样基本上与转轮藏一致。①取消清代增加的腰檐成为重檐；②两山取消山花板并适当缩短两山，出际添做垂鱼惹草；③上下檐的出檐适当加长；④平座栏杆依转轮藏改为卧棱式；⑤瓦顶瓦件装修式样均依原样[60]。这时期的设计方案缺少具体的措施，甚至缺少准确的尺寸，如"适当缩短两山"，这就要求设计师长驻现场，随时补充设计方案，但也赋予了设计师更大的自由裁量权。

1978～1990年文物修缮资金逐步增加，修缮项目随之增加，但修缮设计方案编制较简单。表4-1为正定隆兴寺慈氏阁修缮设计方案。

正定隆兴寺慈氏阁修缮设计方案 表4-1

序号	部位	措施
1	平座	取消腰檐和各层擎檐柱
2	山花	缩短两际出际尺寸，山花板改做搏风垂鱼
3	檐部	上下檐出檐酌予加长，椽飞做出卷杀
4	柱础	前檐柱础改素复盆式
5	栏杆	外檐栏杆加高，采用卧棱式
6	装修	二层明间隔扇改做四扇，两侧余塞做木筋灰墙
7	壁板	二层壁板外侧，加做木筋灰墙，刷饰红浆
8	梁架	内檐梁架，虽为后代大改，但复原条件较差，仅依现状补修
9	装修	门窗均属清式，但旧貌无存，依现状恢复
10	楼板	平座四角廊内木楼板上加铺砖地面，以防雨淋致朽
11	屋面	瓦顶望砖上用焦渣苫背官瓦，以减轻木架的荷载

方案中文字性描述较少，多为简单的条款形式，缺乏病害分析、评估及详细做法等内容；但主要思路还是清晰的，图纸均为手工绘制，大多较规范准确，这期间修缮设计方案尚未形成普遍认可的规范体例。

1990年以后，随着国家经济实力的增强，文物保护资金投入日益增加，大量文物保护修缮项目得以实施。20世纪90年代中期CAD电脑绘图辅助设计开始普及，图纸绘制更加规范。各古建筑保护设计单位开展了大量修缮设计方案的编制工作，但当时尚未形成统一的体例，在从事各种类型文物保护项目勘察设计方案制定工作中，逐步总结经验，同行之间相互借鉴，共同提高。经长期研究与实践，行业修缮设计方案的编制体例基本形成共识。《文物保护工程管理办法》第十五条规定：勘察和方案设计文件包括：一、反映文物历史状况、固有特征和损害情况的勘察报告、实测图、照片；二、保护工程方案、设计图及相关技术文件；三、工程设计概算；四、必要时应提供考古勘探发掘资料、材料试验报告书、环境污染情况报告书、工程地质和水文地质资料及勘探报告。

2000年以后，修缮设计方案的主要构成要素基本成型，一般由勘察报告文本、实测图、现状照片、设计方案说明、方案图、概预算等六部分构成。建筑遗产勘察设计工作流程可分

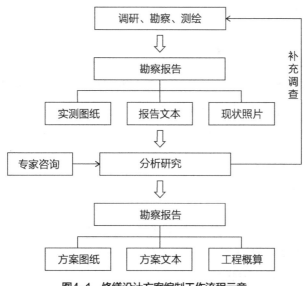

图4-1　修缮设计方案编制工作流程示意

为前期勘察调研、分析研究和编制方案文本等3个阶段，如图4-1所示。下面按照常用的编制体例予以阐释。

前期勘察调研阶段的工作重点是收集与拟修缮的建筑遗产相关的文献、金石、照片、影像等各类资料以及与之相关的地质、气象、地形地貌等各类信息；对遗产本体及环境进行详细勘察测绘并对相关资料进行系统梳理。

分析研究阶段工作的重点是对建筑构造的法式特征进行研究、与周边同时期建筑进行比对研究，对重要建筑材料物理化学性能、材料配比等进行试验，结合专家咨询、工匠访谈，探究建筑遗产的原有建筑形制、缺失部分修复依据、制作工艺及传统技艺等。

编制方案文本阶段工作的重点是根据现场勘察结论和病害类型，遴选或创造适宜的修缮与加固措施，绘制准确全面的实测图与设计方案图，标注修缮范围及修缮措施并编制修缮预算。

施工图设计阶段工作的重点是根据上级文物行政主管部门设计方案的批复意见进行针对性完善，同时根据建筑遗产的实际勘察资料，进一步补充和细化具体保护措施，修缮设计方案侧重于保护措施的遴选，而施工图设计是确定基本保护措施前提下的补充完善，明确部位、范围、实施程度等细化措施。

第二节　形制研究分析

一、资料研究梳理

通过对建筑遗产详细勘察测绘并完成对各种资料信息的收集后，已掌握资料的梳理与研究工作成为编制勘察报告的必要环节，资料研究的过程尤为重要。

（一）建筑遗产资料收集内容

资料收集的内容包括：历史档案资料、金石题刻资料、专家咨询报告、工匠访谈记录、制作工艺、传统技艺、建筑遗产材料物理化学性能、材料配比以及试验数据等各类资料。此外还要收集提炼建筑遗产的整体布局及空间特征、建筑遗产的价值特性以及其体现的普遍性与特殊性、民族性与地域性等内容。

（二）建筑遗产资料调研方法

建筑遗产资料调研方法主要包括：文献调研法、实地调研法、问卷调研法与访谈调研法。

文献调研法：通过查阅建筑遗产相关文献以获得调研信息的调研方法。这种调研方法主旨是获取建筑遗产规律性信息或其演变过程信息。

实地调研法：是指调研者亲临建筑遗产现场，了解、掌握第一手资料的调研方法。其优点是调研内容全面、直观。此法适用于各类建筑遗产保护项目。

问卷调研法：是指将所需要了解的建筑遗产的信息以问卷的形式发放出去，然后统计收回问卷中各问题所占的百分比，来获取调研建筑遗产信息的方法。这种调研方法可以在短时间内获得大量相关调研信息。建筑遗产建筑形制研究可采用此法进行调研。

访谈调研法：是指通过走访不同的专家、匠人及了解建筑遗产情况的不同调研对象，以获取调研信息的方法。其优点是调研所获得的信息准确性高，有助于问题的深入了解。

（三）建筑遗产资料梳理研究方法

通过以上四种方法获取建筑遗产信息后，需要对相关资料进行梳理，去伪存真。资料梳理研究的方法包括：资料整理法、文献研究法、定量分析法、定性分析法、个案研究法、经验总结法、层次分析法等多种方法。

资料整理法是指对文字资料和对数据资料的整理。根据调查研究的目的，运用科学的方法，对调查所获得的建筑遗产资料进行审查、检验、分类、汇总等初步加工，使之系统化和条理化，并以集中、简明的方式反映调查对象总体情况的过程。资料整理是资料研究的重要基础，是提高调查资料质量和使用价值的必要步骤，是保存资料的客观要求。资料整理的原则是真实性、合格性、准确性、完整性、系统性、统一性、简明性和新颖性。此法适用于各类建筑遗产保护项目。

文献研究方法是指搜集、鉴别、整理建筑遗产文献，并通过对文献的研究形成对建筑遗产科学认识的方法。文献研究法一般包括5个基本环节，即提出课题或假设、研究设计、搜集文献、整理文献和进行文献综述。此法适用于各类建筑遗产保护项目。

定量分析法是指在科学研究中，通过定量分析法使人们对研究对象的认识进一步精确化，以便更加科学地揭示建筑遗产的规律、把握本质、理清关系、预测事物的发展趋势。建筑遗产与法式比较研究适用此法。

定性分析法是对研究对象进行"质"的方面的分析。是运用归纳和演绎、分析与综合以及抽象与概括等方法，对获得的建筑遗产各种资料信息进行思维加工，从而能去粗取精、去伪存真、由此及彼、由表及里，达到认识事物本质、揭示内在规律。建筑遗产修缮性质的确定可运用此法。

个案研究法是认定建筑遗产中的某一特定对象，加以调查分析，弄清其特点及其形成过程的一种研究方法。重点针对遗产保护进行问题调查研究。本书第七章应用了该方法。

经验总结法是通过对建筑遗产保护实践中的具体情况，进行归纳与分析，使之系统化、理论化，上升为经验的一种方法。该方法在本书第五、六、七章均有运用。

层次分析法（Analytic Hierarchy Process，AHP）是将与决策总是有关的元素分解成目标、准则、方案等层次，在此基础之上进行定性和定量分析的决策方法。该方法是美国运筹学家匹茨堡大学教授托马斯·塞蒂（T.L. Saaty）于20世纪70年代初，在为美国国防部研究"根据各个工业部门对国家福利的贡献大小而进行电力分配"课题时，提出的层次权重决策分析方法。在建筑遗产价值评估体系中得到较好的应用。

图4-2为调查研究方法框图。

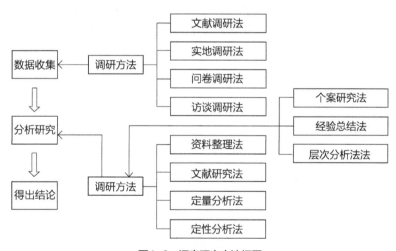

图4-2　调查研究方法框图

研究工作往往是实施保护措施的直接依据。运用个案研究法对正定隆兴寺慈氏阁（宋）四椽栿下加随梁的做法展开研究。该建筑由于四椽栿荷载过大，使用了一道随梁，而未使用叉手和托脚，究竟哪种是宋代原构造做法，须根据现有各种资料详细梳理研究。经研究发现，原构使用叉手和托脚存在以下共性依据，一是全国目前发现的元代以前建筑均用叉手和托脚；二是慈氏阁和与其对称的建筑转轮藏形制基本相同，转轮藏使用了叉手和托脚；三是慈氏阁增加叉手和托脚，空间构造合理；四是可去掉后加随梁，受力结构合理。通过以上研究，得出结论：慈氏阁现有梁架已被被后人更改，可依照转轮藏的式样增加叉手和大托脚。这种研究过程即是逻辑推理的过程，通过掌握的全部现有资料，分析其内在的联系，经过严密的论证，得出可靠结论，依据此结论确定增加或删减构件以及明确构件的外观形式、构造特征及用材标准等各种指标。类似于法律的证据链规则，要求证据链的各个环节不能或缺，形成相互关联的闭环，在逻辑上应当是自洽的。

二、法式特征分析

分析研究阶段工作的重点是对建筑构造的法式特征进行研究并与周边同时期建筑进行比对研究，对重要建筑材料物理化学性能、材料配比等进行试验，结合专家咨询与工匠访谈，探究建筑遗产的原有建筑形制、缺失部分修复依据、制作工艺及传统技艺等。法式特征分析应从内容的全面性、语言的专业性、描述的准确性和分析的深入性4个维度分析。

所谓内容的全面性是指建筑遗产法式特征应从建筑类型、平面布局、地基台明、柱网格局、装饰装修、围护结构、斗栱形式、梁架构造、瓦顶脊饰等方面全面予以阐释。

所谓语言的专业性是指法式特征描述应总结建筑遗产的自身特征，并采用宋《营造法式》或《清式营造则例》提供的两套专业语言体系来表达。以古建筑梁架构造描述为例，某大殿梁架均为五檩前廊式，即四架梁对前单步梁用三柱。平梁上设角背、蜀柱、叉手、丁华抹亥拱承脊槫。四架梁两端与前金柱、后檐柱相交，其上设柁墩、蜀柱承平梁。单步梁后尾、四架梁前端相交于前金柱上，单步梁前端与前檐柱头斗栱相交，并制成麻叶形耍头。以上即是采用规范的专业术语阐述古建筑的法式特征。

所谓描述的准确性是指建筑遗产法式特征内容描述应当精准，针对建筑遗产而言，何为法式特征表述准确、全面、到位？一个简单的标准就是，在不提供设计图纸、照片等各类资料的前提下，仅仅通过专业的语言描述，其他专业人士就能够绘出该建筑遗产构造图纸轮廓。可借鉴《营造法式》版图对梁架及斗栱等建筑构造形式的表述方式。

所谓分析的深入性是指法式特征研究的内容应当有厚度、有深度。法式特征是建筑遗产价值的体现，是建筑遗产价值总结与凝练的依据，法式特征内容分析越深入，价值提炼则越准确。在进行建筑遗产法式特征研究时，需要与现状实物资料及法式特征文献进行深入的比较研究，一般是将本建筑遗产与宋《营造法式》和清《工部工程做法》进行比较分析，判断其是否符合《营造法式》或《工部工程做法》的做法及构造特征。

例如《营造法式》大木作图样三十五中殿堂双槽梁架其法式特征表述为："殿身：外转七铺作重栱出双杪两下昂里转五铺作重栱出双杪；副阶：外转五铺作重栱出单杪单下昂里转四铺作重栱出单杪，并计心"（图4-3）。

在对建筑遗产进行法式特征分析时还应与周边同时期建筑遗产进行比较研究，对遗产材料进行试验，与专家咨询、工匠访谈，通过多种渠道和技术手段分析建筑遗产的法式特征，以上相关内容本书后面章节将有详细描述，这里不再赘述。

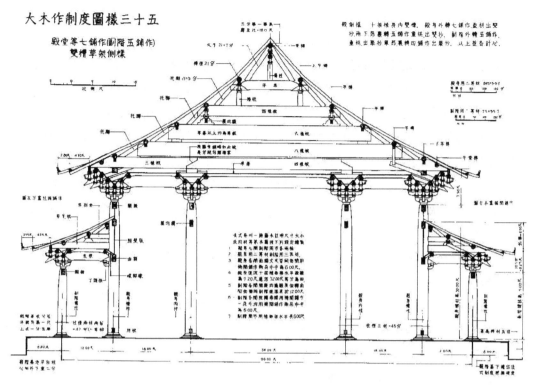

图4-3 《营造法式》殿堂双槽梁架版图

第三节 报告文本编制

勘察报告的文本体例不宜千篇一律，应因建筑遗产项目的不同而组织不同的架构，重点以确定建筑遗产核心问题、解决核心问题为目标，选择适宜的编制体例与方法。本书介绍一类比较通用的勘察报告文本编制体例，实践中应根据项目的实际情况进行取舍。勘察报告文本一般包括：遗产概况、环境调查资料、历史情况调查、建筑形制及法式研究、现状调查、残损原因分析、评估（价值评估/现状评估结论）、相关勘察说明资料（监测、地基基础、材料试验）等。下面分类详细予以阐述：

一、阐述遗产概况

建筑遗产概况是对项目基本情况的综合阐述，其内容在设计文本中是不可或缺的，内容阐述的规范性与完整性应引起建筑遗产保护修缮人员的足够重视。概况部分一般可包括：项目背景、委托单位、设计单位、项目运作时间、文物保护单位区位、主要构成、年代、特征、级别等内容。

为确保资料信息的完整性，建筑遗产概况应对项目缘起及委托信息予以记录，一般应记录被委托单位信息，尤其是现场勘察测绘及设计人员信息不可忽略，因随着时间的流失，未记录的信息，极易被遗忘，本着对建筑遗产历史负责的态度，信息记录应当尽量全面、细致。我国古人修缮古建筑时，比较注重记录修缮发起人及捐款人的信息，甚至捐款数量记录极为详细，却很少记录建造者、工匠的信息（只有少量工匠将自己名字雕刻在砖木构件上），这在一定程度上增加后人研究工匠技艺传承和流派溯源等的难度。概况综述不宜过于冗长，因为建筑遗产构成、年代、特征等大多信息在本文报告的后续章节还会涉及；后续章节中不会涉及的确有必要予以阐述的内容，也可专门予以备注。总之，概况综述应提纲挈领、突出重点、语言规范，起到画龙点睛之作用。

下面选择北京市古代建筑研究所编制的某修缮设计项目进行案例分析，解析项目概况的编制方法。

项目名称：真觉寺金刚宝座（五塔寺塔）石栏板抢险加固工程[76]

项目地点：海淀白石桥路五塔寺村24号

建筑时代：明成化九年（1473年）建成

业主单位：北京石刻艺术博物馆

上级主管部门：北京市文物局

本次修缮内容：真觉寺金刚宝座（五塔寺塔）塔座顶部栏板加固

真觉寺金刚宝座（五塔寺塔）坐落于真觉寺内，由汉白玉石和砖砌筑而成，总高17m，分塔座和五塔两部分。宝座正方形，高7.7m，前后辟有门，内有阶梯，盘旋可达宝座顶部。顶部有五座石塔和琉璃罩亭，相传五尊金刚界金佛分别埋在五座石塔之下，塔的造型仿照印度佛陀伽耶精舍而建，具有浓厚的印度风格。此塔以精美的雕刻艺术著称，塔座和五塔上追刻绚丽多姿的佛像、花草、鸟兽等图案，如同佛国的天堂，其中有一对佛的足迹，象征"佛迹天下"之意，被视为佛的象征。现塔座顶部石质栏板歪闪、松动，栏板间拉结铁件出现脱位、缺失等现象，造成栏板存在脱离塔体并坠落的重大安全隐患，亟待采取必要的措施予以加固。

我单位受北京石刻艺术博物馆委托，对真觉寺金刚宝座（五塔寺塔）进行了现场勘察测绘后，制定了本次抢险加固工程的设计方案。

上述案例中，遗产概况综述部分从项目名称至主管部门，所叙述的内容排列整齐、表达清晰，简洁明快，值得借鉴。本次修缮内容表达较为准确，涉及具体建筑为"真觉寺金刚宝座（五塔寺塔）"，具体位置为"塔座顶部栏板"，项目工程性质为"加固工程"。此处容易犯错误是项目名称与实际修缮内容不符，如：项目名称为某某寺庙修缮工程，而实际修缮内容是该寺庙中的部分建筑修缮工程，其项目名称内涵大于实际项目。如此可能产生不利之处，依据国家项目管理体制现行规定，同一项目名称不能重复申报项目经费，既然该寺庙修缮工程已拨付修缮经费，按照惯例20年内同一名称的修缮项目一般不再重复支持修缮经费，导致寺庙中其他实际未修缮（未拨款）项目无法申请修缮经费。此类现象在学术领域也是常见的，部分课题名称涉及研究范围过大，而实际完成课题的内容范围较小。这种"名称大、内容小"现象产生，皆因"重项目申报、轻结果审查"所致，课题草草收尾后科研系统内则显示该课题已完成，其实并未彻底完成。因相同研究课题无法重复申请，进而限制了其他同行获取研究资助的资格。这本身是一种学术扭曲的现状，类似问题在建筑遗产修缮项目资金申报中应予以避免。

上述案例中建筑遗产概况的主要内容阐述不够精练，但其逻辑是清晰的，先介绍建筑遗产区位、体量等基本情况，再介绍建筑遗产的风格特征，强调其具有极高的文物价值，阐述其存在的病害特征，最后强调亟待实施的保护措施。项目实施必要性也应在勘察报告文本中予以阐释，如果项目必要性分析未单独设立章节，也可言简意赅地写在概况中阐述。

二、梳理环境资料

环境是指周围的地方、情况和条件[76]。一般指围绕着人群的空间及其中可以直接、间接影响人类生活和发展的各种自然因素、社会因素的总和，以及影响肌体生命和成长的全部外界条件的总和。

环境分为自然环境和社会环境。自然环境包括：大气圈、水圈、生物圈、土圈和岩石圈等5个自然圈。社会环境是指人类在自然环境的基础上，为不断提高物质和精神生活水平，通过长期有计划、有目的的发展，逐步创造和建立起来的人工环境。

建筑遗产修缮方案所涉及的环境，既包括自然环境也包括人工环境。自然环境包括地质、气象、气候等；人工环境主要强调人类活动对建筑遗产自然环境的影响。

编制修缮勘察报告，应当收集尽量齐全的环境基本资料。包括：建筑遗产所在区域的地震、雷击、洪水、风灾等资料数据；地震基本烈度、场地类别；火灾隐患分布情况和消防条件；环境污染源如水污染、有害气体污染、放射性元素污染情况；冰冻期、降水量、雷暴天数等气象气候资料；以及其他有害影响因素资料等。可能还需要进一步掌握地质构造、工程地质和水文地质资料以及地下资源开采情况等各类环境资料。

资料收集阶段，应遵循全面、准确、详细、及时等原则，确保资料是最新最完整的一手资料。从县志、地方志摘抄的资料往往是陈旧的、静止的，需要精心进行详细的梳理与解读。建筑遗产与其赋存的环境之间也有相互适应与融合的过程，因而近十年甚至上百年不变的静止的数据，对建筑遗产的影响也能是缓慢渐进式的。在注重这些静态数据的同时更应关注近期环境动态变化数据及其变化趋势，研究环境变化对建筑遗产保护的影响更有意义，因此应注重对环境因素、环境变量数据的收集。

勘察设计人员在编制勘察报告时，往往忽视对环境数据的收集，有的即使收集了此类数据，也只是对数据的堆砌，不知道如何运用数据，这是勘察报告编制中的通病。在社会化分工越来越细，越来越强调专业化的趋势下，我们不能奢求从事建筑遗产保护的设计人员均为全才或通才。环境资料的分析涉及多学科间的融合，需要相关专家介入评估环境要素变化对建筑遗产的影响，可惜在目前各类设计方案中，还没有学科间相互融合的优秀范例。

资料研究阶段是从大量复杂环境数据中，提炼出建筑遗产的主要影响因素，判断其建筑遗产的影响程度及影响趋势，为进一步实施针对性保护措施提供依据，这正是环境调查的目的所在。因而资料研究阶段是科学论证、去伪存真的过程。重点需把握数据与建筑遗产的关系层级和相关程度，首先应剥离与建筑遗产不相关的内容，切记不要因为收集资料很困难而不情愿舍弃。其次，应判断环境数据与建筑遗产的相关程度，分为直接影响因素和间接影响因素，其中直接影响因素容易理解，如雷电直接导致木结构建筑遗产的火灾；间接因素往往容易忽略，如在建设控制地带以外很远的区域修建水库，没有直接影响建筑遗产本体，但因为修建水库，导致地下水位抬升，改变了建筑遗产下部地基的承载状况，间接对建筑遗产造成了影响。再如，随着城市轨道交通的迅速普及，现在及今后相当一段时间内，城市地铁修建将对城内建筑遗产构成新的巨大威胁，以现有地铁修建技术分析，尚没有办法彻底消除地铁线路开挖、地铁运营中震动对建筑遗产本体的影响；且现有地铁遁构技术尚不能彻底解决上层土层的沉降问题，势必对其上部的建筑遗产构成影响，因此，全面系统的数据资料梳理与科学的数据分析评估，是后期防御措施甄选的前提。

遗憾的是大部分修缮勘察报告缺少对环境资料的系统分析研究，甚至缺少这一关键性的研究阶段，只有简单的资料堆砌与罗列。修缮勘察报告需体现上述系统研究的成果，但报告所呈现的不是资料越多越全面就越好，而是要注重资料的相关性，注重因果关系，强化逻辑性。从环境条件，到引发的灾害类型，再到破坏结果，三者之间存在严谨的逻辑性。例如：由于处于地球板块裂隙处特殊的地质条件，地震频发，引起该区域内建筑遗产地基的不均匀沉降，进而导致建筑遗产倒塌、构件断裂、墙体歪闪等一系列破坏。在此情况下，获取建筑遗产下层地质构造（是否为滑坡体）、地基承载数据等相关资料就更加必要；历史地震次数、震级以及相关研究报告等内容也尤为重要。修缮方案重点是针对地基持力层进行加固，还是针对建筑遗产本体进行加固以及加固到什么程度，就与相关灾害研究结论有关。再如：由于我国南方的气候条件所致，江南地区常年降水量较大，造成空气长期潮湿，引起建筑遗产产生酥碱、脱落、苔藓、糟朽等各类病害，对梅雨季节天数、降水量等气象数据的收集，与建筑遗产本体病害间存在内在的因果关系，因此，收集这些数据就显得尤为重要。

在表4-2中，笔者粗略总结了环境调查资料与建筑遗产灾害的对应关系，尚不全面，目的是为建筑遗产保护设计人员提供考虑问题的思路与方法。

建筑遗产环境调查资料与灾害对应关系表   表4-2

条件	灾害	破坏结果
地质	火山爆发	埋没、烧毁
	地震	倒塌、断裂、歪闪、不均匀沉降
	洪水海啸	冲毁、淹没
雷雨天气	（人为用火用电）	烧毁、熏黑、倒塌
	雷击	
气候、气象	冻融	开裂、脱落、酥碱、粉碎
	酸雨	腐蚀、酥碱、脱落
	风沙	风化、脱落
	潮湿	酥碱、脱落、苔藓、糟朽
	有害动植物的生长	破坏基础、歪闪、散动、打洞、蛀蚀
人为破坏	漏雨（年久失修）	糟朽
	选址不当	歪闪、倾斜
	偷盗	遗失
	改造	更换、拆除
	修缮性破坏（不当修缮）	更换、破坏、拆除
材料自身缺陷		木纹开裂、脱落

下面选择承德避暑山庄某修缮项目分析环境资料对建筑遗产的影响。

自然和人文环境概况：避暑山庄所在地承德市是一座著名的历史文化名城，地处河北省东北部，位于东经118°、北纬41°交汇点上，东北毗邻内蒙古、辽宁，东南与北京、天津接壤，距北京仅250多公里。承德市属燕山低山丘陵地带，平均海拔340m，市区坐落在武烈河两岸的山间河谷盆地上，承德境内有滦河、武烈河等主要河流。承德市年平均降水量为579mm，年平均风速每秒1.4m，年平均湿度为54%，全年无霜期为163天。气候属亚热带北缘半大陆性气候，平均气温8.9℃，极端最高气温41.5℃，最低气温−23.3℃。主要植被为落叶阔叶林、针阔混交林、针叶林（油松侧柏、落叶松）、落叶灌丛；人工树种有刺槐、杨树。承德市风景优美，气候宜人，山川景色兼具南秀北雄之美。既有自然形成的奇峰异石，又有人工建造的皇家最大苑林——避暑山庄和寺庙建筑群等名胜古迹。承德市四周，由白垩纪砾岩构成的石山，因节理发达和长年剥蚀，形成了众多的奇峰异景，如：磐锤峰、蛤蟆石、天桥山、罗汉山等，构成了承德独有的自然风貌。避暑山庄风景区所在地属暖温带季风气候中的冀北山地气候，冬季干燥，降水量较少，夏季温凉、雨量适中。土壤属棕壤和灰棕壤，山区树种以松栎为主，间以各种灌木。

针对上述案例进行分析发现，所列的大量环境资料与建筑遗产不相关或弱相关，该类资料不必写入建筑遗产勘察文件；气候、降水、温湿度变化等内容与建筑遗产本体有相关性，应进一步深入予以阐述，但上述方案阐述内容不够详细。另外，写入勘察报告的资料数据应当准确，应与相应病害直接或间接相关，应是造成建筑遗产病害的主要原因之一，该区域温差较大，尤其是冬季温湿度变化较大，冻融作用明显，造成砖瓦酥裂严重。还应注重前后之间存在的内在逻辑与因果关系，应当建立环境变化与病害原因及病害结果之间的逻辑关系。

三、历史沿革分析

历史情况调查重点是围绕拟修缮建筑遗产本体展开，当所修缮建筑遗产是建筑群的一部分或单体建筑时，建筑群整体历史沿革及维修状况应当有所涉及，但不应作为叙述的重点，重点应当聚焦在拟修缮的项目上，这是设计方案编制过程中把握不准的常见问题。应当详细调查每座建筑遗产具体修建历史，包括：该建筑遗产的始建年代、历史上残毁与维修状况、现存建筑年代等。如能列清每一历史时期修缮的具体内容，并落在图上，则是最好，很少有记录修缮历史的图纸资料。由于朝代更替与时代变化，甚至经历战乱损毁，建筑遗产在历史上往往多次流转，隶属于不同部门管理，国人对技术类档案疏于留存整理，建筑遗产历史资料多数是不完整的，需要勘察设计人员多渠道寻找资料，其中走访当地工匠，采用音频、视频记录，也是不可或缺的手段。

通过历史维修记录可以获知本次修缮内容相关的信息，包括：是否进行过修缮、何时实施的修缮、修缮中存在的问题以及拨付经费等信息，进而判断实施本次工程的必要性，本次修缮范围的合理性以及预算的可行性。历史上存在许多任意改造、不当修缮的行为，如何判断不当修缮？可以从修缮人员的专业程度、修缮材料及修缮工艺等方面进行分析，其中详尽的修缮记录也是判断是否为不当修缮的重要依据之一。历史情况调查及维修记录与拟实施的项目之间存在相关性和内在的因果关系。历史维修记录针对保存现状及历史修缮情况评估，决定修缮工程的修缮性质，进而决定修缮内容与方法选择。

对建筑遗产的历史修缮情况进行评估，是决定下一步修缮措施的前置条件之一。评估结论为修缮得当、保存良好的，其后续对应的措施可以为保持现状或日常保养；评估结论为局部修缮不当的，其后续对应的措施可为修缮，视其不当修缮的程度决定修缮性质，对轻度修缮性破坏可采取现状修整的措施；对严重修缮性破坏可采取重点修复的措施。下面以某使馆建筑项目为例解析历史情况调查记录编写中存在的问题。

东交民巷使馆区建筑的形成始于1860年的英法《北京条约》和1901年的《辛丑条约》期间。

英商麦加利银行（The Chartered Bank of India, Australia & China），也称渣打银行，1853年成立，1858年在上海设立分行，后陆续在香港、天津、北京等地增设分行，曾参加对中国政治性借款。中华人民共和国成立后，除上海分行被指定经营外汇业务外，其他在华分行清理停业。北京麦加利银行创于1915年，位于东交民巷西段路北侧，东为天安门广场，南侧为美国大使馆办公楼（现外交部宾馆）。该银行是最早在中国开业的西方银行之一。由C.Thunder（天津英商永固公司主要成员）和A·J·X·Shaw合作设计。

针对上述案例进行分析可知，该项目历史情况调查中，机构设置背景、位置信息、建造年代等阐述比较清楚，该方案难能可贵的是调查并记录了设计者的姓名，但后来使用者使用情况、目前管理使用者信息等均未明确。该案例只记录建筑遗产建造的年代，后代是否经历过修缮和改造，从方案看均不可知。此类必要的信息记录是判断建筑遗产本体是否存在人为改动及何时何人进行的改动等问题的重要依据。在缺乏相关调研数据基础上制定的设计方案，难免会有失偏颇，甚至可能造成采用修缮措施的南辕北辙。

下面再以河北泊头清真寺的历史情况调查为例进行分析。

据清乾隆四十九年（1784年）《清真寺恩功记》碑载有"□清真□□明历国数百年矣"字样；另据民国版《交河县志料》载："泊头镇清真寺，明永乐二年建，回民六百五十余户，明末清初盛，今衰。"又据《河北省地名志·沧州地区分册》（1983年）载，泊头镇清真寺在明末崇祯年间进行了大规模扩建。又据，前殿北山墙现存"清嘉庆三年（1798年）重修"砖刻题字、礼拜殿北山墙存"清光绪三十四年（1908年）重修"砖刻、大门两侧八字墙有"中华民国十七年（1928年）"砖刻。由此可知，清真寺始建于明永乐二年（1404年），明末建筑规模扩大。清代嘉庆、光绪至民国均有不同程度的修葺。

民国初年该寺曾遭到奉军炮击；1949年前清真寺曾是中共地下党组织活动的场所，并先后成立了"平民夜校"、"工人夜校"等党的外围组织。

20世纪60年代泊头草帽厂进驻，寺庙建筑受到严重破坏。1982年以后，国家宗教局、省文物局、泊头市政府等多次拨款，当地伊斯兰教群众也积极捐款对清真寺进行抢修。1991年9月成立民主管委会管理寺庙。

根据上述案例分析可知，清代之前的记述，基本落脚在某年修建或某年扩建等营造项目上，虽然具体建造内容不详，但大致脉络是清晰的。民国及中华人民共和国成立后更多描述则侧重于管理权属的变更，涉及寺庙本身的修缮内容较少，且没有涉及具体修缮范围、修缮经费、工期、材料、人员等诸多问题。该历史信息记录不完整，历史调查不够充分。可以结合建筑材料、建筑遗产构造特征等研究分析与历史修缮内容进行比较、相互佐证；也可以补充当地工匠等知情人员的调查采访记录。

最后以宁阳文庙修缮工程的历史沿革为例，做进一步解析。

据明清历次编撰的《宁阳县志》记载："宁阳文庙在旧县署址，元大德初年，县署西迁建庙于此"。元大德初年即1297年。元至元二年（1336年）县簿靳良辅创建两庑，各四楹。

明嘉靖十七年（1538年）创建泮池、泮桥。明隆庆三年（1567年）创建琉璃照壁。明万历十六年（1588年）立"金声玉振"坊。明万历二十三年（1595年）移修棂星门、增置街南照壁。明万历三十五年（1607年）重修大成殿、明伦堂。

清顺治七年（1650年）重修大成殿、东庑。清康熙十年（1671年）重修大成殿、西庑、大成门、神道、泮池、棂星门、万仞坊。清康熙三十八年（1699年）重修棂星门、前照壁。清道光十六年（1836年）重修棂星门及照壁。清光绪六年（1880年）重修大成殿、东西庑、大成门、泮池、乡贤祠、名宦祠。

民国28年（1940年）重修文庙大成殿彩绘建筑。

1956年，维修文庙建筑及彩绘。"文化大革命"期间（1966～1976年）文庙遭到了破坏。1986年，维修大成殿部分梁架结构，更换部分瓦件、门窗。1995年，维修大成门。2002年，修复文庙庙墙。2003年，更换大成门瓦件、吻兽。2004～2006年，抢救修复大成殿、东西庑、东西廊、乡贤祠、名宦祠、泮池泮桥、棂星门等建筑。2006年12月，被山东省人民政府公布为省级文物保护单位。

从上述案例可以看出，宁阳文庙历史沿革及修缮记录比较清晰，基本能梳理寺庙沿革的主要脉络。元、明、清不同朝代修缮内容记录较明确，其缺点是只记录修建与重修年代，缺少损毁时间记录，缺少对现存建筑准确年代的结论性判断。中华人民共和国成立后的修缮记录也比较清楚，较详细地记录了更换的部位，有可取之处。该段论述的主要问题在于没有阐述历史修缮中存在的问题，如果没有问题，其后续修缮就无从谈起了。

综上，可将历史修缮记录编制阶段的关键问题概括为：刻意查找、精心梳理和内在逻辑3个方面。刻意查找是指在设计方案编写过程中，不宜忽视历史修缮记录的情况，不能仅仅依赖手头已有资料，应当有目的地刻意查找，充分认识该部分的重要性。精心梳理是指在堆积的历史资料中，精心梳理与实际修缮相关联的内容，进行对比分析；我国古代文献偏重记载人文内容而往往忽视技术措施的记录，部分古建筑虽有大量记载，但可用信息不多；需要结合文献与实物对比进行综合分析。内在逻辑是指我们应当学会科学合理地使用资料，而非照搬历史文献资料，应当注重资料间的相关性，注重资料间互为因果的内在逻辑关系。

四、研究形制特征

建筑形制与法式研究包括：建筑遗产选址、整体布局、单体建筑构造及法式特征等部分。

（一）建筑遗产选址

建筑遗产选址应综合考虑建筑遗产所处的地形地貌特点，分析其风水选址特色、整体空间布局特征及主要历史环境要素。《西安宣言》将建筑遗产周边环境纳入遗产管理控制的范围，认为紧靠建筑遗产的和延伸的、影响其重要性和独特性的，或是其重要性和独特性组成的部分，均属于建筑遗产的周边环境范畴。这里所指的周边环境更多是强调与建筑遗产重要性和独特性的关联，即是建筑遗产保护修缮过程中应当把握的历史环境要素。也就是说在纷杂凌乱的现存周边环境总体因素中，提炼有价值的、与建筑遗产有关联的、全部的历史环境要素，作为我们需保护的重要方面。建筑遗产的赋存环境与建筑遗产同等重要，遗憾的是破坏建筑遗产周边环境的事情时有发生。经常见到的是以保护利用建筑遗产为名，破坏遗产赋存环境，如在遗产前面修建巨大的广场或停车场，甚至将原中共地下党秘密接头地点前传统房屋全部拆除，修建巨大的停车场，由此可知保护历史环境要素是何其迫切与重要。

（二）整体布局

建筑遗产周边的山川地形等大环境往往变化较小，如果与建筑遗产风水择地观念有关，也可视为环境要素。建筑遗产周边微地形环境可能由于人类活动而改变，应仔细予以甄别，人为建设项目应根据其建设年代、风格特点与建筑遗产本体进行比较，判断是否为建筑遗产构成要素。

建筑遗产为建筑群的，应对建筑遗产的整体布局进行阐述，阐述方式一般可由整体到局部或由前到后顺序展开。存在多路院落格局的，可先描述中路建筑的主要建筑，再阐述东、西路辅助建筑。描述建筑遗产整体布局，可从整体上把握建筑遗产的分布状况，拟修缮项目既可以是整座院落，也可以是其中的部分建筑。不论全面修缮还是局部修缮，均应当对建筑群的整体布局进行描述，局部修缮项目应明确修缮范围，说明其与整体之间的关系。

（三）单体建筑构造及其法式特征

单体建筑构造及其法式特征阐述是修缮设计方案的重要组成部分。应对每个建筑单体进行全面分析，可从整体到局部，从下及上或从上及下进行描述。例如从上及下阐述内容包括：屋顶形式（庑殿、歇山、悬山、硬山、攒尖、盝顶等）、大木构架、梁架举折、翼角做法、斗栱做法、平面格局、装修及地面做法等。其法式特征描述应全面准确，并结合实例展开研究，由于设计师个人认知水平不同，法式特征阐释往往不够全面准确，必要时应聘请专家进行论证。法式特征研究是认定建筑遗产价值的重要支撑，构造结构的特殊性与科学价值相关，特殊造型及工艺与艺术价值相关，构件的年代属性与历史价值相关，如果对法式特征研究不深入，将影响建筑遗产价值的提炼。

中国古代建筑形式变化多样，法式特征分析可采用比较分析的方法，纵向与《营造法式》《清工部工程做法》相比较，与官式做法的契合度可反映出该建筑遗产的价值特色。横向与地方建筑进行对照分析，凝练地方建筑的共性特点和该建筑自身独有的特色。记录原始工艺做法时，应如实准确，即使该做法与官式做法不符合，甚至存在不合理之处，也当如实记录，这是一种对遗产负责、对后人负责的态度。

建筑遗产往往经历了历代维修，不同部位、不同构件的建筑年代可能不尽相同，由于历史记载不清晰，需要对各个构件的具体建造进行断代，这是一项难度极大的研究工作。需详细进行现场勘察，准确测绘构件，收集各种修缮信息和历史文献档案资料，展开横向、纵向比对分析，研究构件的时代特征，必要时结合科学仪器进行分析，进而确定其具体年代。此阶段研究的重要意义在于理解建筑遗产的核心价值与特色，防止修缮方案对建筑特点及地方手法的漠视，防止盲目套用官式做法，造成修缮成果的雷同。

（四）案例分析

下面以某古代建筑修缮工程为例，分析其建筑形制与法式特征。

该建筑遗产总体平面布局呈长方形，坐北向南，北高南低，西侧与"裕国通商"商号仅一巷之隔，东侧为民居建筑，南侧为何家坝子、西门巷子、水门、码头。建筑由南向北依次为牌楼式大门、戏楼、天井、正殿、两厢、天井、后殿。现仅存牌楼式大门、戏楼。

上述案例阐述总体布局，从整体形态、地形地势、周边建筑及院落格局进行阐释，逻辑较为清晰，对院落建筑布局着重阐释了其建筑历史格局，但应有佐证材料，或注明具体时期，如"该建筑群清代格局为建筑由南向北依次为牌楼式大门、戏楼、天井、正殿、两厢、天井、后殿"。同时应补充说明其他建筑何时毁坏，现仅存牌楼式大门、戏楼2座建筑。此文本行文简洁值得提倡，但内容应当完整，重要信息不能遗漏。如有大篇幅论述可以加脚注备注。

再以某单体建筑遗产的形式与结构为例，分析其建筑形制特点。

其中大门为牌楼式大门，坐北向南，石库门、石门坎。砖石质，四柱三间三层二重檐牌楼式，通高9米。石库门大门高2.4米，宽2.07米，明间二层中部竖向楷书阴刻"福寿宫"三字，柱为砖砌，牌楼式大门正面墙上原为人物、动物、花草等图案。石库门柱厚0.36米，宽0.2米，门槛高0.22米，厚0.15米，石库门柱前置方形抱鼓石，门额背面为大门门斗。

戏楼是福寿宫唯一保存下来单体建筑，始建于清初，具体年代不详，现存建筑为清同治年间遗物，具体年代无考。坐南向北，建筑面积42平方米。面阔一间，通面阔5.95米，进深6.86米。平面成"凸"字形，鼓形柱础，青石地面南北向对齐、东西向错缝铺墁。采用圆材长跨梁结构，共用18柱，其中16柱落地。抬梁、穿斗混合式结构，共2层。一层前檐罩面枋雕刻双龙抢宝、如意云纹图案。二层前置戏台，东、西两面置"万字格"木栏杆，戏台后部中置屏风，两侧开门。歇山顶青筒瓦屋面，垂脊、戗脊均为卷草纹饰，正脊为卷草纹饰，脊刹为葫芦宝顶，戗脊均为卷草纹饰，垂脊、戗脊均镶嵌青花瓷片套边。

从上述案例分析可知，该建筑遗产保留了大门和戏楼，大门为牌楼式大门，戏楼为木构歇山建筑，两者建筑形制表述不尽相同。该阐述内容基本完整，逻辑较为清晰。但仍存在分析不够深入的现象，如对单体木构建筑遗产而言，应明确建筑的详细尺度，清晰描述梁架形式。该案例描述梁架为"抬梁、穿斗混合式结构"，具体哪缝梁架为抬梁式，哪缝梁架为穿斗式，报告应描述清晰。

再以某名人故居正房建筑形制描述为例。

该建筑坐西朝东，面积178.69平方米，通面阔33.40米，进深4.25米，高2.41米；基高0.32米，基宽33.46米，单坡硬山式建筑。

从此案例可看出，该建筑描述过于简单，缺乏研究内容，整体表述较差。应当补充柱网格局、大木构架、墙体维护结构、装修做法等内容。该建筑为单坡硬山建筑，应总结该建筑的特征，可从脊兽、装修芯屉裙板、柱础、墀头等特殊部位、特殊细节入手。

最后以云岩寺飞天藏殿[77]的建筑形制描述作为案例，阐释建筑遗产形制表述应有的深度与广度。

该建筑平面布局基本为方形，面阔三间通长16770毫米，进深三间通长16670毫米，带前檐廊（清代维修之物）。后檐檐柱明间加中柱，内柱数量为四棵，加大前内柱与前檐柱间的进深，上檐柱直接立柱于四椽栿、丁栿之上，满足大殿扩大前部礼拜空间需求。

将该建筑构架特征分部位予以阐述。构架：殿身（上层檐）结构采用十二架椽屋型，前后内柱不同高，前内柱在上平槫分位，后内柱在中平槫分位，大殿内、外柱间有四椽栿（前）或乳栿（后），一端置于外檐柱头铺作，一端插入内柱柱身，四椽栿（前）或乳栿（后）下平行有顺栿串联结内外柱，与上檐兰额在柱头间形成井字格。明栿之上不设草栿，立蜀柱架各层小梁，构成草架，与苏州玄妙观三清殿草架立草架柱相类似，叉手、托脚采取穿斗形式，与元代建筑峨眉山飞来殿梁架基本相同，有穿斗架痕迹。飞天藏殿草架现存为近期维修之物，手法粗劣，推测形式应该为参照维修前草架风格。

下檐构架深四架椽，于外檐柱头铺作上施四椽栿，栿尾插入内柱，四椽栿背上承上檐柱，四椽栿下平行有顺栿串联结外檐柱与内柱，与下檐兰额在柱头间形成井字格，顺栿串与四椽栿中间加蜀柱。

角梁构造：下檐后檐柱与山面檐柱间施抹角栿，上立蜀柱，大角梁后尾插入蜀柱，转角铺作内檐45°角拱上立短柱支撑大角梁，子角梁后尾置于角檐柱中线分位；上檐后檐大角梁后尾扣在六椽栿之上，后檐无子角梁，前檐大角梁后尾扣在前檐乳栿上，子角梁做法同下檐。上下檐大角梁无斜杀，子角梁底面呈牛角状柔和曲线向上翘起。

外檐下檐柱与立面造型比例：下檐柱向内侧脚120毫米，收分约为1.5%，一层柱径为400毫米，小于《营造法式》厅堂用柱两材一栔之制，角柱比平柱升高260毫米，下檐柱向内侧脚120毫米，柱径400~420毫米，柱高4150毫米；内柱柱径440毫米。

铺作层高与一层檐柱柱高比为0.18:1，与现存宋辽金建筑0.3:1左右的铺作层高、柱高比明显缩小，铺作层基本简化为一圈起垫托作用的斗栱。

上檐出（撩檐枋中心至檐椽外皮）为820毫米，下檐出为805毫米，总檐出（檐出加铺作出跳长430毫米）与柱高比为0.3:1，远小于宋辽金建筑（0.5~0.6）:1，也远小于元代建筑峨眉山市飞来殿0.5:1，显示椽、瓦顶应该为后期维修之物。

用材：梁架用材没有按照法式规制，用材均偏小，建筑柱梁构件变细。飞天藏殿四椽栿高仅320毫米，远小于《营造法式》厅堂四椽、五椽梁栿两材一栔（490毫米）的规制。梁栿、承柱下额等多为圆形构件，兰额、顺栿串等联结构件多为高、薄条形构件。

斗栱：飞天藏殿为西配殿，用材等第与其在建筑群中地位符合，大殿外檐一层、二层斗栱用材统一，单材190×130毫米，足材高290毫米，约当《营造法式》五等材。采用下昂造铺作，昂与华栱平行，这种平伸的昂，《营造法式》没有收入，形式同晋祠圣母殿的五铺作和苏州玄妙观三清殿的七铺作，应该是元以后至明清建筑假昂的前奏。

立柱上不施普柏枋，直接承斗栱，上下两檐均施四铺作斗栱，上檐斗栱为四铺作单抄出一跳，下檐为四铺作单昂出一跳，乳栿、丁栿梁头入斗栱，前伸至外跳头与令栱相交，出头做成耍头，耍头形式似批竹昂昂头，外观颇似五铺作，与大同上华严寺大雄宝殿斗栱类似，峨眉山飞来殿也是耍头做成昂形式，只是昂形式不同。补间铺作每间一朵，置蜀柱上，蜀柱跨于下额上，交叉处刻成鹰嘴状，昂尾挑于下平槫下。

一层檐柱两山面、后檐施斗栱，共19朵，其中柱头铺作9朵，补间铺作8朵，转角铺作2朵。二层檐柱周圈施斗栱，共18朵，其中柱头铺作8朵，补间铺作6朵，转角铺作4朵。

柱头铺作、补间铺作、转角铺作做法略有差异。柱头铺作外出一跳华栱（上檐）、昂（下檐）里转压跳，上承乳栿、丁栿；二层耍头昂里转四椽栿、乳栿、丁栿，足材，耍头昂出头比补间铺作略小100～130毫米。补间铺作外出一跳华栱（上檐斗栱）、昂（下檐斗栱）里转华栱，上承压跳；二层昂里转压跳，上承挑干。

转角铺作在柱头铺作基础上于45°方向增加角华栱、角昂，外出两昂，里出一跳角华栱，上承二层昂里转压跳，上立柱承托大角梁。正、侧面出跳与补间、柱头铺作相同，一跳华栱（上檐斗栱）、昂（下檐斗栱）用材改为单材。

内檐斗栱现存仅用于前、后檐中平槫分位，用十字斗栱，用材160毫米×130毫米，足材高为235毫米，用材略小于外檐斗栱。前檐十字斗栱上承枋，枋上立小方木，上承攀间枋、中平槫。后檐十字斗栱上承枋，枋上有榫头，疑为用散斗、攀间痕迹。

屋顶：大殿现存屋顶形式为重檐布瓦歇山顶，筒瓦屋面。正脊两端均有大吻，垂脊有垂兽，岔脊、戗脊分别有跑兽，从风格看明显为后期维修之物。从罗哲文先生1963年拍的照片看，瓦顶吻饰为四川建筑常见的飞鱼吻，正脊中有腰花，戗脊起挑起花脊，应该为清代维修之物。

其他：前檐廊为清代维修改建之物，现不存斗栱；殿内石板铺地。殿四周以砖墙围护，墙身正立面（东）、南立面、背立面（西）均嵌花饰琉璃图案，为清代维修时添制。前檐明间为三关六扇门，中间加门枋，隔扇门为五路锦式（六抹），窗心属于横竖棂子类，腰板（绦环板）为深浮雕花卉图案，裙板为素面。次间为直棂窗。

殿内存宋代飞天藏，高10.8米，直径7.5米，中心有50厘米的大立轴，立于铁轴承之上，可以自由旋转，轴上穿梁枋，安木板，构成八角形框架，再于框架外表以天宫楼阁、屋檐、平座、栏杆、柱子等形成巨型木塔。可分为藏座、藏身、天宫楼阁、藏檐四部分，是宋代小木作的珍贵实例。

从上述案例分析可知，该建筑形制分析当属较为优秀的范例。凡建筑形制表述，需先将基本形制阐述清晰，再进行对比分析，与周边同时期建筑横向比较，与《营造法式》等文献进行纵向比较，评估其符合与差别程度。该建筑斗栱描述横向与晋祠圣母殿的五铺作和苏州玄妙观三清殿的七铺作进行了比较，并确定了其平直昂的形状应该是元以后至明清建筑真昂向假昂过渡的产物。同时，不忘对飞天藏的小木作进行表述，内容完整、全面，研究有深度，对下一步价值评估及保护措施选择有重要意义。该建筑形制表述基本能达到仅从文字描述即可绘出建筑构造图的深度。另外，飞天藏殿建筑特征总结为：檐柱侧脚、生起显著，柱头卷杀明显；斗栱用材硕大，布置疏朗，每间用一朵补间铺作，栱头卷杀分瓣清楚，斗㰚幽势明显，可判断该建筑保存了大量北宋时代手法。但整座建筑没有丁头栱出现，平伸昂、假华头子的运用和柱间顺枋串的大量运用等，使斗栱支托出檐的机能弱化，梁栿的作用增强，由此可推断飞天藏殿建筑年代应为北宋末至南宋初期。小木作飞天藏位于该建筑室内中轴线上，上述对建筑年代的时间判断，与飞天藏的建造时间——南宋淳熙七年（1180年）基本相符，此殿为保护飞天藏而造，应当为同期或之前所建。由此可见总结建筑特征的内在规律还有助于建筑遗产断代研究。

五、记录残损状况

残损状况记录是勘察报告的核心内容，包括：现状情况调查、残损状况定性、残损详细记录等内容。这部分内容对应建筑遗产修缮设计方案的核心内容，是修缮项目需要解决的主要问题。记录应当详细准确，包括：残损的具体部位、残损形式类型、面积深度范围、存在的安全隐患及其变化趋势等内容。

可按照建筑遗产的自下而上或自上而下进行记录，如分为：地基、台明、地面、墙体、柱网、梁架、斗栱、木基层、屋面、门窗装修、室内小木作等不同部位。其中梁、柱、枋、斗栱、椽子等部位为承重木构。残损记录首先需对建筑遗产的承重结构及其相关工程损坏、残缺程度与原因进行分析记录。

承重木结构勘查记录包括：结构构件及其连接的尺寸、结构的整体变位和支承情况、木材的材质状况、承重构件的受力和变形状态、主要节点连接的工作状态、历代维修加固措施的现存内容及其当前的工作状态等。台明、地面勘察记录包括：阶条石、踏步、地面砖、柱础等。墙体勘查记录包括：槛墙、前后檐墙、山墙、隔墙等。屋面勘察记录包括：瓦件、苫背、脊饰等。装修部位勘察记录包括：门窗、隔扇、雀替、挂落等。

对承重结构整体变位和支承情况的勘察记录包括：测算建筑物的荷载及其分布，检查建筑物的地基基础情况，观测建筑物的整体沉降或不均匀沉降并分析其发生原因，实测承重结构的倾斜位移扭转及支承情况，检查支撑等承受水平荷载体系的构造及其残损情况等。承重结构主要破坏形式为：歪闪、拔榫、劈裂、糟朽、折断等。

勘察报告中残损状况调查记录普遍存在的问题如下：

一是对建筑遗产的形态、构造、做法、状态、维修历史、自然条件变化等现状勘察内容记录不全面、不详细、不深入。常常使用"应按原形制原材料原工艺修复""与原状保持一致"等表述方式。何为原状，何为原形制原材料原工艺，却并未进行研究。还有类似描述："椽、檩径过小"。小到何种程度？多大直径合理？再如："结构不合理，存在先天不足的结构缺陷，应采用必要的加固手段"。结构如何不合理？哪些部位存在怎样的结构缺陷？采取哪种具体的加固手段？"部分建筑建在堡坎上，存在多种隐患"。建在堡坎不是导致多种隐患的原因，堡坎自身的不稳定状态可能是导致建筑遗产隐患的原因。

二是对地方特有的传统材料与工艺做法调查不详细、不深入，甚至表现为直接套用其他地方现成工程做法或直接套用官式做法。

三是缺少或完全没有量化数据记录。如"某建筑遗产残损情况记录为：墙面大部分空鼓、开裂、脱落，墙面污染较为严重。屋面多处渗漏，瓦垄脱节、凹凸不平，局部脊脱节，起伏不平，轻微扭曲。部分瓦件残破、失存，出现漏雨现象，檐口部分下垂。装修参差不齐，糟朽、变形严重，开启困难，人为改装较为严重。"该勘察报告全部缺乏具体量化数据，只有定性描述，没有达到勘察报告编制深度要求。

六、解析残损原因

造成建筑遗产残损破坏的原因较多，针对某一具体建筑遗产而言，弄清造成其残损的根源是解决问题的关键所在，凡事有因必有果，反过来讲有果也必有因，解析建筑遗产残损原因就是这一逆向推理的过程。一般而言，造成残损的因素不外乎人为因素与自然因素，但仅仅以这两个因素直接作为解释建筑遗产残损的原因，而不继续深入探究，就等于没有分析建筑遗产的残损原因。因此，研究建筑遗产残损原因的首要一条就是有针对性和具体化的分析。残损原因不可仅写"自然破坏、人为破坏、年久失修"。反观国内大量设计方案的残损原因分析，可发现这种简单的陈述方式比比皆是。在实际中，针对人为因素造成的破坏就可进一步展开分析，可分为主动性破坏和被动性破坏，主动性破坏又可分为主观恶意破坏和非主观恶意破坏。如修缮性破坏其主要目的是为了更好地保护建筑遗产，由于保护修缮理念把握不准确、修缮技艺不够等原因造成建筑遗产的破坏，这类破坏属于非主观恶意性破坏。由于房地产开发及其他建设行为拆除建筑遗产、偷盗建筑材料等造成建筑遗产破坏的，这类破坏属于主观恶意性破坏。针对建筑遗产历史上的破坏行为，不可一概而论，由于历史的局限性，对建筑遗产的拆改、增建行为，也应具体问题具体分析，如"文革"期间做的破坏活动当属有主观恶意性破坏；而历史上常有建筑遗产改为他用，如寺庙被改造为粮库、教室、办公室等行为，当时或许尚未核定建筑遗产的级别，由于职务行为和认知不足，进行的改扩建行为不属于主观性恶意破坏。另外，由于国家重大工程建设、重大民生工程等需要，如三峡工程，只能对特别有价值的建筑遗产进行搬迁保护，不能将全部建筑遗产予以妥善保护，这是一种抉择上的取舍，就建筑遗产残损因素分析而言，这类行为当属被动性的。还有，由于人为因素实施的增改扩建对文物本体造成的影响程度也不尽相同，可分为轻度影响、中度影响和深度影响。部分建筑遗产增改扩建部分有的已赋予了新的时代特色，并非一无是处，需要对其价值做进一步的判别。

针对自然因素对建筑遗产保护进行的残损原因分析，类型就更加丰富了。前面章节结合环境对建筑遗产的影响分析了自然环境因素对建筑遗产形成的破坏，这里不再赘述。值得一提的是，有的自然因素的影响是长期的、持续的，例如温度、湿度等，有的因素是短期的，如地震、洪水、风雨雷电等，其造成的病害也不尽相同。风化、酥碱、霉变等病害是长期作用的结果，对应的措施是实施长期控制措施：一是从源头实施控制，如控制温湿度变化；二是对本体实施防护，如：石碑、石刻、石窟等采取室内保护或加盖保护棚、窟檐等措施。但对本体喷涂有机硅、憎水剂等防护材料应当慎重，必须实施该类工程时，应选择局部隐蔽段落进行前期试验，试验成功后方可大面积应用。

表4-3以某建筑遗产修缮工程为例，剖析其勘察记录存在的问题，并提出解决该类问题的思路。

某遗产建筑修缮勘察记录表　　　　　表4-3

序号	部位名称	残损现状	残损原因分析	稳定性
1	基础	东耳房地基基础整体下沉	地震造成下部岩体不均匀下沉	已稳定
2	台明	前檐西侧1块压面石被小树顶起	自然损害	不稳定
		每块压面石均有风化、磨损	自然损害	
3	地面	前檐柱下方石表面毁坏，现用水泥抹面	后人修缮未按照原工艺施工	已稳定
		东耳房地面为水泥地面、西耳房为瓷砖地面	人为改造	
4	墙体	八字墙束腰部位条石全部严重风化；东尽间东山墙石料严重风化	气候潮湿、变化异常	局部不稳定
		东耳房东山墙整体外倾，严重扭曲变形	地震导致地基不均匀下沉	
		石墙全部粉刷成红色，现各处均显起甲，多处大片脱落	年久失修	
		东次间墙体上部3块料石松动外移；东次间门券上部2处裂缝、外移	地震导致墙体松动	
		东西梢间室内后加隔墙	人为改造	
5	装修	东梢间前檐装修石窗被改为木窗	1990年代检修时人为改造	已稳定
		东西梢间顶部后加吊顶	人为改造	后加吊顶不稳定
		西耳房改造为展室，室内装修均为新做		
6	散水	建筑东侧散水遗失	人为改造	局部不稳定
7	梁架	方形抹角石柱保存完好；各梁构件保存完整，节点松动，轻度歪闪；前后檐檩移位，脊檩糟朽	年久失修、地震	局部不稳定
8	木基层	檐椽椽头均已糟朽，内部椽子糟朽毁坏约50%，多数变形严重；封檐板局部折断、顶出150毫米	漏雨、地震	不稳定
9	瓦顶	前檐瓦顶整体下滑，与正脊交接处脱节露天，宽约300毫米	地震	不稳定

根据上述勘察记录，地基部分残损原因分为"地震造成下部岩体不均匀下沉"，该分析较为详细；因为是一次性的破坏，可以推断地基已经处于稳定状态，为下一步制定应对措施提供了较好的条件。台明部分残损原因分析为"自然损害"，不够详细具体。对于病害"前檐西侧1块压面石被小树顶起"，可判断是由于该建筑长期缺少养护所致，该建筑台明基础灰土层不厚，以自然土为主，利于植物生长，因此，对应措施应该加强日常保养并对台明灌注除草剂等。上述勘察记录中多处出现"人为改造"，其中只有"东梢间前檐装修石窗被改为木窗"，残损原因分析为"1990年代检修时人为改造"，这就比仅仅写"人为改造"信息量丰富了许多，至少我们可以判断该建筑遗产1990年代实施过检修工程，工程内容包括将石窗改为木窗。为什么只是更换了东梢间的前檐石窗呢？大致可以推断该窗已经毁坏，而其他窗尚好。因此，残损原因分析越具体越详细，所传递的信息量越大越多，就越能更准确地探知造成建筑遗产残损的真相。

七、评估价值分析

建筑遗产评估分为价值评估和现状评估两部分。前面章节对我国建筑遗产价值评估体系形成进行了探讨，正如《中国文物古迹保护准则》总结的历史价值、艺术价值、科学价值、社会价值及文化价值，此为我国建筑遗产价值评估的核心内涵。此处不再赘述其形成历程与意义。直接借此五种价值类型进行分析，明确在勘察报告编制中如何科学评估、合理运用。

（一）价值评估

价值评估除了包括历史价值、艺术价值、科学价值、社会价值和文化价值等五大价值外，根据建筑遗产的特殊性，还可能包括军事价值、考古价值等其他特殊价值。建筑遗产价值评估并非将上述价值全部列上，有则写，无可缺。能定为文物保护单位的建筑遗产均有相应的价值评判，因此重点应突出其核心价值。例如位于石家庄西郊的毗卢寺，为全国重点文物保护单位，其核心价值是大殿中的壁画，现存该寺庙的核心价值是寺庙壁画的艺术价值，而非壁画所在殿宇。基于此认知，当面临壁画酥碱脱落和墙体残损同时发生时，壁画与墙体均为文物本体，修缮工程面临取舍抉择，正确方法是最大限度地保护壁画本体，不使壁画所承载的艺术价值受损。具体措施是从壁画墙体的背面逐步拆除，加固好壁画后，重新砌筑墙体。为有效保护壁画，墙体的真实性势必受到一定影响。再如大量的近现代革命文物中的建筑遗产保护问题，有的建筑等级较低，为普通民房或村落公产。该类革命文物的核心价值是其承载的某一历史时期共产党人光辉的奋斗史，具有历史价值，建筑遗产本身可能不具有艺术价值和科学价值，或者艺术价值与科学价值不突出，因此这类建筑遗产重点是历史价值，应考虑如何发挥其在爱国主义教育方面的作用。建筑本体修缮应尊重历史，按照原工艺原做法实施，不可在修缮中擅自提高建筑的等级，其意义不是将本是粗糙的做法改为精细的工艺，针对该类建筑遗产如何再现其真实历史场景的意义则更为重大。

以往的建筑遗产勘察报告中常存在以下问题：一是缺少价值评估或认为价值评估不重要，将建筑遗产保护修缮工程视为纯做工程、纯修房子。二是虽有价值评估，但评估内容过于简单，或价值评估说套话，形似八股文。三是价值评估所阐述的内容与本次修缮内容无关。

建筑遗产与普通房屋的本质区别就是所承载的价值内涵不同，因此如果缺乏对价值的认知，或者忽视价值评估，单独就修房子论房子、就事论事的思维，势必导致修缮认知的不到位，可能造成不当修缮，甚至造成遗产所承载的真正价值的丧失。而价值评估说套话，形似八股文，是对建筑遗产认知的不到位，比着葫芦画瓢，是初学者的学习方式，但不应是遗产保护修缮工程应有的方式，每一个建筑遗产都具有其独特的价值，具有唯一性，修缮工作应当慎之又慎。价值评估所阐释的内容，应铭刻在设计师和施工管理人员的内心，明确将核心价值理念始终贯穿于项目实施的各个环节。通过价值评估确定的核心内容就是修缮实施需要保护的核心内容，两者之间是一致的，不可脱节和错位。

1. 历史价值

《中国文物古迹保护准则》中对历史价值有了清晰的定义，在建筑遗产修缮工程勘察报告中，还经常存在对历史价值内涵认知不清的情况。从实践分析，本书认为历史价值可以从以下几分方面陈述：①建筑遗产建造历史信息，包括建造年代、重要修缮年代、建筑整体、局部及主要构件的年代特征分析。②与该建筑遗产直接相关的历史人物信息、与该建筑遗产直接相关的重大历史事件以及该建筑遗产或构件所承载的其他历史信息等。③历史时期的见证以及该建筑遗产自身承载的史料价值等。

下面以承德避暑山庄某修缮工程项目的历史价值为例进行分析：

其历史价值为：中国多民族统一国家形成与巩固的历史见证，清代民族、宗教政策的历史见证，提供重大历史事件的史实资料。避暑山庄及周围寺庙作为清王朝的第二个政治中心的历史遗存，是国家重大历史遗产地。避暑山庄是中国现存规模最大的古典皇家园林，提供中国古典园林史，建筑史方面重要实例。

上述案例阐述了避暑山庄在体现清朝民族政策、维护国家统一、见证历史事件及对中国园林史、建筑史的贡献等方面的价值，描述内容全面准确，呈现了价值评估应有的高度凝练的特点。

2. 艺术价值

《中国文物古迹保护准则》中对文物古迹的艺术价值也有清晰的定义，本书重点针对建筑遗产修缮工程勘察报告中的艺术价值内涵展开论述。结合大量实际案例，本书认为建筑遗产的艺术价值可以从以下方面陈述：建筑遗产整体形式、内部构造特征、大木构造外观形式、斗栱类型、装修艺术形式以及具有艺术价值的柱础、雀替、小木作、瓦顶吻兽、脊饰等具体构件特点的分析。此外还应包括彩画、壁画、雕塑、各种纹饰线角等分析。

下面仍以承德避暑山庄某修缮工程项目的艺术价值为例，分析其价值内涵。

该项目艺术价值表述为：避暑山庄及周围寺庙相互之间的对景和环境关系，具有特殊的

景观艺术价值。避暑山庄继承了中国古代皇家苑囿的传统，融合南北造园特色，巧于因借，自然天成，体现了清帝移天缩地的造园思想，造就了中国古典园林与建筑艺术的光辉典范。其高超的造园与建筑艺术以及道路与驳岸设计艺术对当代园林设计起到重要借鉴作用。避暑山庄及周围寺庙的选址体现了中国传统"风水"的影响，具有极高的景观艺术价值。避暑山庄的驳岸经过了统一规划和精心设计，具有明显的设计规律，具有中国古典自然山水式园林的独特艺术特征。其中有很多区域的驳岸比较好地保留了清代的原始做法，具有重要的艺术价值。尤其是芳渚临流区域利用天然石岸修建园林湖泊，不但有效地防止了水土流失对驳岸的影响，也使驳岸更加自然。人工山石驳岸和沙土驳岸等做法也十分适宜避暑山庄的自然风格，与同时期其他皇家园林具有明显的区别。

该段描述中避暑山庄与周边外庙的对景关系以及山庄内移天缩地的造园艺术属于艺术价值的内容，而风水选址等内容属于科学价值的内容。再者从驳岸做法的描述中也看不出如何体现艺术价值，若描述为"驳岸错落有致、叠石参差"或许有点艺术价值。总之建筑遗产的艺术价值需要精心凝练。

3. 科学价值

《中国文物古迹保护准则》中对文物古迹的科学价值给出了较为清晰的定义，本书重点针对建筑遗产修缮工程勘察报告中的科学价值内涵展开论述。结合大量实际案例，科学价值可从以下几个方面考量：一是布局特征的合理性，包括建筑遗产选址特征、整体布局特色等；二是构造的合理性，包括建筑遗产本体构造特征、构件受力结构的合理性等；三是材料的科学性，包括材料选择、规格大小适度等；四是建造工艺的合理性，包括传统营造技艺及修缮技艺等；五是体现的法式特征与地域特色，建筑遗产与法式进行比较和与相关地域遗产进行比较所体现的唯一性。六是一定时期社会发展力的体现，包括建筑的规模、体量、材料尺度与稀缺性等。

下面以承德避暑山庄某项目为例，阐述科学价值内涵。

避暑山庄是中国现存规模最大的古典皇家园林，体现出自然环境和人工营造的高度和谐与统一，它对于中国古典园林史、建筑史方面的研究具有重要实证作用。避暑山庄的园林整体景观环境设计和营造技术包括水系营造、驳岸做法、植物配置，假山堆叠等，集中地体现了中国古代园林发展鼎盛时期园林营造艺术和技术发展的最高水平。

从上述案例可以看出，提及山庄规模大、人工与自然和谐统一以及营造技术水平，此三点属于科学价值的内容；而对园林史、建筑史的实证作用，属于历史价值的内容。假山堆叠、植物配置等则属于艺术价值的内容。科学价值的归纳需注重逻辑上的相关性。

再如内蒙古某名人故居科学价值表述为：

全国重点工程之一的包头钢铁公司是在乌兰夫同志的高度重视和悉心指导下建设并逐步发展壮大的。在建设过程中，乌兰夫不断为包头钢铁公司建设工程排忧解难。1958年4月，包钢一号高炉和包钢焦化厂破土动工，他作为中共内蒙古自治区委员会第一书记、内蒙古自治区主席，亲自参加剪彩并亲手浇灌第一车混凝土。同年11月他就包头钢铁公司建设中出现的问题向中共中央作汇报。1959 年 1 月 9 日，中共内蒙古自治区委员会作出《关于加强包钢建设的领导和支援工作的决定》。决定成立自治区支援包钢建设委员会，并责成经济计划部门，要求内蒙古自治区计划委员会每季度检查一次支援包钢建设工作。如今，包头钢铁公司的稳定发展与所创造的巨大价值离不开乌兰夫同志所倾注的心血与努力，其发展历程为研究内蒙古重工业逐步发展提供了重要的科学素材价值。

上述案例中，高炉破土动工、钢铁公司发扬壮大，包括成立建设委员会、向中央汇报等均属于重大事件，事件与故居主人直接相关，对研究故居主人的个人历史与发展有实物价值。如果这些事件中重大决策是在故居内做出的，则相关事件属于历史价值的内容。虽然钢铁公司及高炉的建设工程能体现当时的科学技术水平，但该段描述不属于科学价值内容，且该描述与建筑遗产本体故居不相关。勘察报告应评估故居建筑本身的科学价值。从该案例描述分析可判断该故居不具备科学价值。价值评估应注重实事求是，没有科学价值也不必硬凑。

4. 社会价值

《中国文物古迹保护准则》等诸多文献已经对文物古迹的社会价值给出了准确界定，本书重点关注的是在建筑遗产修缮设计方案中如何归纳与阐述其社会价值。本书认为社会价值的内涵包括以下内容：一是具有爱国主义、优良传统、民族精神、宗教等方面的教育意义；二是具有旅游、休憩、消遣等开发作用；三是优良的生产生活方式。

下面以承德避暑山庄某修缮工程项目的社会价值为例进行分析：

避暑山庄及周围寺庙是清代盛衰及民族团结的历史见证，是爱国主义教育及弘扬中华民族优秀传统文化的基地。避暑山庄及周围寺庙是游客消夏、参观、陶冶情操，感受古典园林和宗教文化的首选场所之一。避暑山庄及周围寺庙作为大片的绿地休闲区域，在承德现代城市格局中起到十分积极的作用。避暑山庄及周围寺庙是承德市民热爱家乡、建设家乡感情的寄托所在，亦是联系海内外华人的重要场所。

上述案例中，该遗产做为清代盛衰及民族团结的历史见证，这部分内容属于历史价值；其中爱国主义教育基地、旅游休闲消遣地、宗教场所以及家乡情感寄托场所等内容属于社会价值的范畴，该部分阐述较为准确。

5. 文化价值

《中国文物古迹保护准则》及其他相关文献已经对文物古迹的文化价值给予了准确界定，本书重点关注的是在建筑遗产修缮设计方案中如何归纳与阐述文化价值。文化遗产最本质的属性是文化资源和知识资源，本书认为文化价值的内涵包括以下内容：一是载体，如书籍、影像、曲艺等形式及物质载体；二是人物及活动，如历史名人、文人墨客及其他与文化相关人物的记载、事迹及活动等；三是与建筑遗产相关的营造及技艺传承；四是文化流派、文化思想等意识形态。

在承德避暑山庄某修缮工程项目勘察报告中文化价值表述为：

避暑山庄及其周围寺庙是中国作为多民族统一国家的象征，体现出汉族文化与满、蒙、藏等少数民族文化之间的交流和融合。避暑山庄是18世纪中国封建社会后期鼎盛阶段皇家园林营造理念的杰出范例，代表了中国自然山水园林艺术发展的最高成就。驳岸、水景的营造都极具匠心，是中国造园艺术和文化发展工艺的典型代表。避暑山庄驳岸工艺继承、发展并运用各种传统造园理念和技艺，汲取中国南北各地名园艺术精华，体现出皇家园林营造中"移天缩地在君怀"的设计思想；结合自然山水的造园理念，实现传统"宫"与"苑"两种形式和"理朝听政"与"游息娱乐"两种功能的融合。避暑山庄将中国古典文学和哲学，特别是美学观念等丰富的文化内涵融入造园艺术，使其成为中国传统文化的物质体现。驳岸是中国古典园林的重要园林要素和组成部分之一，避暑山庄的驳岸设计遵循和模仿古代绘画，如芳渚临流："亭左右岸石天成，亘二里许，苍苔紫藓，丰草灌木，极似范宽图画。"园林设计与中国文化相融合，具有重要的文化内涵。避暑山庄芝径云堤驳岸是创建山庄时最早修建的工程，并沿用了中国传统造园"一池三山"的设计理念，康熙在诗词中描述道："命匠先开芝径堤，随山依水揉辐齐"，并赞美芝径云堤："夹水为堤，逶迤曲折，径分三枝，列大小洲三，形若芝英、若云朵、复若如意。"由此可见湖区驳岸是避暑山庄文化内涵的重要载体，是避暑山庄的建筑遗产本体和主要保护对象之一。

上述关于文化价值评估中部分内容不够准确。避暑山庄作为民族统一的象征，属于社会价值的范畴。而园林营造匠心及工艺、美学观念内涵融入造园艺术等属于艺术价值的范畴；沿用了中国传统造园"一池三山"的设计理念等内容也属于艺术价值的范畴。建筑上的楹联匾额属于文化价值内容，评估中却忽视了此项内容。从上述分析可以看出，在各类评估中总会出现认知不清晰、逻辑混乱等诸多问题，需进一步秉承科学严谨的态度，完善价值评估工作。

军事价值：严格讲军事价值属于文化价值的范畴，但文化价值内涵范围较大，长城、城墙、古堡、炮台、兵营等特殊建筑遗产，仅仅用文化价值予以阐述，不是很贴切。单独阐述其军事价值，能够体现其独特性和不可替代性。内容包括：一是军事防御体系层面，体现在整体布局的合理性上；二是单体防御设施，体现在其构造与结构的合理性上；三是发生的具体事件及其对国内外或对中国历史进程的影响等。

类似的还有考古价值，严格讲考古价值与历史价值相关性较大，但考古价值又是一种独有的价值体现。部分特殊的建筑遗产有必要评估其考古价值。

（二）现状评估

现状评估是基于调研资料，整理、归纳、分析研究的过程。近年来，许多修缮工程勘察报告把真实性评估和完整性评估内容纳入现状评估。之前不涉及这类评估内容，笔者认为这种做法是合理的。应在对建筑遗产进行详细勘察，记录残损量化数据、分析病害原因，对建筑遗产保存状况进行系统评估的基础上，形成真实性和完整性评估结论，该种逻辑是正确的。部分勘察报告往往先评估真实性、完整性，再对建筑遗产本体保存状况进行评估，这种做法则是因果倒置。

当前建筑遗产的现状评估中尚存在诸多问题：一是现状评估内容不准确，夸大残存程度，这种现象比较普遍，大多是为了多申请经费的缘故；二是现状评估内容不详细；三是缺少现状评估结论。

下面以蔚县真武庙现状评估为例：

蔚县真武庙周围高台局部坍塌，排水设施毁坏、院落积水，部分建筑基础松动、有不均匀下沉现象、墙体多处裂缝，局部墙体裂缝严重，梁架木构件局部歪闪，瓦顶屋面下沉，险情较为严重。建筑群前一院落已被拆除，后半部分尚存。整体保存状况不能满足建筑遗产保护需要。

此案例现状评估属于综述性质，仅仅是指出了真武庙存在的主要问题，缺少量化数据，这种只有定性描述没有定量描述的情况，属于上述第二种情况即"现状评估内容不详细"。

再以宁阳文庙现状评估为例：

宁阳文庙现存建筑整体基本稳定，但仍存在一些病害和后期拆改现象，如不及时整治和控制病害的发展和拆改现象，会对宁阳文庙建筑的稳定性和外观造成严重的损害。存在的主要问题有室内外地面的后期人为拆改、墙体和石材的风化酥碱、上下架大木的开裂变形、木装修的残损和后期人为拆改、木基层的糟朽、屋面的残损和渗水、油饰的起皮和脱落、院内外排水等。针对上述问题应立即采取相应解决和控制措施，以免造成建筑物的更大损坏。宁阳文庙原有琉璃照壁、万仞坊、金声玉振坊、东华门、西华门、名伦堂、东斋、西斋、神库、神厨、敬一亭、训道署、教谕署等建筑的缺失，严重影响了宁阳文庙建筑群的整体性。

上述案例同样存在缺少量化数据的问题，但值得肯定的是该评估指出了病害不及时控制可能造成的风险，并提出应立即采取相应措施。另外评估认为琉璃照壁、万仞坊、金声玉振坊等建筑缺失，严重影响了建筑群的整体性，该评估结论是准确的，至于针对该结论采取何种措施则是下面章节研究的内容。

现状评估结论是建筑遗产修缮工程定性的直接依据，但大量的勘察报告缺少现状评估结论或评估结论不到位。而四川庞统祠的现状结论部分阐述则比较到位，现举例如下：庞统祠整体格局保存完整，但由于年久失修，屋面和木基层损坏程度严重，屋面板瓦部分酥碱、破损，木基层檐部糟朽，局部出现漏雨。5·12大地震对庞统祠建筑造成重创，加大了建筑损坏程度。5·12大地震后，所有建筑屋面瓦顶下滑，正脊两侧露天，部分脊和吻兽构件倒塌；木构架节点处榫卯松动，部分构件已拔出；二师殿东稍间、东厢房、东碑房以及栖凤殿东稍间南北墙体出现开裂，局部已外闪，其余建筑墙体出现裂缝，但程度较轻；地面墁地方石或条石表面风化、磨损，高低不平。因此，庞统祠急待进行全面修缮。

庞统祠在5·12大地震后出现严重残损，该勘察报告对建筑遗产的稳定性进行了评估，此做法值得肯定。稳定性评估结论如下：从庞统祠残破现状可以看出，庞统祠建筑遗产建筑在5·12大地震前已有一定的残损，多分布于屋面和木基层，建筑基础、墙体和大木构架基本稳定。5·12大地震后，残损程度普遍加大，憩舍门、仰止门局部坍塌严重。憩舍门、仰止门为纯砖石结构，为松散型刚性结构，构件间缺少结构性拉接，砌体间粘接材料较差，因此稳定性较差。庞统祠其余建筑基础、墙体和木构架基本稳定。抗震性能评估结论为：5·12大地震后从庞统祠建筑的保存现状看，除憩舍门、仰止门、围墙这类纯砖石结构的建筑抗震性能较差外，其他砖石木混合结构的建筑抗震性能较强，虽然经历8.0级大地震，结构依然稳定。

因此，现状评估内容应根据建筑遗产的破坏因素、实际损害程度、病害发展速度等情况进行调整，不可一概而论。

第四节 技术支撑材料

在建筑遗产修缮工程勘察报告的最后章节可列出该勘察报告的技术支撑材料，包括文献佐证资料、建筑材料分析及试验数据及地基基础勘探报告、本体监测报告、必要的结构计算文件、涉及的环境质量报告、病虫害报告等其他重要相关资料。

技术支撑资料选取的原则：一是应与本建筑遗产修缮勘察内容直接相关；二是做为技术数据、试验数据及其他相关基础数据资料，能够直接或间接证明勘察报告数据及结论的真实性、准确性及有效性。三是提供资料应为行业及科技发展的最新数据。

一、文献佐证资料

文献佐证资料是指从浩瀚文献资料中梳理出来的，与本修缮项目有关的文献资料。与本修缮项目的本体认定、历史沿革、价值评估、历代维修情况、形制研究、法式特征分析、病害分析、保护措施制定等有直接或间接关联的资料。

（一）历史资料

历史资料包括：相关历史文献、档案资料、碑刻拓片、历史照片、音像等各种资料。如从图4-4、图4-5的历史舆图中能够初步判断历史上该建筑群的分布情况。

（二）现状资料

现状资料包括：照片、音像、采访咨询记录等。之前的修缮项目更注重对照片（图4-6）等有形资料的收集，忽视了工艺、技艺传承等非物质资料的收集整理，相关学者、工匠、技师及知情者的口述资料也应予以足够的重视。下面以某建筑遗产小木作制作工艺为例，设计采访记录表（表4-4），进行工匠口述资料收集整理（表4-5），总结归纳提炼修缮设计依据。

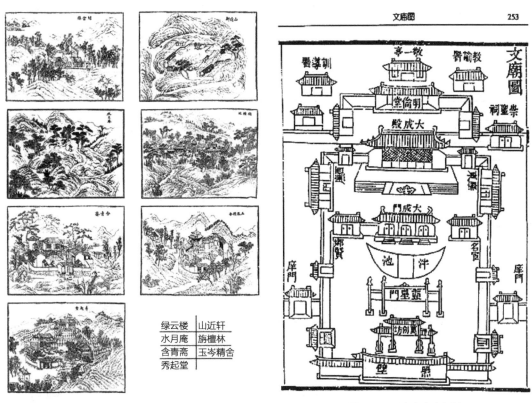

绿云楼	山近轩
水月庵	旃檀林
含青斋	玉岑精舍
秀起堂	

图4-4　热河志中七处遗产点插图　　　　　　　　　图4-5　县治中文庙舆图

图4-6　古建筑技工修复瓦顶照片

（图片来源：引自《闽南民居传统营造技艺》，杨莽华 、马全宝、姚洪峰著）

小木作制作工艺走访记录表　　　　　　　　表4-4

走访人姓名		性别	
年龄		职业	
住址（联系方式）		单位	
影音资料编号			
走访工艺分类	材料选择 □　营造技术 □　制作技艺 □　名人轶事 □		
拟解决问题			
采访记录：			
记录人		记录时间	年 月 日

传统工匠调查表[78]　　　　　　　　表4-5

序号	工匠	籍贯	出生年份	师承关系	从事工种	传承人级别	主要参与项目摘要
1	王世猛	惠安溪底	1947	王益顺→刘招财→刘胜法→王世猛 王为禄→王水元→王为尧→王世猛	大木	国家级非物质文化遗产传承人	1.修建泉州承天寺 2.泉州开元寺甘露戒坛 3.南安水头大宫 4.惠安科山圆通宝殿 5.同安梅山寺 6.中国台北士林妈祖宫 7.中国台北慈诚道坛
2	叶本营	安徽亳州	1970	—	大木		1.泉州市玄妙观三清殿重建工程 2.澳门妈祖文化村天后宫 3.泉州西湖公园刺桐阁 4.泉州市玄妙观灵霄宝殿 5.厦门南普陀寺大雄宝殿 6.泉州鲤城区霞洲妈祖宫 7.泉州承天寺大雄宝殿 8.厦门同安梵天寺大殿
3	雷廷益	福安	1933	雷庆福→雷廷益	大木		
4	陈立仁	漳州榜山镇	1945	陈克→陈泰和→陈启成→陈立仁	小木		1.龙海市凤山岳东岳大帝殿 2.龙海市本山镇邓氏大宗祠 3.漳州颜厝镇古县大庵 4.漳州石码五福禅寺 5.漳州普边宫

二、建筑材料分析及试验数据

中国建筑遗产修缮遵循"原材料、原做法、原工艺"的原则。这里所说的原材料并非仅仅是指从建筑遗产本身脱落、拆卸下来的材料，还特指相同材质的材料，甚至考虑材料产地是否与建筑遗产修建时的产地一致。这可以作为理解原材料的一种思路，是建筑遗产修缮的惯例和传统。采用新的材质材料作为替代材料，需要全面了解建筑遗产材料的构成。主要包括：木材、砖瓦、石材、琉璃、灰浆、灰土等，且需要对这类主要材料进行检测和试验。

（一）木材

中国建筑遗产以木结构建筑为主体，由于自然环境的变化和长期持续的砍伐，木材种类、数量、质量等均与古代有较大的差别，建筑遗产修缮时原则上应尽量采用原材质、原树种的木料做替代，因此在必要时需要对原木材的种类、属性等资料进行相关鉴定试验。下列为某建筑遗产木材树种鉴定书的式样，仅供研究参考。

木材树种鉴定证书

报告编号：**—****

鉴定单位：木材鉴定研究所

样品名称：某建筑遗产架梁外皮

规格数量：1个

委托人：某建筑遗产勘察设计院

鉴定内容：木材名称

鉴定依据：《中国主要木材名称》GB/T 16734—1997

鉴定结果：中文名香樟

拉丁名：*Cinnamomum* sp.

隶樟科：Lauraccuc

鉴定人：

审核人：

批准人：

鉴定单位：（公章）

鉴定日期：　年　月　日

备注：本报告仅对来样负责。

1. 木材种类

目前国内珍贵木材较为短缺，如果确实无法找到"原材料"，采用相近材质木料替代也是无奈之举。因此，设计师及施工人员有必要充分了解我国当前木材储备情况以及现有木料属性，我国建筑遗产修缮中常用树木通常分为针叶树和阔叶树两类。

（1）针叶树类

主要包括：

1）红松。又名果松、海松，产于东北长白山、小兴安岭。树皮灰红褐色，内皮浅驼色。边材浅黄褐色，心材淡玫瑰色，年轮窄而均匀。材质轻软，纹理直，结构中等，干燥性能良好，不易翘曲开裂，耐久性强，易加工。主要用于制作门窗、隔扇、屋架、檩枋、槛框等。

2）鱼鳞云杉。又名鱼鳞松，产于东北。树皮灰褐色至暗棕褐色，多呈鱼鳞状剥层。木材浅驼色，略带黄白色。材质轻，纹理直，结构细而均匀，易干燥，易加工。主要用于制作门窗、楼板等。

3）马尾松。又名本松，产于长江流域以南。外皮深红褐色微灰，内皮枣红色微黄。边材浅黄褐色，甚宽，心材深黄褐色微红。材质中硬，纹理直斜不匀，结构中至粗，不耐腐，最易受白蚁蛀蚀，松脂气味显著。用于制作门窗、椽条、楼板等。

4）落叶松。又名黄花松，产于东北大、小兴安岭及长白山（故又有兴安落叶松及长白落叶松之别）。树皮暗灰色，内皮淡肉红色。边材黄白色微带褐。心材黄褐至棕褐色，早晚材硬度及收缩差异均大。材质坚硬，耐磨，耐腐性强，干燥慢，在干燥过程中易开裂。主要用于制作大木构架、檩枋等。

5）臭冷杉。又名臭松、白松，产于东北、河北、山西。树皮暗灰色。材色淡黄白色略带褐色。材质轻软，纹理直，结构略粗，易干燥，易加工。主要用于制作门窗、隔扇。

6）杉木。产于长江流域及其以南，按照产地不同又有建杉、广杉、西杉之分。树皮灰褐色，内皮红褐色。边材浅黄褐色，心材浅红褐色至暗红褐色。有显著杉木气味。纹理直而匀，结构中等或粗，易干燥，耐久性强。主要用于制作大木构架、檩枋、各种板类、门窗、脚手杆等。

7）柏木。又名柏树，产于中南、西南、江西、安徽、浙江等地。树皮暗红褐色。边材黄褐色，心材淡橘黄色，年轮不明显，木材有光泽，有柏木香气。材质致密，纹理直或斜，结构细，干燥易开裂，耐久。主要用于地基桩、墙内连接枋等。

（2）阔叶树类

主要包括：

1）水曲柳。产于东北。树皮灰白色微黄，内皮淡黄色，干后浅驼色。边材窄呈黄白色，心材褐色略黄。材质光滑，花纹美丽，结构中等，不易干燥，易翘裂，耐腐性较强。主要用于栏杆扶手、木楼板等。

2）核桃楸。又名楸木，产于东北。树皮暗灰褐色。边材较窄，灰白色带褐，心材淡灰褐色稍带紫。富有韧性，干燥不易翘曲。主要用于细木装修等。

3）板栗。又名栗木，产于华北、华东、中南。树皮灰色。边材窄，浅灰褐色，心材浅栗褐色。材质坚硬，纹理直，结构粗，耐久性强。主要用于制作板类、栏杆等。

4）麻栎。又名橡树、青冈，南方各地均有生长。树皮暗灰色，内皮米黄色。边材暗褐色，心材红褐色至暗红褐色。材质坚硬，纹理直或斜，结构粗，耐磨。主要用于制作各种板类。

5）柞木。又名蒙古栎、橡木，产于东北。外皮黑褐色，内皮淡褐色。边材淡黄白色带褐，心材暗褐色微黄。材质坚韧，纹理直或斜，结构致密耐磨。主要用于制作楼板等板类。

6）青冈栎。又名铁槠、青栲，产于长江流域以南。外皮深灰色，内皮似菊花状。木材呈灰褐至红褐色，边材色较浅。材质坚硬，纹理直，结构中等，耐腐性强。主要用途板类。

7）桦木。又名白桦，产于东北。树皮粉白色，老龄时灰白色成片状剥落，内皮肉红色。材色呈黄白色略带褐。纹理直，结构细，易干燥不翘裂，切削面光滑不耐腐。主要用于制作装修等。

近年来我国开始大范围实施封山育林政策，建筑遗产保护修缮工程木料采购困难很大。开始大量采用进口木料，如：印茄木为大乔木，俗名菠萝格木，分布于东南亚及太平洋群岛。心材与边材区别极明显，心材暗红褐色，略具深色文纹。边材淡黄白色，厚约3～4cm。宏观构造：散孔材。管孔肉眼下明显，略大。具黑色树胶及硫黄色沉积物。轴向薄壁组织肉眼下明显、发达，翼状及轮界状。在建筑遗产中采用时，应尽量选择使用心材。多用于制作柱、梁、檩、枋等承重构件。

2．木材含水率

建筑遗产修缮中木材含水率控制是确保工程质量的重点。建筑遗产的不同部位应当采用不同的含水率。木材含水率公式如下：

木材含水率=（原材重–全木材重）/全木材重×100%

建筑遗产采用木材含水率限值见表4-6。

建筑遗产采用木材含水率限值参考表[①]　　　　　表4-6

地区类别	地区范围	门芯板、裙板、走马板等板类	门窗扇、窗台板等	隔扇、槛窗等槛框门框
一类	包头兰州以西的西北地区和西藏地区	10	13	13
二类	徐州、郑州、西安及其以北的华北、东北地区	12	15	18
三类	徐州、郑州、西安以南的中南、华东和西南地区	15	18	20

3．木材残损分析

在树木生长期间或伐倒后，由于受外力或温度和湿度变化的影响，致使木材纤维之间发生脱离的现象，称为裂纹。按开裂部位和开裂方向不同，裂纹可分为径裂、轮裂、干裂3种。

径裂是在木材断面内部，沿半径方向开裂的裂纹。

轮裂是在木材断面沿年轮方向开裂的裂纹。轮裂有成整圈的（环裂）和不成整圈的（弧裂）两种。

---

① 木材含水率限值参考我国不同地区木材含水率的实际情况结合中国木结构古建筑的不同构件的制作要求而设定。

干裂是由于木材干燥不均而引起的裂纹。一般都分布在材身上，在断面上分布的亦与材身上分布的外露裂纹相连，一般统称为纵列。

装修、小木作制作选材应当尽量避免裂纹木材，可利用裂纹开料，充分利用木材。柱枋、梁、檩等大木构件选材时，一般较小的裂隙可予以忽略，针对轮裂的木材可用打箍的方法处理；径裂严重的不宜使用；对于干裂木材，待木材彻底干透后，可用木条嵌缝，补腻子后，外部做油饰彩画处理。

4．木材受力性能

建筑遗产中木构件受力形式复杂，必要时需要了解木材的抗压、抗剪性能。可参照国家标准《木材物理力学试验方法》GB/T 1928—2009制作试验构件并进行试验。表4-7为某工程原材料试验结果统计表，以供参考。

某工程木材原材料受力性能试验结果[79]　　　　　　　表4-7

试验名称	材料类型	标准尺寸（毫米）	试件数量	平均强度（兆帕）	备注
木材弯曲试验	旧木材	20×20×300	10	95.71	
木材弯曲试验	新木材	20×20×300	10	72.95	
木材拉伸试验	旧木材	15×4	10	85.74	
木材拉伸试验	新木材	15×4	10	69.68	
木材顺纹剪切	旧木材	20×25	10	7.31	
木材顺纹剪切	新木材	20×25	10	5.53	
木材顺纹压缩	旧木材	20×20	20	53.29	
木材顺纹压缩	新木材	20×20	20	40.30	

此外还可通过抗阻仪对木材进行监测，得出监测图谱，进而分析木材的木节、糟朽、裂隙及材质劣化的分布情况，为制定木构件修缮加固措施提供依据，如图4-7所示。

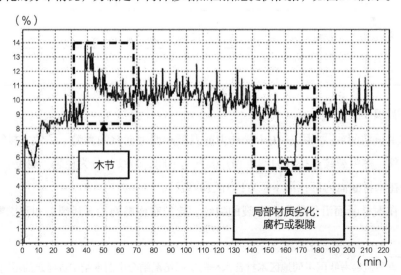

图4-7　某木构件抗阻仪木材监测图谱分析图

（二）砖瓦

建筑遗产采用的砖类型多种多样，应根据建筑遗产的等级选用不同类型的砖。实际修缮工程中应详细测绘建筑遗产现存各型号砖，可与表4-8中常用砖的规格进行比较分析，判断砖的类型。修缮时应按照实际测量出的砖的规格添配，不可按照下列常用砖的规格补配。

中国古代常用砖规格列表[80]　　　　表4-8

名称	规格（毫米）	常用部位
停城	470×240×120	大式院墙、城墙、下碱
沙城	470×240×120	随停城背里
大城样	454×224×104	大式糙墁地面、基础、混水墙、小式下碱
二城样	451×221×101	大式糙墁地面、基础、混水墙、小式下碱
大停泥	410×210×80	墙体上身、小式下碱
小停泥	275×140×70	大式杂料
大开条	288×160×83	小式下碱、墙身、杂料
小开条	243×112×38	大式檐料、墁地、小式墙身
斧刃	240×120×40	大式檐料、墁地、小式下碱、杂料
二尺四方砖	768×768×144	大式墁地，大、小式杂料
二尺二方砖	705×705×128	大式墁地，大、小式杂料
二尺方砖	640×640×128	大式墁地，大、小式杂料
尺七方砖	540×540×80	大式墁地，大、小式杂料
金砖	同尺七以上方砖	宫殿室内墁地
尺四方砖	440×440×64	小式墁地，大、小式杂料
尺二方砖	384×384×58	小式墁地，大、小式杂料
大沙滚	288×160×83	随其他砖背里
小沙滚	243×112×38	随其他砖背里

对于砖材料试验，可进行砖块的抗压、抗剪及强度等方面的试验，取样（图4-8）时应适当选取多块砖，获取其平均强度。可参照《砌墙砖（外观质量、抗压、抗折强度、抗冻性能）检验方法》GB 2542—81制作试件并进行试验[81]；还可以测砖的孔隙率、吸水率、抗拉强度、烧结温度等指标，以判断砖的残损程度（图4-9）。

表4-9为某工程砖块原材料强度试验结果统计。

某工程砖块原材料强度试验　　　　表4-9

试验名称	材料类型	标准尺寸（毫米）	试件数量	平均强度（兆帕）	备注
砖块压缩	旧砖	100×100	10	8.52	
砖块压缩	新砖	100×100	10	6.81	
砖块抗折	旧砖	100×100×200	10	2.41	
砖块抗折	新砖	100×100×200	10	1.58	

图4-8 砖块取样图

图4-9 墙体酥碱状况分析图

（三）石材

建筑遗产的基础、台明、台阶、柱础、墙体及地面铺墁等多处使用石材，补配、修缮时需要全面了解石材的材质类型，抗压、抗拉强度及各种物理性能，分析石质样品的岩相、成分及微观结构，试验技术手段的采用尤为重要。可用偏光显微镜分析石质样品的矿物组成及微观结构（图4-10），鉴定石质的种类。用离子色谱仪分析石材风化产物中可溶盐成分及其含量。下面以某石材的鉴定报告（表4-10）为例，示意石质构件的试验成果。

取样石材基本情况   表4-10

样品号	TMS-OO1	送审单位	某古建筑研究所
采样地点	某建筑遗产压面石	采样时间	2015-07-08
鉴定内容	石材名称、矿物成分及含量，石材结构与构造	目测	灰色、颗粒小分辨不清，具块状结构

显微照片：

图4-10　石材单偏光显微照片

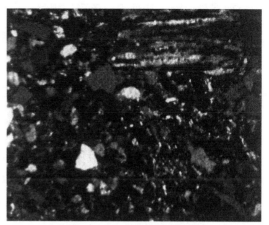

图4-11　石材正交偏光显微照片

显微镜观察（图4-11）：

岩石由石英（含量约70%）、方解石（含量10%）、泥质物（含量7%）、长石（含量5%）、绢云母（含量3%）、白云母（含量1%）、绿泥石（偶见）及铁质物（含量4%）组成。

岩石为细砂结构，块状构造。其中碎屑含量72%，矿物碎屑为石英、长石和白云母；岩屑由硅质岩、千枚岩组成，呈次磨圆状。填隙物28%，由石英、绢云母、方解石、绿泥石、泥质物和铁质物组成。胶结类型为基底式胶结。

石英：可分为3种，第一种为碎屑，次棱角—次磨圆状，粒径0.06~0.65毫米，部分颗粒发育波状消光；第二种分布在岩屑中，为变晶颗粒，粒径0.01~0.02毫米；第三种为填隙物，呈不规则粒状，分布均匀，大小0.005~0.03毫米。

方解石：为填隙物，半自形晶-它形晶，粒状，粒径0.02~0.2毫米，均匀分布。

泥质物：为填隙物，粒径小于0.004毫米，被铁质物染色呈铁红色，均匀分布。

长石：为碎屑，次棱角状，大小0.04~0.2毫米，部分颗粒见弱绢云母化。

绢云母：部分分布在岩屑或长石中，部分分布在填隙物中，细小鳞片状，大小约0.02毫米。

白云母：为碎屑，次棱角片状，大小（0.15毫米×0.25毫米）~（0.35毫米×0.1毫米），部分颗粒弯曲。

绿泥石：偶见，为填隙物，片状，大小0.04~0.07毫米。

铁质物：为填隙物，部分呈不规则粒状，星点状均匀分布，部分局部集中与泥质物交织分布，粒径0.01~0.22毫米。

岩石经茜素红染色试验。显微镜定名：胶结石英岩。

（四）琉璃

建筑遗产中琉璃构件种类繁多，对原有构件测绘尤为重要，将测绘数据与通用构件标准进行比较，以判断构件的规格和样数。故宫三大殿修缮时，采用了二次上釉、重新烧制的做法（图4-12），达到了保护再利用的目的。新配置的琉璃瓦件，除了从外观、色彩、规格、密实度等方面进行质量鉴定外，必要时，也可进行压力试验，国家尚没有统一的试验标准，可根据实际情况酌定。

图4-12 故宫太和殿脱釉瓦件重烧试验

（五）灰浆

建筑遗产修缮的主要粘结材料为灰浆[82]，建筑遗产的不同部位使用的灰浆不尽相同，这正是中国建筑遗产的特色所在。表4-11是各类灰浆的做法和配制分析。

各类灰浆做法与配制　　　　　　　　　　　　　　　表4-11

灰浆名称	具体做法	备注
泼灰	将生灰块用水反复均匀泼洒成为粉状后过筛	
泼浆灰	泼灰过细筛后用青浆泼洒	
煮浆灰	生灰块加水搅成稀粥状过筛发胀	
老浆灰	青灰加水搅匀再加生灰块（白灰与青灰比为3：7），搅成稀粥状过筛发胀	
大麻刀灰	泼浆灰或泼灰加麻刀（100：5，重量比）加水搅匀	
麻刀灰	泼浆灰或泼灰加麻刀（100：4，重量比）加水搅匀	
小麻刀灰	泼浆灰或泼灰加短麻刀［100：（3-4），重量比］加水搅匀	
夹陇灰	泼浆灰（或泼灰加其他颜色）加煮浆灰（3：7）加麻刀（100：3，重量比）加水调匀	
裹陇灰	打底：泼浆灰加麻刀［100：（3-5），重量比］加水调匀。抹面：煮浆灰掺颜色加麻刀［100：（3-5），重量比］用水调匀	
素灰	各种不掺麻刀的煮浆灰（灰膏）或泼灰。勾瓦脸素灰又称"节子灰"。瓦筒瓦素灰又称"熊头灰"	
色灰	各种灰加颜色而成。常用的颜色有青浆、烟子、红土粉、霞土粉等。如掺少量青浆，即为"月白灰"	
花灰	比泼浆灰水分少的素灰。青浆与泼灰可以不调匀。花灰用于抹灰不易曝的部位	
油灰	面粉加细白灰粉（过绢箩）加烟子（用熔化了的胶水搅成膏状）加桐油（1：4：0.5：6，重量比）搅拌均匀	
麻刀油灰	用生桐油泼生灰块，过筛后加麻刀（100：5，重量比）加适量面粉加水，用重物反复锤砸。麻刀油灰一般用于粘接石头	
葡萄灰	泼灰用大眼筛子筛过，葡萄灰只用于抹灰工程的打底	
纸筋灰	先将草纸用水闷烂，再放入煮浆灰内搅匀	
护板灰	泼灰加麻刀（20：1，重量比）相掺加水调匀	
砖药	砖面四份，白灰膏一份加水调匀。或七份灰膏三份砖面加少许青灰加水调匀	
掺灰泥	泥七份，泼灰三份加水闷透调匀	

续表

灰浆名称	具体做法	备注
白灰浆	泼灰或生灰加水调成浆状	
桃花浆	泼灰加优质黏土即"胶泥"（6∶4，重量比），加水调成浆状	
月白浆	泼灰加适量青灰加水调成浆状	
青浆	青灰加水调成浆状	
烟子浆	把黑烟子用熔化了的胶水搅成膏状，再加水搅成浆状	
红浆	把红土粉用熔化了的胶水搅成膏状，再加水搅成浆状	
砖面水	把砖砸成细粉末加水调成浆状	
糯米浆	生灰加糯米（6∶4，重量比）加水煮，至糯米煮烂为止	

实际建筑遗产修缮过程中，针对一座建筑遗产其原始灰浆的材料构成及配比一般只是大致推测，很难了解其准确构成与配比，需借助仪器进行试验分析，得出相对准确的配比数据。图4-13为灰浆取样分析图。

图4-13 灰浆取样

（六）灰土与夯土

灰土一般由素土和白灰按照一定比例搅拌混合后夯筑而成。常见灰土比例有1∶9、2∶8、3∶7（重量比），甚至还有更高比例的灰土。每一座建筑遗产的具体比例并不知晓，需通过显微照相和物理化学分析的方式进行试验测定。

如采集的某城墙顶部旧土显微照片如图4-14所示，成分分析见表4-12。

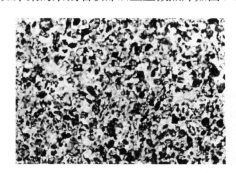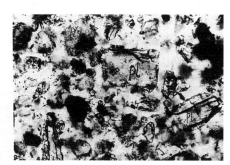

图4-14 某城墙顶面旧土显微照片

某城墙顶部旧土化学成分与含量分析　　　　　　表4-12

SiO_2	Al_2O_3	TFe_2O_3	MgO	CaO	Na_2O
62.40	11.52	3.85	1.99	7.14	1.59
K_2O	Ti_2O	P_2O_5	MnO	$Lo1$	$TOTAL$
2.37	0.55	0.14	0.06	8.40	100.01

经分析研究估算此城墙顶部旧土的化学成分与含量为：石英30%；长石（包括风化后黏土、伊利石、高岭石）30%～35%；绿泥石（次变黑云母）20%～25%；闪石、辉石6%～8%；方解石等碳酸盐矿物5%～6%；铁质等不透明矿物2%～3%。

该城墙旧土物相分析（XRD）见图4-15，材质性能见表4-13。

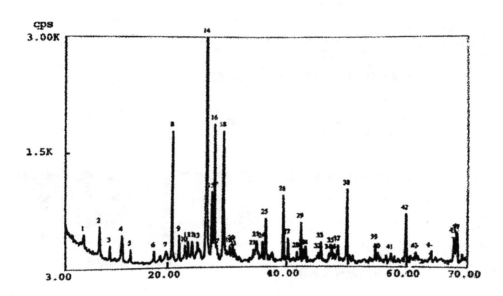

图4-15　城墙顶部旧土物相分析图

材质性能　　　　　　　　　　　　　　　　　表4-13

编号	颜色	分类	pH值	液限（%）	塑限（%）	塑性指数
				ω_L	ω_P	I_P
B1	土黄	粉质黏土	8.12	24.7	14.1	10.6

建筑遗址夯土地面或墙体均存在性能降低的情况，可通过试验，沿用传统材料和传统工艺，通过科学分析、合理改进、规范量化、适当整合等工艺，适应工程的实际需求。

也可适当加入固化剂，改善土质的物理和水稳定性能。固化剂可采用铝矾土、粉煤灰、赤泥、石灰、石膏等主要成分，经过混配工艺制作。表4-14为改进后灰土的扫描电镜观测与结构分析。

三、其他重要相关资料

其他重要参考资料包括：地基基础等相关工程勘探报告、本体监测、必要的结构计算文件、涉及的环境质量报告、病虫害报告及其他资料等内容。必要时需专业人员提供相关报告，此处不再赘述。

改进后的灰土　　　　　　　　　　　　　　　表4-14

扫描 电镜 微观 机理	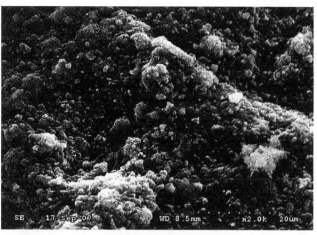 改进后夯土分析照片01 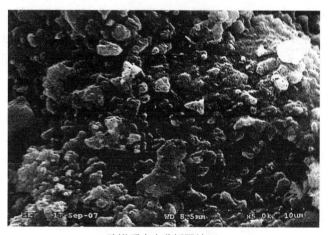 改进后夯土分析照片02
结构 状况	性能改进后的灰土，在Ⅱ型固化剂的作用下，促进了灰土的水化反应速度，产生了大量的硅酸凝胶体。所析出的Ca^{2+}超过交换需要量，与土料中SiO_2、Al_2O_3进行反应，通过盐基交换和凝胶体的粘合作用，将细土颗粒凝聚起来，生成不溶于水的细结晶物，增强了土粒间的凝聚与水稳性能，降低了空隙率

第五节　实测图纸要求

一、实测图纸要求

建筑遗产勘察报告中实测图纸绘制应严格遵守国家制图规范。实测图要准确地反映拟修缮建筑遗产的全面情况。应包括以下内容：区位、总平面、单体平面、立面、剖面、仰视、俯视、重要破坏现象和构造的详图、局部大样、详尽的标注，必要时应有结构分析图。

（一）总平面图

应清楚表达建筑遗产的群落关系，如工程对象、工程范围及其他相互间的关系。图中应标明或用编号说明各建筑遗产单体的名称。总平面图比例尺宜选用1：100～1：500。

（二）建筑遗产单体平面图

应表述建筑遗产的平面布局与围护结构平面布置，应有清楚的轴线关系，轴线应按顺序编号。注明标高、剖切位置和相应编号。如残损记录在平面图中表述有困难时，可以索引至详图中表达。建筑遗产单体平面图比例尺宜选用1：30～1：200。

（三）立面图

应当绘制建筑遗产的全部立面图，立面图除表达所描述对象的外形外，应标注全部已勘察明确的墙面、门窗装修以及立面未能反映的梁枋构件损伤、病害现象或完好程度，对已知的后代拆改的现象，均应明确标注。立面图比例尺宜选用1：30～1：200。

（四）剖面图

建筑遗产剖面图应表达层高、层数以及内外空间空间形态和构造特征。建筑遗产比较复杂的，应选取多个剖切面，绘制剖面图。因比例或其他原因，不能表达清楚的，应绘制索引详图。剖面图比例尺宜选用1：30～1：200。

（五）大样图

建筑遗产大样图应表达构件的细部尺寸以及重要节点构造、艺术构件雕饰、纹饰图案等内容。包括：装修大样图、斗栱大样图、柱础大样图、栏板望柱大样图、重要节点大样图、加固措施大样图等。大样图比例尺宜选用1：5～1：20。

（六）结构平面图

系指建筑遗产的梁架、斗栱层、楼层结构布置平面图或砖石或近现代建筑的板梁、基础结构布置等。当平、立、剖面图不能全面完整表述现状时，应绘制结构平面图，并逐一完善标注内容。结构平面图比例尺宜选用1：30～1：200。

二、图纸绘制分析

建筑遗产图纸绘制应综合考虑以下几个方面：一是与勘察报告文本内容的对应性；二是

绘制内容的准确性；三是标注信息的完整性；四是图纸表达的规范性。表4-15举例说明了某建筑遗产实测图纸表达内容与深度。

某建筑遗产实测图表达内容及深度要求　　　　表4-15

序号	部位	图纸表达内容	实测图纸
1	平面	标明轴线及编号、标高、剖切位置及编号，详细标注残损面积、位置以及砖的块数等量化残损记录	 实测图平面图
2	立面	装修、墙体等详细标注残损面积、位置以及砖瓦、吻兽缺失块数等量化残损记录	 实测图立面图
3	横剖	标明梁架断面、步架等尺寸，各梁檩标高，详细标注残损面积、位置等量化残损记录	 实测图横剖图

续表

序号	部位	图纸表达内容	实测图纸
4	纵剖	大木构、装修、墙体、瓦顶等详细标注残损面积、位置以及砖瓦、吻兽缺失块数等量化残损记录	实测图纵剖图
5	装修	标明装修的控制尺寸，心屉、槛框、边梃等详细尺寸及量化残损记录	实测图装修大样
6	斗栱	斗口、出跳、各斗、各栱尺寸及量化残损记录	实测图斗栱大样
7	仰视	标注斗栱翼角升出尺寸、翘椽、直椽数量及量化残损记录	实测图仰视大样

续表

序号	部位	图纸表达内容	实测图纸
8	吻兽	吻兽细部尺寸及量化残损记录	 实测图吻兽大样

第五章 │ 建筑遗产保护方案编制方法

建筑遗产修缮方案设计是建筑遗产保护工程目的达成的核心内容，一般由方案设计说明、方案设计图纸、工程概预算、其他辅助材料等组成。

方案设计应满足以下基本要求：第一，编制方案设计文本应内容完整、资料齐全。第二，应注意针对性、突出重点。梳理本次修缮的核心问题，重点针对核心问题，制定修缮措施，提出解决方案。第三，强调文本表述与图纸的规范性与准确性。第四，体例不求统一，需要根据建筑遗产不同的保护对象类型与特征，独立编排文本体例。

本书从方案设计说明编制研究、方案设计图纸规范绘制研究及工程概预算问题研究等三方面展开论述。

第一节　方案编制研究

建筑遗产保护工程设计是指对建筑遗产及其周边环境的现状和问题进行综合分析、论证、评估，并编制保护维修设计文件的工程活动。基本任务和目的是：根据文物保护原则、文物价值评估结果和勘察技术依据，进行多学科的综合研究、论证，制定全面、科学、合理、可行的保护修缮实施方案。

方案设计说明是设计文本的核心内容，不可或缺，不可简化，应尽量详细、全面、准确。设计说明与设计图纸前后对应，共同构成建筑遗产修缮方案的主干内容。方案设计说明编制应从以下7个方面展开：明确修缮依据、确定设计原则、划定修缮范围、明晰修缮性质、甄选保护措施、凝练通用做法、补充问题说明和列出实施建议等。

一、明确修缮依据

修缮依据按照与建筑遗产本体的关联程度，可分为直接依据和间接依据。直接依据包括项目立项文件、上级机关的批复文件、设计者基于项目实际勘察结果专门编制的勘察报告及实测图纸资料等。勘察报告中现状调查、残损原因分析、勘察结论等内容尤为重要。

间接依据包括各类法规、准则规范、国际宪章等与本设计相关的内容。修缮设计项目涉及的法规依据一般包括《中华人民共和国文物保护法》及其实施细则、国务院颁布的文物保护条例及相关的地方法规等。如《文物保护工程管理办法》针对性较强，也应当作为法规依据。准则规范依据一般包括《中国文物古迹保护准则》（2015）、《古建筑木结构维护与加固技术规范》（GB 50165—92）以及各类设计导则等。国际宪章依据主要包括：《威尼斯宪章》《马丘比丘宪章》《雅典宪章》《北京文件》《奈良真实性文件》等各种国际宪章及文件。各类法规、宪章等内容繁多，编制修缮设计方案时并非列出的依据越多越好，选择的基本方法是将与该项目相关性强的法规、宪章文件列为设计依据，剔除不相关文件。专家论证意见、专门会议纪要等也可列为设计依据。围绕本体保护需求与功能需求，各种直接或间接依据均应表述清晰完整，做到既不多余也不遗漏。

二、确定设计原则

按照《中华人民共和国文物保护法》规定，建筑遗产保护修缮的基本原则也是核心原则为"不改变原状原则"，这也是所有修缮原则的总原则。其产生背景、沿革发展及认知冲突等问题在前面章节已有阐述，此处不再赘述。以下主要阐述建筑遗产保护修缮的真实性与完整性原则、最小干预原则、可识别性原则、可读性原则、可逆性原则。

（一）真实性与完整性原则

建筑遗产的"真实性与完整性"原则引自于世界文化遗产的评价体系，是国际语境下的产物，近些年来因与国际接轨的强大需求，在国内建筑遗产的保护工作中，不论保护规划和修缮设计方案，均大量使用真实性和完整性原则，即保护文物建筑形式与设计、原料与材料、应用与功能、位置与环境以及传统知识与技艺体系等信息来源的真实性和完整性，不应以追求"风格统一""形式完整"为目标。

"真实性与完整性原则"与文物法规定的"不改变原状原则"，是同一事物阐述的不同视角，其实质内涵是统一的，随着我国遗产保护事业的发展，不改变文物原状原则凝聚了几代遗产保护者的智慧。笔者认为可以简单归结为：不改变原状原则是总原则，其内涵涵盖了真实性和完整性原则；真实性和完整性原则是分原则，是对不改变原状原则的细化；两者之前相互依存，和谐统一。换一种视角也可以认为，真实性和完整性原则是对不改变文物原状原则的充实与完善。从"修旧如旧"到"不改变原状"，这本身就是一个不断充实和完善的过程。中国遗产保护体系的建立是兼容并蓄的，是在吸收西方先进保护理念基础上不断完善的过程。

"真实性"一词最早见于1964年的《威尼斯宪章》，"真实性原则"强调文物本体材料及实质的真实，也有学者将其翻译为"原真性原则"，字面含义上略有区分，但其主旨是一样的，本书不过分追求细节，仍使用真实性一词。1994的《奈良文件》扩展了真实性的内涵，第13款："想要多方位地评价文化遗产的真实性，其先决条件是认识和理解遗产产生之初及其随后形成的特征，以及这些特征的意义和信息来源。真实性包括遗产的形式与设计、材料与实质、利用与作用、传统与技术、位置与环境、精神与感受。有关'真实性'详实信息的获得和利用，需要充分地了解某项具体文化遗产独特的艺术、历史、社会和科学层面的价值。"另外，构成遗产特定的形式和手段也纳入了真实性范畴。世界遗产委员会在《行动指南》（1997）中指出，文化遗产若列入《世界遗产名录》，应符合《世界遗产公约》中具有突出普遍价值中的至少一项标准和真实性标准。因此，被认定的遗产都应"满足对其设计、材料、工艺或背景环境，以及个性和构成要素等方面的真实性的检验"。《奈良文件》对真实性内涵的扩展是世界遗产组织对多元文化的尊重，它为大家呈现了另一种视角和思路上的拓展，该文件能够达成部分共识更是难能可贵。

《奈良文件》中真实性内涵所列各项内容之间，逻辑上应当是"与"的关系，即同时应当满足上述条件，但加上"构成遗产特定的形式和手段"后，用"或"的逻辑关系更能解释通，实际遗产认定过程中，日本伊势神宫的反复建造过程被认为符合《奈良文件》的真实性原则，其逻辑只能遵循"或"的逻辑关系。因其能满足"形式与设计、利用与作用、传统与技术、位置与环境、精神与感受"以及构成遗产"特定的形式和手段"等的真实性，却恰恰不能满足"材料与实质"的真实性。

面对这种遗产真实性自身看似矛盾的问题，解决的思路仍需回归建筑遗产本身价值的认定，就是需要界定该遗产的核心价值。一般情况下，"材料与实质"的真实性是建筑遗产的核心价值体现，大多数遗产均应予以满足。日本伊势神宫这类遗产作为特例，其实更多是基于对其构造工艺、建造过程以及精神与感受尊重的考量，这些内容也正是该遗产的核心内容。笔者认为这种特殊"考量"不宜随意扩大范围。《奈良文件》作为对真实性内涵的一种拓展与补充，其适用范围有其特殊性，不是普世的。有广大民众或学者对此存在很大质疑，"为什么日本重建的古建筑被认定为文化遗产，符合真实性原则；而我国则不允许重建，即使同意重建，也被认为是仿古建筑，不被认定为遗产，认为其不符合真实性原则？"笔者认为这不是双重标准，这正是基于对建筑遗产核心价值的评估与保护。我国大多遗产均应考虑"材料与实质"的真实性。其实我们对材料的真实性也有自身拓展，这是基于我国传统修缮技艺的传承，修缮工程中"原材料、原做法、原工艺"原则是对传统修缮原则的归纳与凝练，但"三原"原则并非严格意义上符合真实性原则。例如我们对"原材料"的理解，也是对真实性的一种拓展，可以认为是《奈良文件》在中国遗产保护实践中的运用。如在中国建筑遗产修缮中，建筑原装修采用红松，新补配的材料也采用红松，这就被视为符合修缮的"原材料"原则，严格意义上讲补配的材料不是"原材料"，而是原材质材料，这也是中国建筑遗产修缮中真实性的特殊体现。

《威尼斯宪章》中明确表达了对技术的信任，"纪念物的保护和修复，必须依赖所有那些对建筑遗产的研究和保护能够作出贡献的科学和技术"。西方建筑遗产修复技术日臻成熟，但无论修复技术如何发展，"真实性"修复原则得到了继承与发扬，在形式、材料、工艺、功能甚至环境等各个层面保持建筑遗产的原先状态，最大可能地保持历史材料、构造方式、施工工艺甚至原先设计理念的真实。强调建筑遗产保护工作的严谨性，"每一个清理、补强、重组与整合的步骤以及工作进行过程中的技术和外形的鉴定，都必须记录于报告之中"。这一点上东西方虽然在认知上存在一致性，但采取的措施尚存很大差异。如图5-1所示，石质门楣用钢架支托至原位的现状保护与展示方式，十分准确地诠释了西方的保护理念，体现出迥异于《奈良真实性文件》中真实性的另一种理解方式。

完整性原则意味着未经触动的原始条件，原主要用于评价自然遗产，如原始森林或野生生物区等。完整性原则既保证了世界遗产的价值，同时也为遗产的保护划定了原则性范围。自然遗产完整性[83]的内涵为：①对于表现地球历史主要阶段的重要实证的景点，被描述的区域应该包括其自然环境中全部或大多数相关要素。②对于陆地、淡水、海岸和海洋生态系统，以及动植物群落进化和演变中重大的持续生态和生物过程的重要实证的景点，被描述的区域应该有足够大小的范围，并且包括必要的元素，以展示对于生态系统和生物多样性的长期保护发挥关键作用的过程。③对于有绝佳的

图5-1　钢架支托石质门楣

自然现象或是具有特别的自然美和美学重要性的区域，应包括突出的美学价值，并且包括那些对于保持区域美学价值起着关键作用的相关地区。④对于最重要和最有意义的自然栖息地，景点应包括对动植物种类的生存不可缺少的环境因素。景点的边界应该包括足够的空间距离，以使景点免受人类活动和资源乱用的直接影响。自然遗产完整性涵盖了与自然遗产密切相关的周边区域，还包括该景点和周边一定空间范围内环境的不被随意增添或删减。

完整性原则似乎与自然遗产相关性更大些，但其实不然，建筑遗产保护更应符合完整性原则。要保护建筑遗产本体及环境的完整性，既应保护建筑遗产周边历史环境要素，也要保护建筑遗产的内外空间格局以及建筑遗产自身形体、构造、材料的完整性。但不能以保护建筑遗产的完整性为借口，复原缺失的建筑。

（二）最小干预原则

最小干预原则或称最低限度干预原则。其内涵不难理解，但实际修缮项目中却仅仅限于口头、流于形式，很少有真正意义上的执行。尤其以城墙修缮为甚，虽然方案中均提出依据最小干预原则，但过度修缮已是通病，原本遗址状态的城墙，经修缮后往往被恢复成完整的状态。其借口却形式多样，有的说迫于领导的压力；有的说老百姓不能接受"半成品"；也有以大专家意见、媒体的影响等各种借口；更有从文化传统方面寻找依据，认为中国人喜欢对称、均衡、完整，不接受残缺的状态。最小干预原则与建筑遗产的真实性原则是相互衔接的，实际项目实施中实在是不应曲解和误判。

修缮原则的把握是修缮的核心之心，暂将其称之为"修缮道"，营造至极为之道，修缮至宜为之道，此处所说的至宜就是最小干预原则从另一视角的呈现，对"修缮至宜"的领悟就是对"道"的领悟，对修缮原则的把握都是"修缮道"核心内容，而修缮方法、修缮工艺的运用、修缮措施的选择则只是"术"的范畴。因此，建筑遗产修缮方案制定的过程可以上升

为对"道"的感悟和对"术"的选择。《中国文物古迹保护准则》指出,"最少干预"原则是"应当将材料、构件和彩绘表面的替换或更新降至合理的最小程度以便最大限度地保留住历史原物",甚至包括工具加工痕迹也不可丢失应加以保护。上述阐述已很细微,但仍无法解决实际工作中面临的每一个具体问题。具体问题的解决需要依赖设计责任工程师和修缮工程师在感悟修缮的"道"与"术"基础上做出抉择,因此,"道"与"术"两者均需在实践中耐心体会。然而,令人遗憾的是很少有人能真正静下心来去体会,他们更喜欢所谓"简单、规范"的做法,而当这种简单粗暴的修缮方式大行于道时,就难怪有的专家发出"修一处破坏一处"的感慨了。

(三)可识别性原则

可识别性原则是指替换、添补的构件和材料应与原来的有所区别和加以记录,避免"可以乱真"和"天衣无缝"的效果。但在我国修缮语境下理解可识别性原则,是一个"度"的把握问题。之前的修缮工程中,有的明确要求对新配或更换构件需进行做旧处理。现在不太提倡做旧的做法,因为这被认为是一个以假乱真的过程。本书认为,不可一概而论之,最终应以既能呈现整体和谐,又能明确区分新旧为宜。

(四)可读性原则

可读性原则是指清楚显示文物建筑历次的修缮、增添和改动以及相关环境的变化,使文物建筑最大限度发挥其作为"史书"的作用。实践中常采用留痕的方法,即可在不明显处留下标识或记录。这一点古人的做法值得借鉴,如梁檩上的题跋(图5-2)、砖石上的题记等。这样的做法使大量信息得以留存,为后人留下了珍贵的史料证明。

(五)可逆性原则

可逆性原则是指加固、连接和更替的构件,应易于拆除且不因为拆除而损伤原有的文物

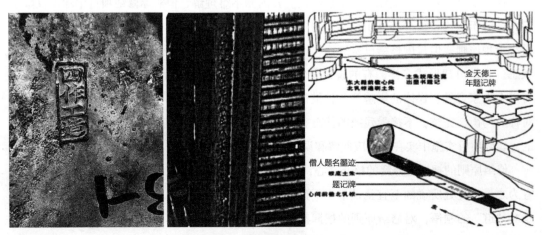

图5-2　建筑遗产题跋照片

建筑部分，给后人的保护工作留下一个可能性。可逆性原则不是普遍适用的，抢险加固工程更适用可逆性原则。修缮工程中如墙体砌筑、灌浆加固等工程均无法做到可逆，而在遗址保护工程中地下埋藏未探明情况下，如实施地面铺装则要求必须遵守可逆性原则；因此，应针对具体问题具体分析。

（六）案例分析

下面以某旧址修缮工程的修缮原则为例，选取真实性、完整性、最低限度干预、可识别性等原则进行论述，分析各种原则的适用规律。

保护历史真实性原则：该旧址遗存建筑的平面布局、立面形式、梁架结构、建筑材料和建筑装饰等均是其所经历时代的社会、经济、文化的物化反映，修缮时应最大程度地保存文物建筑的原有构件，在确保结构安全的前提下，用镶补、拼接和不锈钢件加固等方法对受力构件的薄弱环节或构造刚度不良之处进行加固补强。

保持风貌完整性原则：为保持该遗址的风貌完整性，在保护建筑的原有形式与风格的基础上，按原有的建筑风貌对后期添加改动的部分进行适当的恢复，并在论证充分的基础上对具有结构作用的残损或缺损部分做必要的还原。

最低干预原则：修缮以保护该旧址的历史真实性和建筑的安全性为前提，除非必须，应尽量减少对文物本体的干预。

可识别性原则：新更换的构件应与原构件具有明显的可识别性（要求远看浑然一体，近看有所区别），并在不显著的部位表示本次修缮的信息。

保护与利用相结合原则：以保护为目的，以利用为手段，通过合理利用改善遗产的保存情况，体现遗产的核心价值。

注重附属设施保护的原则：在对文物建筑进行保护的同时，对留存的该旧址生产设备和标语口号进行保存，以期对该旧址的历史信息加以全面保护。

从上述案例分析可知，修缮原则的选取不是绝对的，有的原则是必要的，有的原则是可选的。如不改变文物原状原则、真实性和完整性原则、最小干预原则等为必选原则；而可读性原则、可逆性原则等其他原则，可根据文物本体是实际情况酌选。上述案例恰恰缺少了不改变文物原状原则，这是绝对不可以的。上述案例也有可取之处，该修缮设计方案根据建筑遗产的特殊性，专门凝练了"保护与利用相结合原则"和"注重附属设施保护的原则"，强调了对文物利用价值体现问题的重视，突出了对旧设备及标语等历史信息的保护。因此，修缮原则的选取应根据建筑遗产的实际情况而定，必要时可就事论事，专门凝练或创新保护原则。

三、明确修缮范围

明确建筑遗产修缮工程的范围与规模，列出清单、面积等详细数据。明确修缮范围内容相对简单，这里需特别强调面积等定量指标的简述，且修缮范围应具体、明确、具有针对性。另外修缮范围应与前期勘察、研究范围以及后面章节的残损记录、保护措施等相统一，应注意勘察报告内容之间的前后对应。以某建筑遗产修缮工程范围为例：

"本次关城修缮范围包括第1至第11段（共1127.32米）城墙墙体、3号敌楼、8号敌楼及北关门。"

此项目案例的修缮范围描述中包括了修缮城墙的段落编号、长度、敌台编号等信息，描述言简意赅，内容基本清晰。实际编制中修缮范围应与修缮设计图纸中的范围相统一，也可在文本中补充插图或缩略图，标识建筑遗产修缮工程的修缮范围，如此可节省审图专家前后来回翻找相关设计图纸的时间。

四、明晰修缮性质

在进行全面、系统的勘察、测绘和研究的基础上，明确修缮性质定位是编制保护修缮方案与实施保护工程的重要环节。已经编制完成文物保护规划的保护单位，其修缮性质定位应依据文物保护规划；尚未编制文物保护规划或文物保护规划定位存在错误的保护单位，可根据建筑遗产的残损现状、病害因素及残损变化趋势等内容酌情确定修缮性质。

按照2003年5月的《文物保护工程管理办法》（以下简称《管理办法》）将文物保护工程类型分为：保养维护工程、抢险加固工程、修缮工程、保护性设施建设工程和迁移工程。2015年完成了《中国文物古迹保护准则》（以下简称《准则》）的修订工作，将文物古迹保护工程类型分为：保养维护及监测、加固、修缮（含现状修整与重点修复）、保护性设施建设与迁建工程等。而《古建筑木结构维护与加固技术规范》（以下简称《规范》）将古建筑木结构维护与加固工程类型分为：经常性的保养工程、抢险性工程、重点维修工程、局部复原工程和迁建工程等五种；这里说的工程类型，其实是基于修缮项目的修缮性质而定的，可视为修缮设计方案中的修缮性质；表5-1对建筑遗产修缮工程性质分类进行了比较。

建筑遗产修缮工程性质分类　　　　　　　　　　　　表5-1

《文物保护工程管理办法》语汇	《中国文物古迹保护准则》语汇	《古建筑木结构维护与加固技术规范》语汇
保养维护工程	保养维护和监测	经常性的保养工程
抢险加固工程	加固	抢险性工程
保护性设施工程	保护性设施建设	—
修缮工程	现状修整	重点维修工程
	重点修复	局部复原工程
迁移工程	迁建	迁建工程

　　上述3个文件中，关于保养工程虽然名称各不相同，但内涵基本接近，均是指不改动建筑遗产的现存结构、外貌装饰及色彩，而进行屋面除草、勾抹缝隙等经常性保养维护工作；还包括保证排水与消防系统的有效性，维护文物古迹及其环境的整洁等内容。进行经常性观察、监测和日常性保养维修是文物建筑保护工作的基本方式，可以避免大规模的维修，进而避免有价值的历史信息在不当修缮中的损失或被歪曲。

　　抢险加固工程与抢险性工程内涵接近，此类工程的基本含义是指当建筑遗产发生严重危险时，由于技术经济物质条件的限制不能及时进行彻底修缮而采取的临时加固措施。因此，抢险工程具有暂时性和可逆性的特点，当条件成熟时，后续需补充完善修缮或加固工程设计方案，通过实施保护工程彻底排除安全隐患。《准则》中没有设置抢险加固工程，对应的是加固工程。其含义是指直接作用于文物古迹本体，消除褪变或损坏的措施。加固是针对防护无法解决的问题而采取的措施，如灌浆、勾缝或增强结构强度以避免文物古迹的结构或构成部分褪变、损坏。加固措施应根据评估，消除文物古迹结构存在的隐患，并确保不损害文物古迹本体。《准则》关于加固问题，没有考虑临时性措施，取而代之的是永久性加固，该种考量也有一定的道理。

　　《管理办法》与《准则》均设置了保护性设施工程，名称略有区分，而《规范》没有涉及此类工程。保护性设施工程的内涵是通过附加防护设施保障文物古迹和人员安全，是通过在遗址上搭建保护棚罩、设置保护设施等建设行为，消除造成建筑遗产损害等自然或人为因素的预防性措施。《准则》认为监控用房、文物库房及必要的设备用房等也属于保护性设施工程。

　　关于修缮工程，《管理办法》只规定了修缮工程，没有进一步细化；《规范》则分为重点维修工程和局部复原工程。《准则》在两者之间做了妥协，首先明确为修缮工程，进而又将修缮工程分为现状修整与重点修复，其中重点维修工程对应现状修整工程，两者之间没有本质的区别，均属于常规性的修缮；而局部复原工程与重点修复从名称上有了较大变化，因为长期以来业界对建筑遗产复原问题争论加大，复原一词给人感观刺激很大，容易让人产生假古董一类的联想。《准则》巧妙地回避了这个问题，但其中内涵仍有局部复原的内容，所谓"修复可适当恢复已缺失部分的原状"，只是对恢复原状的条件作了界定，"恢复原状必须以现存没有争议的相应同类实物为依据，不得只按文献记载进行推测性恢复。"其实《规范》中的局部复原工程也不是没有限定条件的，只是定性的侧重点不同而已。同样问题的不同表达方式，所体现的内涵有着微妙的差别，而这微小的差别，正是基于理念、立场和态度的不同。因此，笔者更愿意建议使用《准则》中的语汇。

　　《准则》将上一版本的"原址重建工程"调整为"迁建工程"，与《管理办法》和《规范》达成了统一，体现了中国建筑遗产保护理念的发展趋势，更加强调了对原址实施重建工程的禁止，或者说，这类工程不再属于文物保护工程的范畴了。迁建工程往往是受国家重大民生工程影响，不得已而实施的，经过特殊批准的个别的工程，如三峡淹没区文物建筑搬迁工程。这类工程必须严格予以控制。虽然对迁建工程要求极为严格，但未来个别建筑遗产的搬迁也许仍然是不可豁免的，因此，《准则》对迁建缘由、论证程序、依法审批、资料留存等环节做了详细界定。

值得注意的是，修缮性质定位是在特定历史环境下，在一定约束条件下的优化选择。世界上不存在最优的保护方案。我们所实施的各类保护工程，也是特定时期内相对合理的抉择。换一视角来看，日常保养、抢险加固、现状修整及重点修复等修缮性质定位只是我们对建筑遗产的干预程度不同而已。我们往往反对建筑遗产的复原，但实际上现状修整、重点修复中均包含了一定程度的"修复"或"复原"的内容。这种人为的划分方式，只是利于实践中的操作。因此，不论采用何种修缮性质定位，其核心并不是定位本身，而是如何确保建筑遗产本体的安全，使其能够"延年益寿"。尽管我们的手段是受条件限制的，但依然不能阻挡我们达成将建筑遗产妥善交给下一代的目标。基于这种理念的选择才是明确修缮性质定位的核心。

以晋东南高平西李门二仙庙整体文物保护修缮工程为例，其修缮性质总结如表5-2所示。

高平西李门二仙庙文物建筑修缮性质 表5-2

序号	修缮性质	修缮项目名称	备注
1	现状修整	前殿	近期已修缮
2	重点修复	山门、山门东耳房、山门西耳房、一进南侧西厢房、一进北侧西厢房、一进北侧东厢房、东梳妆楼、西梳妆楼、二进东厢房、二进西厢房、后殿、后殿东耳房、后殿西耳房、后殿东侧房、后殿西侧房	
3	局部复原	一进南侧东厢房	依据较充分
4	基址保护	戏楼	仅存基础

该修缮项目是国家文物局启动的山西南部早期木结构建筑修缮工程项目之一，组织编制该修缮设计方案时对修缮性质认知尚不到位，认为越是价值高的建筑遗产其重要性越高，越需要重点修复，所以除了保存较差的前殿和仅存遗址的戏楼等少量建筑外，其他建筑均列为了重点修复，根据其残损程度，应当是现状修整工程。一进南侧东厢房也仅存建筑基址和一段残墙，该建筑与一进南侧东厢房东西对称，其建筑形制与一进南侧西厢房完全一致。设计依据比较充分，将其定性为局部复原是基于完整性原则的考量。现在看来复原可行性是满足的，但复原的必要性并不很充分。事实说明在建筑遗产修缮工程中，确定修缮性质实为首要的问题，它决定修缮工程的整体方向。

以上是按照《中国文物古迹保护准则》的分类方法确定建筑遗产的修缮性质。还有部分工程其修缮性质是按照《古建筑木结构维护与加固技术规范》确定的。下面以某建筑遗产修缮工程为例，阐释修缮性质的定性问题。按照中华人民共和国国家标准《古建筑木结构维护与加固技术规范》GB 50165—92的基本规定，建筑遗产修缮性质分为5种类型，其中经常性保养工程包括大门，南北板楼，重檐七间仓等建筑；重点维修工程包括办公室、北八间仓、南六间仓、单檐九间仓等建筑；局部复原工程包括南北七间仓等建筑。另外还有迁建工程和抢险性工程，该设计方案没有涉及。一般而言复原工程原则上是不允许的，而局部复原南北七间仓需要根据该建筑遗产的实际情况，并结合必要性与可行性论证，应具体问题具体分析，不可一概否定；该建筑遗产涉及的其他两类修缮工程属于正常修缮范畴，其修缮性质定性较为准确。

五、甄选保护措施

阐述建筑遗产的保护措施，应先总体后局部。先对拟选择的保护措施进行总体概括性说明，该总体说明是对修缮项目工程性质的回应和对修缮保护措施做的总体概括。建筑遗产为建筑群时，可根据不同建筑遗产的类型进行分类表述。各个建筑遗产单体的保护措施可以再分为不同子项，而子项目性质不同时，还需逐一进行说明。按照《中国文物古迹保护准则》，保护措施具体包括：修整和修复、防护加固等措施。

（一）修整和修复措施的选取应遵循以下方法

尽量保留原有构件，残损的构件经修补后"仍能使用"的，不应更换新件，此处的"仍能使用"应解释为最大限度利用原构件。对于原结构存在的，或历史上因干预而形成了不安全因素的建筑遗产，允许增添少量构件，改善其受力状态。但这样做的目的是为了排除安全隐患，且只能用于排除安全隐患。修缮不允许以追求新鲜华丽为目的，重作装饰彩绘，而应以功能需求为目的，如外檐彩画，视情况可进行少量的恢复。

具有特殊价值的传统工艺和材料，则必须保留。能利用的本体原材料均应保留，传统工艺需投入精力尽心挖掘，但一般修缮设计方案中仅仅对其停留在口头，很少能记录清晰的，这部分可作为修缮设计文本的附件，一同提供给施工人员。

建筑遗产保护还遵循"只减不加"，或"多减少加"原则。在恢复原来安全稳定的状态时，可以修补和少量添配残损缺失的构件，但不得更换旧构件，不得大量添加新构件。添配的目的仍是确保文物本体的安全稳定，而非以恢复或复原为目的。

修整应优先使用传统技术。在传统技术不能满足修缮要求时，可适度采用新技术，新技术的运用应先行进行科学试验。

尽可能多保留各个时期有价值的遗存，不必追求风格、式样一致。禁止采用"风格修复"的方式进行风格统一。这里强调的是有价值的遗存，因此价值评估是关键，评估为没有价值的部分，可不予保留。

建筑遗产如果采取重点修复措施，应尽量避免使用全部解体的方法。不能采取落架大修的方式进行修缮。局部落架也应对全部拆下构件进行编号并绘制编号图，记录拆卸工艺，修复应原位归安。当主要结构严重变形，主要构件严重损伤，非解体不能恢复安全稳定时，可以局部或全部落架。这种情况下，应编制落架大修方案并做好预案。允许增添加固结构，使用补强材料，更换残损构件。增添的结构应置于隐蔽部位，更换的构件应有表示更换的时间信息。如现状木结构建筑梁严重变形时，常采用增加抱框、雀替或支顶柱等方式加固，后加框柱采用原工艺加工，外观效果应协调，不宜反差过大。不同时期遗存的痕迹和构件原则上都应保留，如不可能全部保留，至少应保护好最有价值的部分，其他去掉的部分应留存标本，录入档案。

修复措施可以适当恢复已失去的部分原状。修复的概念里包含了局部恢复原状的内容，因此必须掌握一个合理的度，不可滥用此条方法。恢复失去的原状，必须以现存的没有争议的相应的同类实物为依据，不允许只按文献记载进行推测。在实物与文献两者之间，实物更有说服力，应以实物为主、文献为辅。少数完全缺失的构件，经专家审定允许以公认的同时代、同类型、同地区的实物为依据恢复，并使用与原构件相同种类的材料，但必须加年代标识。这是可识别原则的运用，不能以假乱真。缺损的雕刻、泥塑、壁画和珍稀彩画等艺术品，只应现状防护，使其不再继续损坏，而不必恢复完整。残缺状态是真实的现状，修补工作也仅限于裂缝之处的填补。

（二）防护加固措施的选取应遵循以下方法

防护的材料和构筑物不得改变或损伤被防护的原材料和原结构。这是一个刚性的要求，使用防护材料和修建构筑物的目的是保护本体的原材料和原结构，不能为防护而防护，忘记了防护加固的初衷。防护措施应留有余地，不求一劳永逸，不妨碍再次实施更有效的防护加固工程。现阶段解决亟待解决的主要问题，以排除安全隐患为主，并非彻底修缮，要为后人的保护留有余地。建筑遗产必须添加的保护性构筑物只用于保护最危险的部分，要淡化外形。有的遗址类遗产为避免病害进一步发展必须修建保护性构筑物，即便如此也应当控制保护性构筑物的体量，以体保护为主，保护性设施构筑物为辅，并淡化其形象设计。汉阳陵博物馆巧妙地利用了地下空间，是淡化外形设计的佳作。

建筑遗产表面喷涂保护材料，或损伤部分灌注补强材料时，应多方案比较。必须先在实验室进行试验。通过试验验证材料的有效性，这类工程项目往往是不可逆的，因此应当慎之又慎，一是要严格控制实施范围，二是要经过试验，尤其是设定衰老周期的试验。在防护加固过程中应有相应的科学检测措施和阶段监测报告，但实践中监测环节经常被忽略，且我国尚未建立科学的建筑遗产保护监测体系，这方面研究尚待进一步加强。

直接施加在建筑遗产本体上的防护构筑物，应主要用于缓解近期有危险的部位，要尽量简单，具有可逆性。这类设施属于临时性保护措施，待隐患排除或正式修缮设计方案完成后，可予以拆除。用于防止洪水、滑坡、沙暴等自然灾害的环境防护工程，应达到长期安全的要求。这类设施属于间接防护措施，工程必要性论证需要十分充分，避免工程范围的扩大化。建造保护性建筑对于地上古迹是最不得已的措施，而对于核准需要露明的地下遗址则是最合适的措施。这里所说的地上古迹包括建筑基址、建筑遗址，视古迹保护情况可以建造保护性建筑，但也应当淡化保护性建筑的形象设计。建造保护性建筑时"保护功能"应作为首要的任务要求，不损害文物且应是可逆的，其形式不应当以牺牲保护的功能为代价，刻意模仿某种古代式样，更不能将仿古保护棚作为主体，对游客造成误导。

以上谈了甄选不同保护措施的基本思路与原则，是从总体视角把握修缮措施。具体工程实践中，在确定总体修缮原则后，需针对每座建筑遗产本体，确定详细的保护措施，通常按照建筑遗产的部位进行划分，与勘察报告的现状勘察记录相对应，分类明确详细的保护措施，以此构成设计方案的核心内容。建筑遗产的部位可按照从下至上或从上至下的顺序分类。从下至上可分为：基础、台明、散水、柱础、室内地面、柱子、装修、墙体、斗栱、梁架、椽望（已有称为木基层）、屋面、脊饰等。

以某建筑遗产修缮设计方案为例，按照建筑部位自下而上划分，分类明确了修缮措施，详见表5-3。

某建筑遗产保护修缮措施

表5-3

部位	修缮措施
台明	压面青砖：剔除水泥砂浆抹面，更换断裂、损坏青砖（390毫米×290毫米×125毫米），剔凿挖补风化酥碱青砖，用小麻刀灰补勾灰缝。 踏跺：拆除断裂严重的踏跺石，按原规格、原材质更换新的踏跺石，新配的踏跺石用桃花浆进行灌注，用大麻刀灰进行勾缝。 台邦：提出水泥砂浆抹面和勾缝，剔凿挖补风化酥碱青砖（390毫米×290毫米×125毫米），用小麻刀灰补勾灰缝
散水	拆除后改现代地面，用青砖（295毫米×245毫米×80毫米）重新做一顺糙墁散水，外侧栽（240毫米×120毫米×60毫米）青砖牙子一道，泛水2%；散水下部做3：7灰土一步；3：7灰土下素土夯实
柱顶石	检修柱顶石
地面	拆除廊步和抱厦后改现代地面，用方砖（420毫米×420毫米×70毫米）重新十字错缝细墁地面；地面下部做3：7灰土一步；3：7灰土下素土夯实
柱	对于歪闪、变形、拔榫部位进行打牮拨正，并用铁活固定；对于糟朽部分进行剔补。对于破裂部分采取环氧树脂加木条进行镶嵌
墙体	前檐墙：剔除水泥砂浆抹面，用小麻刀灰补勾灰缝；室内重新抹灰刷白。 东山墙：剔除水泥砂浆抹面，剔凿挖补墙体风化酥碱青砖，用小麻刀灰补勾灰缝；局部拆除开裂墙体，重新砌筑；补砌空洞缺失青砖

这是一种常见的建筑遗产修缮措施表达方式，以表格形式呈现，结构清晰、一目了然。具体保护措施设计内容与勘察报告相关内容严格对应。至于措施的合理性，需要对应勘察结论、现状照片、相关研究等综合判断。

保护措施的甄选常出现诸多问题，一是原始工艺、做法阐述不清晰；二是甄选的依据不充分；三是缺少试验数据支撑；四是文本表达内容不完整、不准确。

上述案例中"按原规格、原材质更换新的踏跺石"属于第一种原工艺做法阐述不清晰的问题。案例中缺少灰浆配比，属于第三种缺少试验数据支撑的问题。案例中缺少铺墁地面散水面积、墙体挖补砖的数量等量化数据属于第四种文本表达内容不完整的问题。由此可以看出，修缮方案中保护措施做法不明确、量化数据缺失问题较为突出。至于文本体例表达则是为本体保护措施服务的，可以因保护本体的类型不同，而变换文本体例格式。

再以某近现代建筑遗产为例，其分类方式没有按照传统的不同建筑部分从下而上分类，而是按照加固措施方法进行分类，分为节点加固、支座处理、防锈措施等，而且将每个措施对应的修缮目的予以明确，增设了"适用部位"一栏，明确该做法的适用位置信息，这是一种较好的表达方式（表5-4）。

表5-4

措施	目的	主要做法
节点加固	加固梁柱节点	梁上加设矩形钢垫板，与梁下法兰盘螺栓连接
	加固一层、二层构件节点	节点板、螺栓除锈处理后，添配所有缺失的螺栓，节点板缺损或厚度不够的在节点板上粘钢，规格按原构件定制，可根据实际情况做延长钢板处理
		雨棚架与廊柱和雨棚架与石墙螺栓节点除锈后检查，螺栓缺失的进行添配
	加固立柱与横框节点	立柱与横框节点粘钢
	防止铁艺栏杆松动脱落	加固现有铁艺栏杆节点，填补螺栓，不添配铁艺栏杆
支座处理	防止石墙体坍塌	石墙体酥松处进行修补，在条件允许的情况下，加固前将石墙和梁架连接处打开，根据实际情况进行除锈或加固处理
	加固处理	铁亭基础与主梁之间粘钢
		铁亭立柱与基础连接螺栓缺失及锈蚀严重的更换补齐
防锈措施	防止锈蚀再生损毁构件	专业机构负责处理

实际中也可以根据建筑遗产的残损情况，将勘察报告的部分内容融在修缮设计方案中，避免前后章节的翻查。这种表达方式适用于遗产构成比较简单的建筑遗产，如表5-5所示的建筑遗产残损现状及主要修缮内容。

表5-5

部位	建筑形制	保存现状	主要修缮内容
墙体	条砖砌筑墙体，规格290毫米×140毫米×70毫米，三顺一丁砌筑，下碱13行	部分墙面砖风化，根部两层砖严重酥碱	采用规格290毫米×140毫米×70毫米条砖剔补根部两层严重酥碱的条砖

续表

部位	建筑形制	保存现状	主要修缮内容
瓦顶	自上而下分别为：掺灰泥瓦六样黑琉璃绿剪边屋面、大麻刀青灰背、掺灰泥灰背、护板灰	东配殿东坡南起第三间和第七间漏雨严重，影响到室内使用安全；屋面瓦夹垄灰及捉节灰严重脱落，部分瓦件脱釉、开裂造成屋面漏雨；后檐檐头部位地仗油饰开裂脱落	东配殿东坡屋面南起第三间和第七间漏雨严重部位揭瓦至正脊。检查现存泥灰背有无残损，如泥灰背有松散开裂则清理松散开裂的泥灰背并重做泥灰背；如泥灰背保存较好，则进行现状保护。查补东配殿东坡其余瓦面，更换破损、开裂琉璃瓦件。东坡屋面六样黑琉璃绿剪边，瓦件补配约10%，钉帽补配约10%，勾头补配约5%。重做捉节夹垄灰100%。替换的琉璃瓦件应全部作为文物编号整理收集。铲除后檐檐头部位因漏雨造成的椽、望地仗油饰开裂部位地仗油饰，恢复铲除部位地仗，最后光油四道出亮，根据飞椽现存保存较好部位彩画恢复飞椽头万字沥粉贴金

　　建筑遗产中其他特殊类工程如彩画，往往需要专门编制专项修缮设计方案，其体例式样也应有别于建筑本体修缮，可借鉴表5-6所示体例。

表5-6

序号	建筑部位	内部纹饰	现状残损	残损原因分析	修缮做法及数量
1	标注在梁架的具体位置，可图示表达	纹饰的做法、颜色类型，图案内容说明等	褪色、空鼓、起翘、脱落等程度、部位、面积等	外界影响、气候、温度、湿度等数据，褪色老化原因等	加固、回帖、补绘等措施及范围，明确详细做法与配比等

六、凝练通用做法

　　在群体建筑遗产中常常出现保护措施雷同的现象，保护措施表述中有时会出现多处重复。且以表格形式描述建筑遗产保护措施时，往往表格空间有限，可重点描述实施修缮位置、范围等量化数据，对具体保护措施做概括性描述或索引。并在本部分对保护措施的具体做法进行归类，明确详细措施及通用做法。以传统木结构建筑遗产为例展开研究，维修按照建筑遗产部位的不同可分为：屋面维修、大木维修、墙体维修、装修维修、基础台明地面础维修、油漆彩画维修等。

（一）屋面维修

　　主要包括屋面保养和屋面修缮。

　　建筑遗产屋面部分是最易毁坏的部位，历史上历次维修几乎均有屋面维修的内容，若以次数计，属于修缮最多的工程。屋面维修主要存在以下病害残损类型：一是瓦垄或瓦缝内积土、生长植物、植物根部生长造成屋面灰背层破坏，最终导致屋面漏雨、望板椽子糟朽，更严重则导致屋顶坍塌。二是之前的工程质量存在问题，防水措施不合理、防护不当引起屋面渗水。三是结构性破坏，如下部梁架出现歪闪、下沉等残损致使屋面破坏。针对以上病害，在进行屋面维修时可采用以下方法。

1. 除草

除草可以分为人工除草和化学药剂除草两种类型。人工除草需选择春天或初秋，连续实施2年到3年。人工除草时间节点非常关键，春季草刚刚发芽，除草比较容易，草的根系尚不发达，不会造成大面积灰背破坏。秋季要在草籽成熟之前除草，如果晚于此时间，草籽成熟后拔草的同时新草籽落入灰背中，给翌年除草造成困难。除草必须连根清除，不留隐患。这种日常性的维护是十分必要的，经常看到建筑遗产屋面上长出小树，这是因缺乏日常保养所致，多数情况为地方经费不足，缺少日常保养工程的经费所致，属于管理方面问题，并非技术性问题。

在采用化学药剂除草时，除草剂根据作用方式可以分为选择性除草剂和灭生性除草剂。选择性除草剂对不同种类的苗木，抗性程度也不同，此药剂可以杀死杂草，而对苗木无害。如盖草能、氟乐灵、扑草净、西玛津、果尔除草剂等。灭生性除草剂对所有植物都有毒性，只要接触绿色部分，不分苗木和杂草，都会受害或被杀死，如草甘膦等。建筑遗产可使用灭生性除草剂，之前常用的除草剂为"蓝矾膏"、酸氯盐类（毒性大）、三氯丙酸等。

2. 勾抹瓦顶

面对以上屋面病害还可采用勾抹瓦顶的维修措施，对松动的瓦顶进行处理。根据建筑遗产屋面松动程度，细心排查，彻底排除安全隐患。黄色琉璃瓦勾缝灰采用红土麻刀灰，配比可参考白灰：红土：麻刀=100：2：4；布瓦及其他颜色的琉璃瓦勾缝灰采用青白麻刀灰，配比可参考白灰：青灰：麻刀=100：8：4。捉节夹陇过程要严格按照传统工艺进行，确保工程质量。

3. 揭取瓦顶

揭取瓦顶包括对瓦件规格特征、残损进行记录；按照实际位置对瓦件进行编号，必要时绘制编号图纸；按照顺序从下往上依次拆除瓦件并对瓦件分类进行统计；逐层揭取苫背并记录苫背的详细做法及材质，取样进行材料试验；由屋脊向下依次拆除望板；检修下部梁架及椽飞。清理瓦件，分类梳理，按照现有瓦件规格重新烧制补配缺失瓦件。

4. 重新瓦瓦

重新瓦瓦的过程与拆除过程正好相反。将原有望板原位铺钉复位，对缺失或糟朽严重的望板进行补配和更换。重做苫背，需先勾抹望板缝，再抹护板灰，护板灰起防水和保护望板的作用，护板灰厚度一般为10～20毫米，可参照白灰：青灰：麻刀=100：8：3的配比。主苫背灰厚度一般在120～300毫米，可采用灰泥背或焦渣背。传统做法多用灰泥背，后期修缮多用焦渣背，焦渣背的优势是材料比较轻且维修效果较好。主苫背灰应随梁架举折作出屋面反宇弧度。其上再做青灰背，厚度约10～20毫米。注意应有足够长的凉背时间，确定彻底干透后再进入下一道工序。为了解决屋面防水问题，古代还有采用"锡背"的做法，其材料重量较大，且不能承重，露台等常有人员走动的区域不宜使用"锡背"。近年来施工中常采用增加油毡、SBS等防水卷材的做法，但这不属于传统工艺做法，不建议采用。重新瓦瓦时，需经过排瓦挡、座灰、瓦瓦、调脊、安装脊兽、捉节夹陇、勾缝、擦拭等工艺流程。瓦件应尽量使用原有构件，如大小不一，也可按同一规格整理后集中区域使用，构件补配应严格依据原材料、原规格，琉璃脱釉或局部缺损的，应采取釉面重烧、修补等措施，尽量使用原构件归安。

（二）大木维修

大木维修主要包括椽子的维修、檩的维修、梁枋的维修、斗栱的维修、柱子的维修以及整体加固措施等。

1. 椽子的维修

屋顶部分的木构件无论维修次数和更换数量都是最大的，椽子也不例外，尤其外檐椽飞极易遭到破坏。造成损坏的原因包括以下3个方面，一是由于漏雨导致的椽飞糟朽；二是由于构件干湿变化或受力不合理造成的劈裂；三是由于受力不合理造成的弯垂。

具体修缮措施为：针对因漏雨产生糟朽，在10毫米之内的糟朽可采取剔除的方法；大于10毫米，可使用同材质木料镶拼的方法进行修缮。针对裂缝的处理方式，缝隙小于5毫米的可采用腻子修补的方式，大于5毫米的裂缝可采用木条嵌补；裂缝过大影响受力的构件可以采用镶拼的方式修复；再严重者可考虑更换。

2. 檩的维修

檩位于椽子下面，直接承载屋面荷载，是重要的受力构件，檩将屋面荷载向下传递给梁架，并有拉接各梁架的作用。檩两端为支点，中心挠度最大，其下部受拉，上部受压。造成檩残损的原因包括以下几个方面：一是由于漏雨导致的檩糟朽；二是由于构件干湿变化或受力不合理造成的劈裂；三是由于受力不合理造成的弯垂；四是由于梁架歪闪等结构形变造成檩拔榫或滚动。

具体修缮措施为：针对漏雨造成的糟朽，在糟朽深度不超过直径的1/5时，一般认为可以继续使用，可采取镶拼等措施进行修缮。对于裂缝的处理措施，应考虑裂缝的方向，顺木纹机理方向裂缝或纵向裂缝，可以采用木条嵌补的方式维修，劈裂长度超过整个檩长度2/3的需更换。如果檩下部出现横向裂纹，是极为危险的信号，有可能是檩不能满足上部荷载的预警，应尽快监测查清原因，制定针对性保护措施。针对弯垂挠度较小的檩，可上下翻转使用，但针对弯垂挠度过大的构件，应增加整体补强措施，如加随枋、雀替、支顶柱或采取用铁件加固（图5-3）、碳纤维加固等措施，严重变形的可更换。针对拔榫或滚动的檩，若檩两端榫头完好，可用铁锔子加固，若榫头毁坏，可用硬杂木做银锭榫换榫头部位，再以铁活或螺栓加固，然后归安复位。以上所有修缮的方式方法均不是绝对的，应根据实际情况的变化而变化。

3. 梁枋的维修

梁枋位于檩下面，承担檩及上部屋面的荷载，与檩一样也是弯曲构件，支点位于梁的两端，中心挠度最大，其下部受拉、上部受压。梁枋的修缮是修缮项目中的重点部位。造成梁枋残损的原因包括以下几个方面：一是由于漏雨导致的梁枋糟朽；二是由于构件干湿变化或受力不合理造成的劈裂；三是由于受力不合理造成的弯垂；四是由于上部荷载过大、梁枋断面过小等原因造成结构形变甚至折断。

具体修缮措施为：针对漏雨造成的糟朽，其深度不超过梁枋直径的1/5，一般认为可以继续使用，可采取镶拼等措施进行修缮。对于裂缝的处理措施，应考虑裂缝的方向，顺木纹机理方向裂缝或纵向裂缝，可以采用木条嵌补的方式维修，劈裂长度超过整个梁长度2/3的需更换。针对弯垂挠度较小的梁枋也可上下翻转使用；但针对弯垂挠度过大的构件，应增加整体补强措施，如加随枋、雀替、支顶柱或采取用铁件加固（图5-4）、碳纤维加固等措施，严重变形的可更换。对于由于上部荷载过大、梁枋断面过小等原因造成结构形变，或者梁枋下部出现横向裂纹，可考虑采用增加断面的做法，如增加随梁，在满足受力情况时可以增加铁箍进行加固，铁箍可采用U形、O形并加多道铁箍，在必要时也可在裂缝中灌注高分子材料，或采用碳纤维加固等措施。也可采用增加支柱支撑，中国传统修缮中多使用木柱，也可钢柱支撑，这样的优点是可识别，同时保留了原有构件。也可采用加随梁、加雀替等修缮措施。

图5-5、图5-6的案例中，对于都江堰伏龙观前殿3根保存清代墨书题字等重要历史信息且糟朽严重的檩进行修缮，经反复分析研究，决定采取复杂的除朽挖补工艺，保留檩外层题记信息，对檩条内部做挖补替换处理，最终使原有构件得以最大限度地保留。

修缮工程应依据古建筑维修原则，尽可能地修正历史修缮中的错误做法。如都江堰伏龙观修缮工程中前殿挑檐檩搭接错位，两条檩交接本应位于柱子轴线处，该建筑却在次间的中部搭接，且搭接面切割成简单的斜面，没有按照传统榫卯结构制作（图5-7），确定为后期不

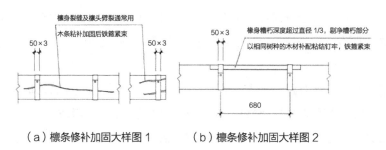

（a）檩条修补加固大样图1　　　（b）檩条修补加固大样图2

图5-3　檩条修补加固措施

图5-4　太和殿梁架加固图（摘自《太和殿三百年》）

图5-5　脊檩糟朽部位挖补做法

图5-6　妥善保护脊檩下部有清代题记

当修缮，应在本次修缮中予以更正。

4．柱的维修

柱子属于受压构件，承载上层梁架、屋顶的全部荷载，造成柱子残损的原因包括以下几个方面：一是埋在墙体内的柱子或接近地面的柱根糟朽；二是由于构件干湿变化造成的劈裂；三是由于基础下沉造成的柱体下沉或歪闪。

具体修缮措施为：针对墙内柱子或柱根糟朽，轻微的可以剔补；糟朽严重的可采取墩接的措施，

图5-7　更正挑檐枋修缮性错误

墩接柱常采用巴掌榫加暗销或抄手榫；糟朽特别严重的可进行更换。对于裂缝柱子的处理措施，可以采用木条嵌补的方式维修。对于下沉或歪闪的柱子，可在重砌基础后，顶升柱子归位，或采取打牮拨正的措施，调正柱位。

下面以某建筑的柱修缮为例，具体修缮措施为将金柱、前后檐当心间柱按图纸要求归位，尽可能调正。

后檐墙内柱糟朽是大殿的主要病害之一，可根据《古建筑木结构维护与加固技术规范》GB 50165—92进行修复。当木柱有不同程度的腐朽而需整修加固时，可采用下列剔补或墩接的方法处理：当柱心完好，仅有表层腐朽，且经验算剩余截面尚能满足受力要求时，可将腐朽部分剔除干净，经防腐处理后，用干燥木材依原样和原尺寸修补整齐，并用耐水性胶粘剂粘牢，如系周围剔补，尚需加设铁箍2～3道。当柱脚腐朽严重，但自柱底面向上未超过柱高的1/4时，可采用墩接柱脚的方法处理（图5-8、图5-9）。墩接时先将腐朽部分剔除，再根据剩余部分选择墩接的榫卯式样，如"巴掌榫"、"抄手榫"等。施工时，应注意除使墩接榫头严密对缝外，还应加设铁箍，铁箍应嵌往内墙内柱的墩接采用"巴掌榫"，墩接柱与旧柱的搭接长度最少为40厘米，用直径1.2～2.5厘米螺栓连接，或外用厚5毫米，宽10厘米的铁箍二道加固。

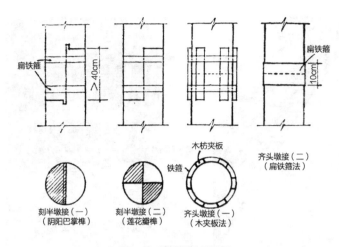

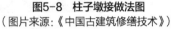

图5-8　柱子墩接做法图
（图片来源：《中国古建筑修缮技术》）

图5-9　某古建筑墙内柱子墩接做法

明柱的主要病害是其干缩所引起的裂缝。根据《古建筑木结构维护与加固技术规范》GB 50165—92。对木柱的干缩裂缝，当其深度不超过柱径（或该方向截面尺寸）1/3时，可按下列嵌补方法进行修整：当裂缝宽度不大于3毫米时，可在柱的油饰或断白过程中，用腻子勾抹严实；当裂缝宽度在3~30毫米时，可用木条嵌补，并用耐水性胶粘剂粘牢；当裂缝宽度大于30毫米时，除用木条以耐水性胶粘剂补严粘牢外，尚应在柱的开裂段内加铁箍2~3道。若柱的开裂段较长，则箍距不宜大于0.5米。铁箍应嵌入柱内，使其外皮与柱外皮齐平。对于木柱的干缩裂缝，当其深度超过柱径（或该方向截面尺寸）1/3时，应按《古建筑木结构维护与加固技术规范》GB 50165—92第6.6.2条进行修复。

随着文化遗产保护事业的发展，我们对建筑遗产修缮方法的认知与理解也不断提高，比如就墩接柱子而言，墩接方法多种多样，上面讲了墩接传统做法——巴掌榫加铁箍，但何为传统做法？也不过是古人面对糟朽问题时比其之前的人创新了一种修缮形式而已。因此，每个时代的修缮均有其年代特点和时代烙印，以此推理，我们当今的修缮是否也需要留下时代印记，是否也需要推陈出新？也就是说类似墩接铁箍加固的方法是不是也可以创新？答案是肯定的，但需加上个限制性条件，就是当传统办法不能有效解决文物安全问题，不能有效排除安全隐患时，可以考虑做法上的创新和工艺上的改进，当然所谓现代材料也是可以在遗产保护中应用的。只要能确保遗产安全、价值不缺失、符合审美需求，遗产保护工作从来就不是恪守陈规、僵化死板、一成不变的。

5．整体加固

历经年代久远的建筑遗产大木构架整体承载能力逐渐减弱，受地基下沉与构件糟朽、变形等影响，除了单一构件出现的残损外，大木构架整体可能出现歪闪、脱榫、滚动的病害。针对脱榫、滚动等病害，前面的方法中已经涉及。这里着重阐述梁架歪闪的加固措施。采用打牮（jiàn）拨正的方法，打牮在古代叫"扶存"，即将下沉、歪斜的抬平归正。具体工作流程包括以下内容：屋面卸载、打牮支顶、拨正梁架、偷梁换柱、增加支撑、调整檩枋、整理椽望、归安瓦顶、清理场地等。针对残损严重的大木构件，可能采取落架或局部落架大修等情况，落架拆卸木构的方法包括3个步骤：清理场地、构件编号记录、自上而下拆卸构件。逐一修缮残损构件后，再依次原状归安。

最后应从整体性的视角，对建筑遗产大木构件进行加固，一般采用铁箍、铁板、铁扒锔等传统铁活加固，凡松动、位移的部位均应进行加固。传统加固方法不能满足安全需要时，也可采用现代加固技术方法。随着现代科技的发展，可以采用现代建模技术对建筑遗产整体建模，进行力学模拟震动试验，发现大木构件的薄弱环节，再实施重点加固措施。

（三）墙体维修

木结构建筑遗产中的墙体是围护结构，多数情况下不承重，由于年久失修会出现各种残损，造成墙体残损的原因包括以下几个方面：一是由于地下水返潮或雨水导致墙体根部砖体酥碱；二是由于干湿变化或受力不合理造成的墙身裂缝；三是由于基础不均匀沉降造成歪闪或坍塌。

具体修缮措施为：

针对墙体根部酥碱的修复措施视其残损程度而定，轻度酥碱的可表面清洗，涂刷憎水材料，憎水材料使用前应先行试验；中度酥碱的可调制砖粉加胶材料进行修复；重度酥碱的可采用原规格砖块剔补。针对墙体裂缝，当缝隙在5毫米以下时，可用铁扒锔加固缝隙，一般800～1000毫米加铁扒锔一道；缝隙在5毫米以上的，可局部拆除砖块内加铁板、钢筋等拉接材料，调制传统灰浆灌缝，必要时可适当加胶或糯米浆。

针对墙体歪闪可采取钢管木架支顶或加砌支顶墙体等临时性加固措施，也可做永久性支顶或根据勘察设计结论，进行局部拆砌或择砌。砌筑材料及做法依原状，针对有雕刻构件或砌筑手法高超拆卸后无法恢复原状的砖体，可采用现代抬升的方法加固基础、拨正墙体。针对局部坍塌墙体可采取钢管木架支顶或加砌支顶墙体等临时性加固措施，也可根据勘察设计结论，进行局部补砌，砌筑材料及做法依原状。

（四）装修维修

装修的类型多样，包括板门、隔扇、槛窗等。造成装修残损的原因包括以下几个方面：一是由于淋雨或地下水返潮造成装修糟朽；二是由于干缩变化造成装修开裂或扭曲变形。三是由于人为破坏造成装修彻底毁坏或缺失。

具体修缮措施为：针对门窗等装修糟朽采取剔除糟朽部位，用同材质木料镶拼；针对严重糟朽的构件可局部更换；针对开裂构件，可用木条加胶嵌补。针对扭曲构件，可将装修整体拆下，做烘烤挤压归正处理，再原状归安，增加销子用胶粘牢；针对严重扭曲无法继续使用的构件，可予以更换。重新拆装的装修可增加L形、T形扁铁加固。针对遭到严重破坏或缺失的装修，在充分研究原形制、做法、尺度、工艺等基础上，可按照历史依据予以复原。

（五）基础台明地面维修

建筑遗产基础病害相对比较简单，一般是由于自然灾害和地下水位变化等原因导致建筑基础不均匀沉降。应根据具体情况确定针对性措施，由于地基下层岩体滑坡造成不均匀沉降的应优先进行岩体加固，采用打桩灌浆加固的措施。若是水位变化的原因，则应当考虑阻水、排水等措施。如建筑遗产下的地层有采空区，则应考虑注浆加固等方式。总之，应具体问题具体分，并配以勘探报告等数据资料为支撑。

建筑遗产台明的残损多为风化、破损、松动移位、断裂和缺失，造成的原因主要为气候变化、年久失修、人为踩踏等。目前防风化措施尚不成熟。台明轻度破损可不做修缮，中度破损的可考虑石药修补或采用环氧树脂加石粉修补；重度破损的可以更换。针对台明条石断裂，可考虑采用环氧树脂粘接。针对台明的松动移位，应按照原状进行归安，并采用原灰浆粘接、灌缝，并按照原规格添配缺失的台明条石。

建筑遗产中室内地面一般消耗较大，由于年久失修或人为因素造成地面磨损严重、碎裂，甚至缺失，地面返潮可造成地面砖加速风化、酥碱或长苔藓等。室内地面铺墁存在细墁和糙墁两种形式，其工艺做法也不尽相同，实施保护措施前，应对地面的铺墁情况进行详细调查。地面破损程度轻微的可不做处理。砖地面的碎裂残缺严重或缺失的，视其面积大小决定局部揭墁或是全部重新揭墁。揭墁的具体流程包括：地面揭除、补做垫层、重新墁砖（按照糙墁和细墁分类实施，其中细墁需钻生1~2道）、清理等环节。针对地面返潮造成地面砖长苔藓，应有针对性地进行杀菌处理。

（六）油饰彩画维修

建筑遗产油饰彩画维修首先应对油饰彩画的做法形制与保护状况等展开前期研究。主要包括：油饰彩绘保存现状调查、油饰彩画基础情况研究、现场显微照相及分析、红外摄影技术的应用等。

通过科技手段分析油饰的材料构成，并结合传统做法判断油饰的工艺做法，对轻度起甲、龟裂的油饰，可用原材料进行粘贴和裂缝修补处理；对于严重脱落的油饰，可依照原做法重做地仗与油饰。

对建筑遗产拟修复彩画进行修复试验与评估，包括清洗实验和加固实验两个阶段。建筑遗产彩画保护修复工程施工包括：表面清洗、起翘回贴、做旧补绘、表面封护等4道工艺。彩画保护一般要求单独申报专项设计方案。以下为彩画保护措施的通常做法（图5-10）：

（1）灰尘清扫：自上而下，用油漆刷、毛笔、油灰刀将绝大部分灰尘收集到盛灰尘的容器内，尽量避免二次污染。如果彩画存在起甲现象，则应禁止清扫灰尘，待起甲回贴处理后再进行灰尘的清扫。

（2）起甲彩绘回贴可用浸有3%碳酸氢铵水溶液的纸巾敷贴在甲片表面约10分钟，直到甲片软化。用注射器将固体含量5%的聚醋酸乙烯乳液的水溶液注射到甲片背面，然后用脱脂棉球将甲片轻轻推回贴牢。处理后24小时用侧光照明检查处理过的彩绘，观察是否存在再次起甲现象，如有再次起甲则继续进行前述处理；如无则在48小时后再次检查，合格后，方可进行封护处理。

（3）彩绘表面封护，封护前用干净的毛笔或毛刷将封护表面尘土清扫干净。

采取表面封护措施时，用喷雾器在彩绘表面喷3% ParaloidB-72丙酮溶液一遍，转角部位或喷涂无法达到的部位使用毛笔将溶液

图5-10　彩画修复工艺

涂刷在彩绘表面。最后进行质量检查，封护材料干燥后，观察表面是否产生炫光，如果有，则用丙酮擦除多余的 ParaloidB-72。

（七）石材的维修

建筑遗产上石质构件包括柱础、台级、栏板、石墙、石柱、石地面等。一般存在石质间勾缝脱落、表面磨损、风化、酥碱、碎裂及构件断裂等残损现象。针对石材灰缝脱落的修复措施，可将缝内积土或杂草清除干净，用油灰重新勾抿严实。勾缝用1：2白灰砂浆，必要时可掺糯米浆。灰浆可加适当的色料，应尽量与原石料色泽协调。针对石构件表面风化酥碱的措施，先将酥碱部分剔除干净，可采用"补石药"加热后进行粘补或采用环氧树脂掺石粉粘补，再用白布擦拭光亮。补石药所用材料重量配比为石粉：白腊：黄蜡：芸香=100：5.1：1.7：1.7。针对断裂的粘接，古代用"焊药"粘接石料，现在采用环氧树脂作为粘合剂，材料配比同前木构件加固措施。针对臌闪、坍塌的修缮措施，包括拆除、清理，按原式样重新垒砌、紧压找平等。粘接灰浆常用做法为采用白灰浆内掺糯米和白矾，灌浆采用桃花浆（黄土加白灰），勾缝采用青白麻刀灰。大块料石间可加铁屐子或用铁银锭拉固。残损特别严重或缺失的构件，应按照原状补配。修复后的石构件或新配的石构件，必要时可做有机硅、憎水剂等化学材料封护，前提是需做必要的试验，并验证其有效性。

（八）修缮设计中常见问题

建筑遗产修缮设计方案编制中常存在以下问题：

（1）对现状勘察中的建筑形态、构造、做法、状态、维修历史、自然条件变化等描述不全面、不详细、不深入。

（2）对地方特有的和传统材料工艺做法调查了解不详细、不深入。勘察报告中简单描述为按原形制、原材料、原工艺修复或与原状保持一致，并未阐述何为原形制、原材料、原工艺以及何为原状。缺乏准确的做法说明描述，简单套用其他地方现成的工程做法或直接套用官式做法说明。针对以上各类问题解决思路就是要强化地方传统做法的延续与保护。设计中

应结合实际构件、认真调查研究，力争最大限度地保留当地做法和该建筑自身独具的手法。

以伏龙观前殿修缮工程为例，该建筑前檐椽子两端升起的独特手法在修缮中得以保留，但未采用北方传统的使用升头木升起的做法，而是在承椽枋上凿刻不同深度的椽窝，做出两端升起的效果。

（3）欠缺地基基础、防虫、防腐、防白蚁、化学加固、彩画等相关辅助勘察资料。

（4）重自己经验主观评估判断，轻视相关专业勘察结论。

（5）机械套用现行技术规范，如套用《古建筑木结构维护与加固技术规范》中的可靠性鉴定分类，在缺乏细致勘测和不了解该分类的前提下进行定性评估。套用其他现行设计规范，根据现行规范计算城墙现状稳定性为"地基承载力不足，墙体总体上是不稳定的"等，此结论不适用古建筑，此判定依据不足。

（6）对传统材料缺少认知，对新材料的应用缺少可靠的实验依据和证明。设计中往往缺少对材料性能、种类和强度的基本要求。

（7）复建、复原与局部复原（如装修、脊饰、彩画）依据不够充分、可靠等。

七、补充问题说明

建筑遗产设计方案中应提供主要建筑材料的成分及物理性质试验数据，并对其质量提出要求。主材包括：砖、瓦、木料、灰浆、石材等。提供材料应与该修缮项目直接相关。材料分析部分在前面章节已有研究，此处不再赘述。

八、列出实施建议

实施建议包括实施该项目的前置条件建议、环境整治要求建议、施工管理建议、后续工程建议、保护规划建议、遗产展示利用建议、科学研究建议、出版建议以及防火、安防、消防工程建议等。以上实施建议应根据实际项目确定，不是编制设计文件的必要条件。但若该实践建议与本修缮设计方案直接相关且其内容间互为影响，则应当在本设计方案中列出该实施建议。

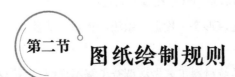

第二节　图纸绘制规则

建筑遗产设计方案图是用图形和文字标注反映建筑遗产修缮意图、工程项目实施部位与范围以及修缮技术手段的图纸。图纸绘制应能够准确表述修缮工程的规模、性质、合理确定保护技术手段实施的范围。建筑遗产设计方案图一般由总平面图、平面图、立面图、剖面图、结构构造图、局部详图等组成。

总平面图应清楚表达保护修缮工程完成后，建筑遗产的平面关系和竖向关系；反映地形标高及相应范围内的树木、水体以及其他重要地物和其他文物遗存；准确标示修缮工程对象、遗产本体工程范围及其材料、做法；清楚标明建构筑物名称、工程对象和周边建构筑物的平面尺寸。

建筑遗产单体的平面图、立面图、剖面图及局部详图应表达以下意图，①反映建筑遗产修缮工程实施后的平面、立面形态及尺寸；反映竖向构成关系和空间形态，准确反映修缮工程设计意图。②反映原有柱、墙等竖向承载结构和围护结构的布置及修缮工程设计中拟添加竖向承载加固构部件的布置。③清楚标明轴线、室内外标高和尺寸、柱身、墙身和其他砌体外墙面上采取的修缮措施和材料做法，以及门、窗、屋顶、梁枋和其他构部件的修缮措施和材料做法。④在图面上表述针对损伤和病害所采取的技术措施，包括台基、地面、柱、墙、柱础、门窗等图中所能反映、涵盖的修缮内容和材料做法。

平面图应表达按照设计实施修缮后的建筑遗产状态，在与墙、柱、地面、台基、台阶、散水等相对应的部位应标注现状损伤范围和程度以及应当采取的措施。平面图必须尺寸准确，标画轴线，全面反映建筑遗产的平面形态，全面反映各部位之间的相互关系。对于图形、图例不能全面表述的内容，可以用较详尽的文字标写清楚。

立面图应绘制所有的立面，如有完全相同的立面，且在该立面上无其他标注修缮工程做法的需要时，可仅绘有代表性的立面。绘制立面图时，当建筑之间、建筑物与构筑物之间在立面上相互衔接时，须绘出相连接的部分，标明两者之间的平面和立面关系。立面图上应标注两端轴线和竖向的重要标高与尺寸、斗栱分位、装修控制尺寸等信息。立面图的绘制一般比例为1∶50～1∶200。

单体剖面图应根据修缮工程性质和具体实施部位的不同，选择最能够完整反映该建筑遗产保护工程意图的剖面进行绘制，如一个剖面不能达到上述目的时应选择多个剖面绘制。剖面图要准确反映实施工程设计后的建筑空间形态，图形必须准确、真实，图形应与所标注的尺寸相符。图中关于尺寸的标注应完整，竖向关系应反映准确。剖面图的内容应反映修缮工程性质，主要表述地面、竖向结构支承体、水平梁枋和梁架、屋顶等在平面图、立面图中不能准确反映构件的保护措施和材料要求的部位。剖面图一般比例宜取1∶30～1∶100。

如有必要进行详尽表述或非详尽表述不足以说明修缮设计方案内容的情况，方案图中可以增加构造节点局部详图，做为对于上述基本图纸的补充。

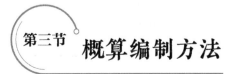

第三节　概算编制方法

设计方案阶段一般编制工程概算（或预算），施工图设计阶段编制工程预算。建筑遗产修缮工程概算应当依据勘察报告的残损状况和修缮设计方案的保护措施进行编制，建筑遗产概算是申请财政经费和制定工程修缮计划的依据，工程概算的编制虽然可以比工程预算简略一些，但仍应根据定额进行编制。建筑遗产的工程概算应当包含在勘察设计方案的文件中。建筑遗产概算包括编制依据、概算汇总表和单项概算表三部分。

编制依据包括以下几方面内容：一是该建筑遗产修缮项目的勘察报告和设计方案；二是概算定额的选取；三是建筑遗产所在地的主要建筑材料市场价格；四是按照相关文件规定或市场实际情况核定人工工价。

以某建筑遗产修缮工程的概算编制说明为例，其概算依据为该建筑遗产的勘察报告及修缮设计方案，并结合本修缮工程所处的地理环境进行编制。该概算套用2000年《某省仿古建筑及园林工程估价表》及配套费用定额，按一类取费，定额子目中缺项部分按市场价计入。该工程主要材料价格按市场价进行了调差。结合文物修缮工程的特点及市场用工工价，该概算定额人工工价按260元计取。该建筑遗产修缮工程中各建筑修缮费用的计取情况如表5-7所示。

表5-7

序号	建筑名称	金额（元）
1	山门	110453.30
2	山门西耳房	120631.36
3	山门东耳房	182374.25
4	一进院南向西厢房	41757.64
5	一进院北向西厢房	76260.77
6	一进院南向东厢房	107689.87
7	一进院北向东厢房	212795.39
8	前殿	201209.33
9	西梳妆楼	166456.51
10	东梳妆楼	110453.30
11	二进院东西厢房	101846.84
12	后殿	96068.94
13	后殿西耳房	59637.61
14	后殿西偏房	23171.61
15	后殿东耳房	48777.86
16	后殿东偏房	30155.26
17	戏台	39295.78
18	院落整治	285254.13
	合计	2014289.70

汇总内容应齐全，不要有漏项，尤其院落整治、室外地面、甬路铺墁及其他基础设施工程等容易遗漏，应一并汇总。

概算编制常出现以下主要问题：一是不套用定额，全部为估算。当修缮工程定额中缺少某个别单项工程定额时，应当套用该定额中其他类似工程科目，或选择其他定额中同类工程定额。编制概算应尽量套用现行的各种定额，由于建筑遗产的特殊性，部分子项确实无定额可套用时，可自行编制，且需说明编制的依据并提供计算公式和数据表。二是取费缺少相关依据。各省市关于取费部分一般均有相关规定，当没有相关取费依据时，可借鉴其他类工程的取费依据或其他省市的取费依据。由于我国幅员辽阔，南北方差异较大，取费依据应尽量借鉴相邻省市的取费标准。三是材料及人工费调差缺乏依据。各省市材料费和人工费不尽相同，应以建筑遗产所在地的材料费和人工费为准，一般每季度物价管理部门公布一次各类材料的价格，如没有某一特殊材料的价格，可参考相邻省市的数据。四是工程量与残损记录及图纸不符。概算中工程量数据或过大或过小、概算有漏项等情况。概算编制过程中应认真核查校对，避免此类问题的发生。

建筑遗产的工程费用可分为直接费、间接费和不可预见费等三种。其中直接费包括人工费、材料费及材料和工具运输费等。材料中已包括运输费用的不能另列运输费。间接费包括办公费，工地防护设施、临时用的工棚、技术指导所需费用及零星工具购置等。间接费用按直接费用总额依照国家或地方主管部门规定的百分比计算得出。建筑遗产修缮工程在未动工之前，有些隐蔽部分不易探查清楚，例如墙内柱糟朽、瓦顶灰背等情况，因此建筑遗产修缮工程中应列支不可预见费，一般按直接费用的5%～8%计。下面以某民居类建筑遗产单位工程造价汇总表为例（表5-8），示例建筑遗产修缮工程概算编制取费标准及计取方法。

工程名称：某建筑遗产修缮工程　建筑面积：546平方米　2016年5月5日　表5-8

序号	变量	费用名称	计算公式或基数	费用	金额（元）
1	（一）	直接费用	A+B+C+D+E		2192525
2	A	综合估价表直接费	定额人材机之和		1540266
3		其中：人工费	定额人工费×地区系数	0.95	847146
4		材料费	定额材料费		616106
5		机械费	定额人工费		77014
6	B	流动施工津贴	定额工日×3.5		11403
7	C	材料差价	（信息价-定额价）×材料消耗量		438460
8	D	其他直接费	（A+B+C）×规定费率	2.89	57515
9	E	现场经费	（A+B+C）×规定费率	7.28	144881
10	（二）	间接费	（一）×间接费率	9.29	203686
11	（三）	利润	［（一）+（二）］×利润率	9.5	227640
12	（四）	人工费调增	定额工日×人工费单价价差	167.66	762893
13	（五）	税金	［（一）+（二）+（三）+（四）］×当地税率	3.348	113388
14	（六）	工程造价	（一）+（二）+（三）+（四）+（五）		3500132

续表

序号	变量	费用名称	计算公式或基数	费用	金额（元）
15	（七）	工程管理费	（六）×6%		210008
16	（八）	勘察设计费	（六）×8%		280011
17	（九）	工程监理费	（六）×6%		210008
18	（十）	工程预备费	（六）×8%		280011
19	（十一）	工程总造价			4480170
		造价大写	肆佰肆拾捌万零壹佰柒拾元整		

　　建筑遗产保护修缮工程概算的内容应尽量全面、避免漏项，概算造价金额核定应尽量准确，避免经费概算与工程实际支出差距过大，给前期经费申请及后续工程实施造成不良影响。

第六章 │ 建筑遗产施工图设计与研究

第一节　施工图设计要求

施工图设计是指导项目施工的直接依据，施工图设计是对在建筑遗产保护理念的高度凝练基础上甄选出的保护措施的准确性表达。

一、施工图设计深度要求

《文物保护工程管理办法》第十六条规定：施工技术设计文件包括：施工图、设计说明书、施工图预算等三部分。通常情况下，建筑遗产保护方案有别于现代建设的方案设计，其设计深度要远远高于现代建设方案设计阶段的设计深度，其原因是建筑遗产保护工程是修缮性质的工程，是对已有建筑的干预措施，而现代建筑工程是建造性质的工程，是无中生有的过程。针对已有建筑遗产进行设计，需要全面了解建筑遗产的形式、特征、材料、工艺、做法等各个细节，设计过程是基于对现有建筑遗产尊重的基础上展开的，是受严格客观条件约束的。而现代设计虽有场地环境要求，但设计师有对设计全过程的自由支配权。从某种意义上讲，建筑遗产修缮设计过程是一个选优的过程，从设计角度分析，其创新的成分相对较小；而现代建筑设计更强调的是创新的过程，两者之间有本质的区别。体现在设计文本体例上，也有显著的区分。建筑遗产修缮设计方案需要详细阐述建筑遗产现状的各个细节，修缮措施描述也是越详尽越好，因为如果仅仅提供简单的设计思路，评审专家无法判断保护措施的合理、科学、有效性；而现代建筑的设计方案尚处于设计思路阶段，将其主要设计构思提供给业主方就已经足够了，方案设计极可能被推翻重来，如果方案过于细化，会造成人力与财力上的浪费。

建筑遗产施工图设计阶段是在修缮设计方案已经批复的基础上展开的，其主要内容包括以下几个方面：一是依据批复意见深化设计，针对上级文物主管部门的修缮设计方案批复意见进行修改完善；二是查漏补缺细化设计，补充细化工程做法，完善大样图纸及细部工程做法详图；三是科学编制工程预算，以设计方案中的概算为依据，编制科学的工程预算。

在实际项目运作过程中，情况不尽相同，一种情况是设计方案已经达到施工图设计的深度要求，仅仅按照上级文物行政主管部门的意见进行修改完善即可用于指导遗产修缮项目实施。而大部分建筑遗产工程方案设计深度尚达不到此深度，不能直接替代施工图设计，需进一步细化，使之更准确、更具可操作性。

（一）依据批复意见深化设计

按照上级文物行政主管部门批复的专家意见，逐条进行回复，补充完善相关内容。一般情况下，上级行政主管部门提供专家意见，首先为原则同意该设计方案，对修缮原则及修缮目标给予肯定，并明确该修缮工程的定位，如"此项工程定位为现状修整工程或重点修复工程"，设计者应领会其主旨。对照相应的工程定位，查找相关法规文件，进一步理解其内涵，以使后边的施工图设计编制工作不至走偏。而上级行政主管部门批复不同意的设计方案，则应重新编制，重新申报，不属于本节研究的内容。

批复文件中一般会附有批复意见的具体意见或建议，即使明确写为"建议"，也应当认真修改，严格执行。批复意见可能会对具体项目进行取舍，被删减的项目不在本施工范围内，对应的预算部分也应当删除。修缮项目一般不会涉及重大增加项，如有重大增加项，需补充设计方案，另行报批。明确实施的项目或意见中未提及的项目，可认为是许可实施的项目。批复意见还可能对具体做法提出建议，或者存疑，这部分需要重新认真调研补充设计，补充内容应当提交批准意见的文物行政主管部门或经其授权的下一级文物行政主管部门核准。

批复中建议补充院落整治与其他服务设施等内容的，也应当补充设计后，上报核准。涉及"三防"工程内容，应当另行编制相关设计方案，另行申报。本施工图设计应当统筹考虑的重点工作是与相关项目交叉实施时如何衔接的问题，目的是避免工程浪费，同时也避免多次施工对文物本体造成破坏，施工图设计中应包含这类内容。

批复意见中如提到补充设计依据等内容时，设计人员应重新勘察、查找补充设计依据，调整相关设计内容，如有重大发现，应重新申报或组织相关专家评审。确因实际勘察条件所限与施工图设计时间所限，无法补充完善细化的非核心内容，征得文物行政主管部门同意后，可留待施工期间完善。

（二）查漏补缺，细化设计

修缮设计方案中所侧重的形制研究、价值评估等内容在施工图设计中不再作为重点，甚至可以不再重复阐述，施工图设计重点是对设计方案的工程做法予以提炼，补充完善各部位的详细工程做法，说明具体施工工艺，并补充完善各类大样图纸及细部工程做法详图，详细标注构件细部尺寸，补充重要节点设计详图，进一步量化残损记录，细化设计说明，查找设计方案中存在的漏项，一并予以补充完整。

（三）科学编制工程预算

施工图设计阶段应编制工程预算，修缮工程预算应以国家文物局批复意见修改后的勘察报告、设计方案及工程概算为依据，补充列出详细的修缮内容清单和准确的量化数据，细化设计说明，准确套用规范定额。定额中没有的单项工程，可借用其他相关定额，确实没有定额的，应进行局部实验或测试，利用实验与测试数据，科学合理补充额定缺失内容，确保预算编制的科学性、准确性与有效性。建筑遗产修缮工程预算编制深度应达到能够满足甲方实施项目招标的需求，必要时可做招标单价清单。

二、施工图深度指标要求

建筑遗产修缮工程施工图绘制深度可参照现代建筑《施工图设计深度要求》[84]中部分内容，如：封面标识、图纸绘制深度等内容；应选择该《施工图设计深度要求》中适用于建筑遗产的部分予以参照，但不宜全部照搬。例如依据该《施工图设计深度要求》，施工图设计中各专业需提供计算书，这属于强制性条款。而在建筑遗产保护修缮工程中对计算书未做要求，概因修缮项目均针对既有建筑实施，需要重新进行结构性计算的项目较少，因此未列为强制性要求。

建筑遗产施工图设计均应重新绘制图纸，由于遗产保护行业没有编制建筑遗产保护修缮标准图集，施工图中不建议引用其他现代图集，所有图纸均应重新绘制，自绘图纸间可相互索引自成体系。建筑遗产群中各个建筑确实存在大量统一做法的，可绘制通用做法大样图及设计说明，统一设计编号，统一索引，以达到简化文本的目的。

国家文物局2013年5月颁布的《文物保护工程设计文件编制深度要求(试行)》[85]中，对施工图绘制深度给予了详细界定。分别从总平面图、平面图、立面图、剖面图、结构平面图、详图等6个类型进行了阐述。本文结合实践工程的实际需要进一步总结归纳，对不同类型的图纸绘制进行比较分析（表6–1）。

建筑遗产施工图绘制深度要求控制表　　　　　表6-1

图纸类型	表达内容	尺寸标注	比例尺
总平面图	组群关系、场地地形、相关地物、坐落方向、工程对象、工程范围以及工程对象与周围环境的关系	标注建（构）筑物名称，注明定位尺寸和轮廓尺寸，明确室外工程范围、内容和做法，也可另绘制单项工程图纸	1：200～1：2000
平面图	空间布置，柱、墙等竖向承载结构和围护结构布置，拟添加竖向承载结构布置，室内外标高	平面总尺寸，轴线间尺寸和轴线总尺寸，门窗口尺寸，柱子断面和承重墙体厚度尺寸，平面上铺装材料的尺寸和其他各种构、部件的定形、定位尺寸，表达建筑物单体间关系，台基、地面、柱、墙、柱础、门窗、台阶等部位技术措施、工程做法，详图索引等	1：50～1：100
立面图	建（构）筑物外观形制特征和立面工程内容，标注必要的标高和竖向尺寸以及与相邻建（构）筑物交接情况	标画两端轴线及立面转折处的轴线，室外地平、台阶、柱高、檐口、屋脊等部位标高，竖向台基、窗板、坐凳、窗上口、门上口或门洞上口、脊高或顶点等分段尺寸和总尺寸，各道尺寸线之间关系必须明确。墙面、门窗、室外台阶、屋檐、山花、屋盖、可见的梁枋、屋面形式和做法，其他必要的工程措施、材料做法	1：50～1：100

续表

图纸类型	表达内容	尺寸标注	比例尺
剖面图	地面、竖向结构支承体、梁枋和梁架、屋盖等形态、构造关系、工程措施和材料做法。选择一个或多个能够反映建（构）筑物形态或空间特征、结构特征和工程意图的剖切位置	两端标画轴线及编号，标注竖向、横向的分段尺寸、定形定位尺寸、总尺寸以及构件断面尺寸、构造尺寸，室内外地面、台基、柱高、檐口、屋顶顶点及分层标高。屋面构造、梁架结构、楼层结构、地面铺装铺墁的层次做法、柱和其他承载结构等技术措施、工程材料做法，必要的索引图等	1：50～1：100
结构平面图	古建筑中梁架、楼层结构、暗层结构平面布置和砖石结构古建筑；近现代建筑中梁板、基础、支承结构平面布置，其他需表达的平面形式和工程性内容等	轴线间尺寸，轴线总尺寸，各种构、部件的定位尺寸和定形尺寸，结构构件的断面尺寸等标注，其他图纸难以反映的设计内容和结构形态、技术性措施、材料做法等，局部、节点、特殊构造的局部放大图和详图等	1：50～1：100
详图	平、立、剖面等基本图不能清楚表达的局部结构节点、构造形式、节点、复杂纹样和工程技术措施及其他需要表达的内容等	尺寸标注须详细、准确，可用规定各部比例关系的方式补充尺寸标注，标注在建筑中相对位置和构造关系，编号与基本图纸对应等	1：5～1：20

第二节　施工图设计范例解析

一、施工图设计说明解析

建筑遗产施工图设计说明包括：设计依据、设计原则和指导思想、工程范围和规模等部分。以故宫南三所建筑遗产修缮工程项目为例，阐述施工图设计说明的构成与深度要求。

（一）明确设计依据

设计依据一般包括国家及地方法律法规、相关文件、技术标准与规范及批复文件等三部分内容。该项目设计依据具体包括：《中华人民共和国文物保护法》《中华人民共和国文物保护法实施条例》《文物保护工程管理办法》等国家及地方法律法规；《中国文物古迹保护准则》《古建筑木结构维护与加固技术规范》GB 50165—92、《古建筑修建工程质量检验评定标准(北方地区)》CJJ 39—1991、《国务院关于加强文化遗产保护的通知》国发〔2005〕42号、《国务院关于进一步加强文物工作的指导意见》国发〔2016〕17号等相关文件、技术标准与规范；《故宫—南三所西所区古建筑群保护修缮工程设计方案》及批复文件等相关资料。

（二）制定设计原则和指导思想

施工图设计中的设计原则与指导思想与设计方案中相关内容基本一致。一般要求严格遵守不改变文物原状的原则，最大限度保留文物建筑的历史信息。认真分析建筑遗产的历史、艺术、科学价值，把握好建筑时代特征与结构特点，结合现存状况和所处环境，以现存实物为主要依据，在充分分析研究的基础上制定修缮方案。尽可能减少干预，即使对险情隐患较严重的部分所采取的必要修缮措施，亦应尽量将干预措施降到最低限度。能不动的坚决不动，能加固的不拆换，能局部拆换的不大面积拆换，真实全面地保存并延续其历史信息；凡是新加固或修缮的部分，原则上都应具有可逆性。一切技术措施应当不妨碍再次对原物进行保护处理，经过处理的部分要和原物相协调，所有修缮的部分都应建立详细的记录档案。通过技术手段消除险情和安全隐患。各项保护措施均需按传统形制、传统工艺施工，且尽可能地使用原构件，凡补配、更换的构件，应以现存实物为依据。需修缮部分亦应按历史原样（原材质、原形式、原工艺、原尺寸等）进行修缮。

（三）明确工程范围和规模

施工图设计中的工程范围和规模是指按照上级批复意见修改后的工程范围和规模。如：

南三所西所区建筑群现存文物建筑物的修缮保护，共计建筑面积1345.9平方米；南三所西所区北侧围墙，总计长度40米；院内的院墙及卡子墙修缮总计长度110米。此外还包括南三所西所区建筑群地面、甬路及雨水、排水系统等修缮。院内地面、甬路面积约1700平方米。

该项目除了明确修缮范围外，还给出了修缮的具体面积指标。

（四）确定工程目的

一般建筑遗产修缮项目的工程目的是以确保遗产本体安全、确保遗产的真实性和完整性为目标。以上案例的具体目标为，有效保护故宫这一珍贵文化遗产的完整性，促进南三所西所区建筑群人文历史的发掘与研究，发挥其在现代化建设中的积极作用，拟通过对文物建（构）筑物的修缮保护，达到消除险情、隐患和残损病害的目的，使南三所西所区建筑群恢复稳定、完整的历史面貌，最大程度保护文物遗存和历史信息，以延续其重要的文物价值。

（五）制定保护措施

针对每座建筑分台基、大木构件、墙体、木装修、木基层、屋面、油饰等不同部位明确详细措施。并针对古建筑的具体保存状况确定详细的工程做法，由于该案例内容过于庞杂，下面仅以石作工程做法及大木构件工程做法为例加以阐述。

1. 石作工程做法说明

台基石构件缝灰脱灰，内部滋生杂草，将缝内的积土和植物根系去除干净后，灌浆（生石灰浆）加固后重新用油灰（材料重量配比：白灰：生桐油：麻刀=100：20：8）勾缝，灰缝须勾抿严实。石构件歪闪（比原有缝隙）大于10毫米，打点勾缝前应用撬棍拨正或拆安归位和灌浆（生石灰浆）加固，局部不实处用生铁片垫牢。石构件断裂，影响结构安全和使用者时，将断裂石料清理干净后，在两接缝隐蔽处嵌入扒锔连接牢固，再用粘结剂粘牢（粘结剂可采用焊药粘接或补石配药，施工前应做小范围试验）。接缝时，为了不使粘结剂溢出拼缝的外口，应将粘结剂涂到距离外口0.2～0.3厘米处为宜。预留的缝隙再用同样色泽的石粉拌合粘结剂，勾抹严实，最后用錾子或扁子修整接缝，以看不出接缝的痕迹为佳。石构件表面风化、酥碱，如不影响结构安全和使用者，均现状保留，继续使用。

从上述石作做法说明案例分析可以看出，工程做法越详细实际修缮效果越好，该案例深化到了具体工作做法、材料要求及材料配比，能够较好地指导项目施工。

2．木作工程做法说明

（1）柱子

因勘察条件限制，南三所西所区建筑群部分木柱在此次勘察过程中未能进行有效勘察，施工补查时可根据勘查结果的具体情况做出相应的设计调整。对木柱的干缩裂缝，当其深度不超过柱径1/3时，可按下列嵌补方法进行整修：①当裂缝宽度不大于3毫米时，可在柱的油饰或断白过程中，用腻子勾抹严实。②当裂缝宽度在3～10毫米时，可用木条嵌补，并用环氧树脂粘牢。③当裂缝宽度大于30毫米时，在粘牢后应在柱的开裂段内加铁箍2～3道嵌入柱内。若柱的开裂段较长，则箍距不宜大于0.5米。当柱心完好，仅有表层（不超过柱根直径1/2）腐朽时，在能满足受力要求的情况下，将腐朽部分剔除干净，经防腐处理后，用干燥木材依原样和原尺寸修补整齐，并用环氧树脂粘接。如系周围剔补，需加设铁箍2～3道。

柱根腐朽严重，但自柱底面向上未超过柱高的1/4时，可采用墩接柱根的方法处理。墩接时，可根据糟朽部分的实际情况，以尽量多地保留原有构件为原则，采用"巴掌榫""抄手榫""螳螂头榫"等式样。施工时，除应注意使墩接榫头严密对缝外，还应加设铁箍，铁箍应嵌入柱内。

（2）梁、枋、角梁修缮做法

梁枋修缮可采用如下方法：

当梁枋有不同程度的腐朽，其剩余截面尚能满足使用要求时，可采用贴补的方法进行修复。贴补前，应先将糟朽部分剔除干净，经防腐处理后，用干燥木材按所需形状及尺寸修补整齐，并用环氧树脂粘接严实，粘补面积较大时再用铁箍或螺栓紧固。

梁枋严重糟朽，其承载力不能满足使用要求时，则须按原制更换构件。更换时，宜选用与原构件相同树种的干燥木材，并预先做好防腐处理。

梁枋干缩开裂，当构件的裂纹长不超过构件长度的1/2，深不超过构件宽度的1/4时，加铁箍2～3道以防止其继续开裂。裂缝宽度超过30毫米时在加铁箍之前应用旧木条嵌补严实，并用胶粘牢。当构件开裂属于自然干裂，不影响结构安全，且裂纹现状稳定的，可不对其进行干预。当构件裂缝的长度和深度超过上述限值，若其承载力能够满足受力要求，仍采用上述办法进行修整。若其承载力不能够满足受力要求，施工补查时应根据勘察结果的具体情况做出相应的设计调整。

梁枋脱榫，但榫头完整时，可将柱拨正后再用铁件拉结榫卯，铁件用手工制的铆钉铆固；当榫头糟朽、折断而脱榫时，应先将破损部分剔除干净，重新嵌入新制的榫头，然后用耐水性胶粘剂粘接并用螺栓紧固。

角梁（老角梁和仔角梁）梁头糟朽部分大于挑出长度1/5时，应更换构件；小于1/5时，可根据糟朽情况另配新梁头，并做成斜面搭接或刻榫对接。更换的梁头与原构件搭交粘牢后用铁箍2~3道或螺栓2~3个进行加固。

（3）斗栱修缮做法

栱添配昂嘴和雕刻构件时，应拓出原形象，制成样板，经核对后方可制作。斗栱的昂或小斗等构件劈裂未断的，可用环氧树脂系胶结剂进行灌缝粘接。

（4）檩（桁）

檩子常见有拔榫、开裂、腐朽、外滚等残损现象，可分别采用下列方法处理：当檩拔榫时，归安梁架时檩归回原位后，如榫头完好，在接头两端各用一枚铁锔子加固，铁锔子长约300毫米，厚约15毫米。如檩子榫头折断或糟朽时，取出残损榫头，另加硬杂木银锭榫头，一端嵌入檩内用胶粘牢或加铁箍一道，安装时插入相接檩的卯口内。檩劈裂时，当构件的裂纹长不超过构件长度的1/2、深不超过构件宽度的1/4时，加铁箍2~3道以防止其继续开裂。裂缝宽度超过50毫米时在加铁箍之前应用旧木条嵌补严实，并用胶粘牢。当构件开裂属于自然干裂，不影响结构安全且裂纹现状稳定的，不对其进行干预。当构件裂缝的长度和深度超过上述限值，若其承载能力能够满足受力要求，仍采用上述办法进行修整。当檩上皮糟朽深度不超过檩径1/5时，可将糟朽部分剔除干净，经防腐处理后，用干燥木材依原制修补整齐，并用耐水性胶粘剂粘接，然后用铁钉顶牢。当檩糟朽深度小于20毫米时，仅将糟朽部分砍尽不再钉补。

（5）木基层修缮方法

椽子、望板、连檐、瓦口、闸挡板、椽碗等木基层及檐头构件对旧料能保留使用的应尽量保留，其常见有腐朽、劈裂、鸟类啄食孔洞等残损现象，可分别采用下列方法处理：

椽子：椽头糟朽部分影响大、小连檐安装的，或局部糟朽超过原有椽径的2/5及后尾劈裂的裂缝长度超过600毫米、深度超过40毫米的均应更换；不足上述标准的现状整修后继续使用。补配部分应根据原材料按原来的长度、直径、搭接方式制作。

望板：本工程中望板分为横铺与顺铺两种，接缝形式分为直缝与斜缝两种，灰背揭除后应做好原样记录。凡糟朽的旧望板均应用干燥的木材按原铺钉形式更换，新配望板尺寸可根据原望板尺寸制做。

连檐、瓦口、闸挡板、椽碗：糟朽、劈裂等影响使用的部分须用干燥木材按原形制更换，小连檐及瓦口木的长度最短应在2米以上，翼角大连檐所用木料应无疤节。

从上述案例分析可知，一般是根据残损程度指标确定修缮措施，而残存程度指标的划分，方法不尽相同，可参考《古建筑木结构维护与加固技术规范》的残损程度划分标准进行划分，也可自行设置残损程度分类分级标准，应根据建筑遗产的实际情况而定，不可一刀切，不可生搬硬套。

（六）施工通用做法说明

严格按照经文物行政主管部门审批通过后的施工图纸施工。各项工程做法应符合国家现行的相关规范、标准；文物建（构）筑物无相应规范、标准的，应选用符合该建筑形制的古建筑传统常规做法并事先征得设计方同意；重大设计变更或技术问题，应请相关文物专家论证后确定，并报文物行政主管部门同意。

最大限度地保留和使用现存构件。对不能使用的原构件，应在甲方和监理方把关检验后方可进行处理。具有保留价值的建筑构件应由管理单位妥善保存，并做好登记备查。凡新做、补配、更换的构件，应以现存实物为依据，施工技术与工艺方面，除设计文件中特殊注明者外，均按传统工艺（原形式、原工艺、原尺寸等）施工。并在构件隐蔽处用墨笔标注"修换时间、修换内容"等标识。如发现设计方案与实际情况不符，应立即通知设计方，以便修改、完善设计。设计方案中难以对隐蔽部位勘查全面、到位，特别是基础部分的遗存状况，应在修缮保护工程实施过程中，随时注意补查，发现问题，随时与主管部门和设计方联系，以便及时补充、调整或变更设计。

施工场地发现可移动文物应立即汇报文物主管部门，由专业人员负责处理。保护相关环境，采取措施避免对环境造成污染和破坏。施工期间应注意人身安全，做好各项安全措施，符合相关安全施工规范，加强安全教育。雨季施工，应做好施工现场和所用工程材料的防雨措施。此外应注意防火，工程现场地处故宫建筑群内，加之多为木结构古建筑，应做好临时消防设施和相关培训及教育，防患于未然。尽量不在施工现场动火。如必须在施工现场动火（如电气焊等）则必须符合相关操作规范。施工用电应符合相关用电规范。施工期间，应注意做临时性防雷措施，并禁止在雷雨天进行施工操作。鉴于文物的重要性和施工环境的特殊性，施工之前施工方应提出科学完善的施工组织方案，并经监理方和建设方审定后方可进行。对施工中可能影响到的石灯座、台基转角、台阶踏步、古树等文物（或易损伤部位），用25毫米厚的木板做成框架围护、遮挡。

施工通用做法的设置是上述设计方案的特色，可予以借鉴。其中原材料使用原则、环境污染控制等方面的内容，是项目实施的必备条件，应当列入施工建议；而安全组织施工等内容属于管理问题，不是提出施工建议的必须内容，设计工作者可根据建筑遗产的实际情况酌定。

二、施工图范例分析

建筑遗产施工图应满足修缮工程的施工需求，修缮内容明确、标注清晰，图纸绘制规范等。以故宫南三所建筑为例，示意建筑遗产修缮施工图图纸绘制的深度要求。

平面图重点标注各部位尺寸及文字说明信息、修缮做法与保护措施细节（图6-1）。

正立面图标注立面各部位尺寸及文字说明信息、修缮做法与保护措施细节，于空白处绘制各脊剖面大样图，并与主图建立索引关系（图6-2）。

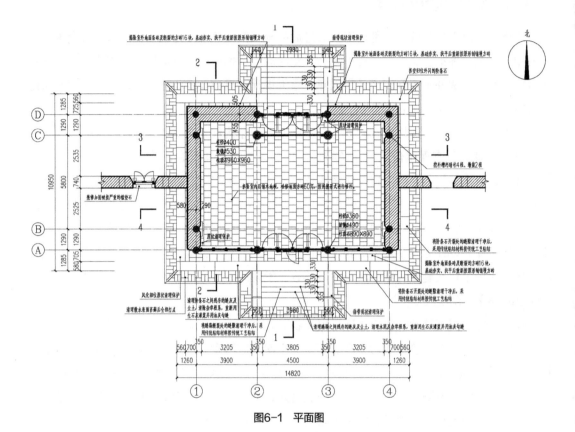

图6-1　平面图

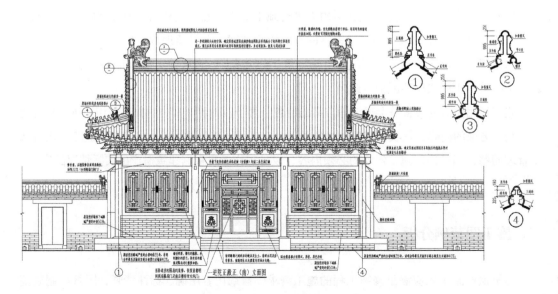

图6-2　正立面图

　　背立面图标注各部位尺寸及文字说明信息、修缮做法与保护措施细节（图6-3）。

　　东侧立面图（图6-4）标注各部位尺寸及文字说明信息、修缮做法与保护措施细节，于空白处绘制博脊大样图。

　　西侧立面图标注各部位尺寸及文字说明信息、修缮做法与保护措施细节，并表达与两侧

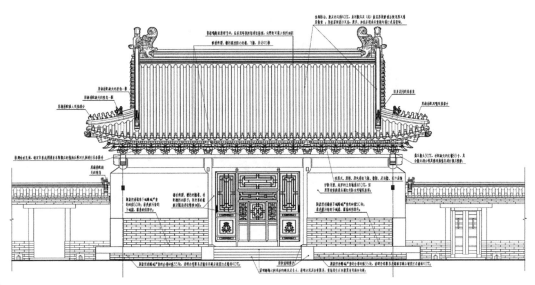

图6-3　背立面图

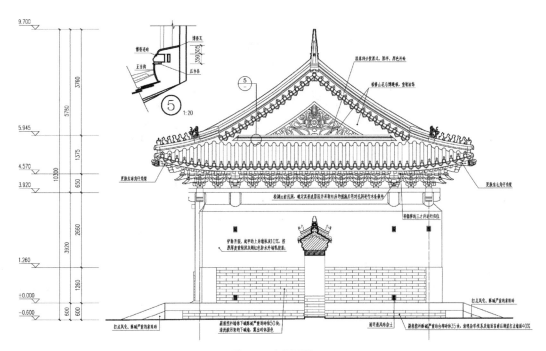

图6-4　东侧面图

墙体的交接关系（图6-5）。

以剖面图标注各类竖向尺寸、地面铺面方式及瓦顶详细做法（图6-6）。

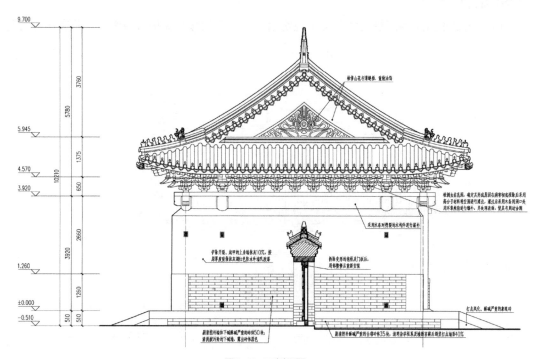

图6-5 西侧面图

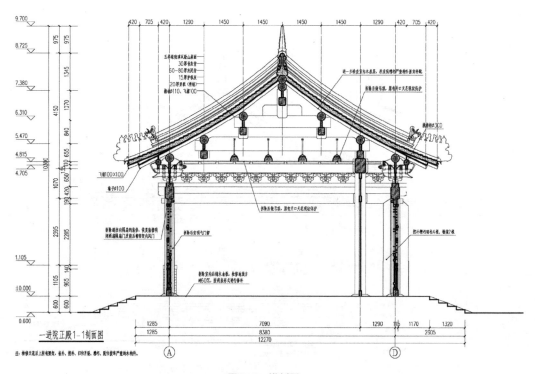

图6-6 横剖图

纵剖图重点表达歇山收山做法及尺寸标注，标识室内墙下碱做法及砖数（图6-7）。

仰视图表达斗栱分布、角梁后尾的交接、翘飞椽数量及起点等信息及相关工程做法（图6-8）。

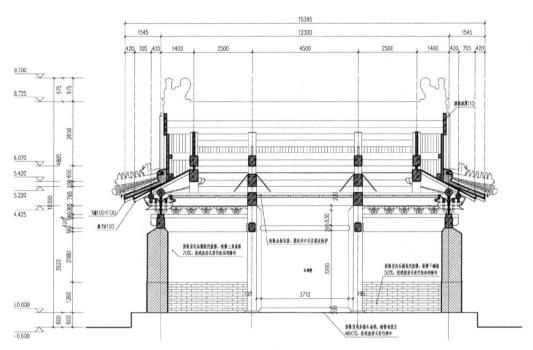

图6-7 纵剖图

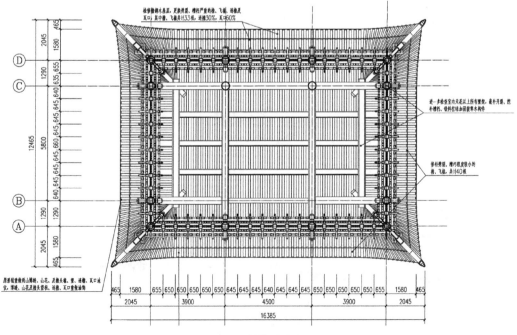

图6-8 斗栱梁架仰视图

瓦顶俯视图表达各脊之间的交接关系、瓦顶做法及吻兽分布（图6-9）。

斗栱大样图分别表示平身、柱头、转角科斗栱的平立剖大样与尺寸标注，并以表格的形式列出斗栱各构件的详细尺寸（图6-10）。

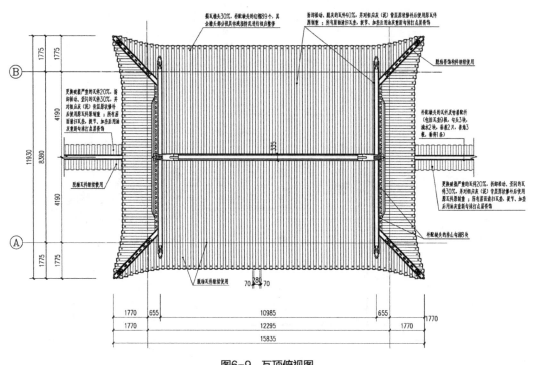

图6-9 瓦顶俯视图

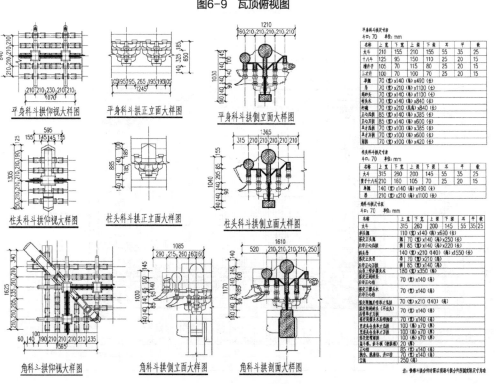

图6-10 斗栱大样图

　　隔扇大样图标注隔扇控制尺寸及详细做法；构件尺寸附表说明各类构件的详细尺寸（图6-11）。

　　槛窗大样图标注隔扇控制尺寸及详细做法；构件尺寸附表说明各类构件的详细尺寸（图6-12）。

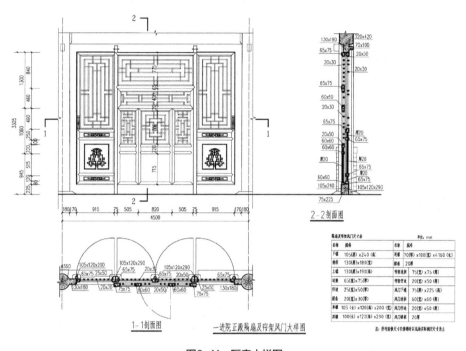

图6-11　隔扇大样图

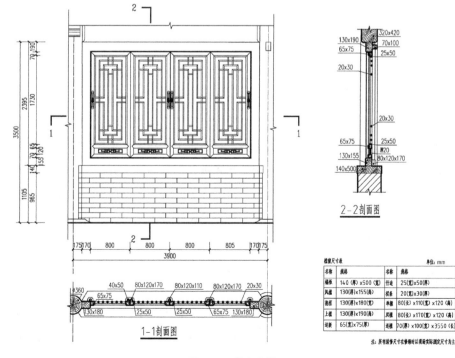

图6-12　槛窗大样图

第三节　项目实施过程衔接与资料整理

一、项目实施过程衔接

项目实施的过程衔接是建筑遗产修缮项目实施的薄弱环节，往往被忽视。建筑遗产保护修缮项目工程实施前、过程中及实施后等各阶段的衔接均很重要。主要包括技术交底、图纸会审、设计变更洽商、过程验收与会签、工程竣工验收等不同阶段。具体施工组织实施过程涉及施工组织设计、施工场地设计、具体施工运行与管理工作等各个施工环节，但该内容不作为本书研究重点，本书重点关注建筑遗产设计与研究相关内容。

（一）图纸会审

一般由施工方和监理方就设计方提供的设计图纸做图纸会审，必要业主方可参加。会审前应对施工现场做必要的踏勘，对施工图设计与实际建筑遗产进行现场比对分析，查找问题。会审图纸阶段应将存在的问题和疑点进行归纳总结，施工现场遗产本体及环境发生变化的，其变化内容应一并汇总写入会审纪要，作为技术交底环节的主要议题。为提高工作效率，可将会审内容纪要提前发给业主方和设计单位。

（二）设计技术交底

设计技术交底应在施工方进场后，建筑遗产保护修缮工程实施前由项目业主方组织进行，业主、设计、监理和施工等四方参加，并由业主方主持，就项目背景、审批、批复意见等情况进行介绍，并对项目开展提出要求。设计方应对该项目施工图设计的主要内容、应当注意的问题、保护理念与原则、主要保护措施、材料及工艺技术要求等内容予以交底；施工单位及监理单位应就图纸会审情况及不清晰的问题进行提问，业主方及设计方应对该提问做出回复，现场无法回复的问题，可于会后另行研究并答复。技术交底应当整理会议纪要，四方签字后存档备查。技术交底会后，若存在未答复的设计技术问题，设计单位应及时就相关问题进行补充设计并回复。

（三）设计变更洽商

设计变更洽商是建筑遗产保护修缮工程不可或缺的重要环节，建筑遗产保护情况复杂，病害类型多样，施工过程中局部揭露后，往往会发现新的问题，这是勘察设计阶段无法预判的，有必要由施工方提出，业主方组织业主、设计、监理和施工四方进行现场调查，对原设计变更内容进行洽商。洽商内容应符合原批准方案的基本原则，不涉及重大变更事项。涉及重大变更的应报原审批机关批准。设计方根据四方洽商结论，出具《设计变更通知单》，该技术变更通知单应当包括以下内容：变更单的表单编号，工程项目名称、专业名称、设计单位名称、填表时间，变更的主要内容，涉及图纸的应当注明图纸编号和更改图纸的内容，表格空间不够时，可另附图纸。设计变更通知单应当一事一议，建筑、结构、油饰彩画等不同专业应当出具不同的设计变更通知单。该变更通知单应由业主、设计、监理和施工四方签章，并由四方各存一份。

（四）过程验收及会签

建筑遗产过程验收尤为重要，部分工程属于隐蔽性工程，其中关键环节的过程验收必不可少，应当做好详细数据记录，确保施工质量。建筑遗产修缮工程施工过程中的关键环节视具体工程情况而定，以重要节点、关键环节不能遗漏为原则。过程验收的基本思路是要判断该措施是否是在遵循文物保护原则基础上，确保文物安全的前提下，实施最低限度的干预措施，是否符合设计要求，材料是否符合要求，工程质量是否合格等内容。

过程验收可分为子分部工程和分部工程两种类型，子分部工程的过程验收先由施工单位自检，对工程质量及感观效果进行评定后，提交监理工程师验收。分部工程验收则需要业主、设计、监理和施工等四方参与，由总监理工程师组织实施。填写《分项工程验收记录表》，该表应当包括：工程项目名称，具体验收子分部工程的部位名称、编号，负责实施的单位名称，项目完成时间，对该分项工程现场验收记录和验收意见等内容。验收意见可从安全性、使用工程、工程质量、工程外观效果、资料收集整理等方面分类。综合意见结论为通过或不通过，不通过的应提出整改措施建议，最后应由业主、设计、监理和施工四方签字盖章。该资料四方均应留存。

（五）竣工图纸绘制

竣工图是设计成果的最终呈现，同时也应记录本次修缮的内容及设计变更的过程。施工单位往往在认识上存在偏差，认为提供一套最终版的图纸即可，而忽略了过程信息的表达。一般施工图绘制存在两种形式，一是当不存在设计变更或变更内容较少时，利用原设计图纸进行标注，在原设计图上加盖竣工图章，完善相关信息即可；二是当设计变更内容过多，原图纸无法标注全部信息时，可另附图或重新绘制竣工图。

可利用原设计图纸标注修改为竣工图，在原设计图纸上圈出变更部位，在图纸空白处绘出变更的内容，并注明变更的依据，应以四方设计变更洽商纪要为依据，在图纸中索引纪要中变更内容的条款编号。被修改的原图纸中文字性内容可用横线"—"划掉，图纸中的线段可用符号"×"叉掉。图纸中增加的内容可单独编制说明或绘制详图，增加内容也应当标注增加范围，注明增加的变更依据。详图可绘制在空白处，也可另行附图，但均需设置图纸编号并索引清晰。竣工图绘制以图示为主，图示无法表达清晰的可附加文字说明。工程施工中修改内容较多的，可绘制变更情况汇总表，如表6-2所示。

变更情况汇总表 表6-2

序号	变更依据	变更部位	变更内容

其中变更依据包括：设计变更洽商纪要、变更设计图纸、设计单位提供的变更文件及各个文件的形成时间等信息。

重新绘制竣工图的，也应注明竣工图与原设计图之间的区别及变更依据。图纸中发生变更部位的字体字号可与原设计图中的字体字号略微区分，并注明。此两种类型竣工图均应在图纸中予以明示。利用原设计图纸标注修改为竣工图的应加盖竣工图章；重新绘制竣工图的应当增加竣工图图根信息。

（六）工程竣工验收

建筑遗产保护修缮工程施工完成后，首先由施工单位进行自检，应对工程质量、感观效果、质量保证资料等进行检查，填写自检表格；表格应包括项目名称、分部（子分部）工程名称、施工单位及负责人员姓名、核查内容、部位数量、核查及评定结论等内容；应由施工单位出具自检结果。

自检合格后，由施工单位提请监理单位进行初步验收（或称预验收），应对工程质量、感观效果、质量保证资料等进行全面核查与评定，填写初步验收（或称预验收）表，表格应包括项目名称、分部（子分部）工程名称、施工单位及负责人员姓名、核查内容、部位数量、监理工程师核查及由监理单位出具的初步验收（或称预验收）结论等内容。初步验收（或称预验收）结论应由监理总工程师签字和监理单位盖章。

初步验收（或称预验收）合格后，由业主单位组织设计单位、监理单位和施工单位等进行竣工验收。四方对施工项目的工程质量、感观效果、质量保证资料等进行全面核查与评定，施工单位应当提交工程项目总结报告，对文物修缮原则遵守与把握、修缮工程组织实施、质量控制、项目分部管理、工程中遇到主要问题的处理等情况进行总结；监理单位对监理过程、材料进场、材料检验、抽查、旁站、整改通知与答复、月报等各种情况进行总结；设计单位对实施保护修缮工程与设计文件的符合度进行评估，对工程设计变更洽商内容进行说明，四方填写修缮工程验收记录表。表格应包括工程名称、基本描述、分部工程主要内容、分部工程初步验收（或称预验收）情况、参与验收四方单位名称与人员、开竣工时间、项目验收时间、验收综合结论以及四方签字盖章等内容。

国家文物局颁布了《全国重点文物保护单位文物保护工程竣工验收管理暂行办法》[86]，

按照该办法规定，全国重点文物保护单位的抢险加固、修缮、保护性设施建设、迁移等文物保护工程的竣工验收适用该办法。该办法要求修缮项目竣工一年后三个月内，由业主单位提交验收申请，省级文物行政主管部门组织或委托进行工程竣工验收，并将验收结果向国家文物局备案。该办法还对验收流程、验收内容、专家构成等进行了规定。

该办法是专门针对全国重点文物保护单位文物保护工程制定的办法，是完善工程管理的主要举措。一般而言，竣工验收应由业主单位组织设计、监理、施工等单位进行，该办法将验收权限交给省级文物行政部门，可以认为有以下理由：一是该项目为全国重点文物保护单位，二是工程经费为国家拨付的文物保护经费。理论上讲，将经费下拨给业主单位，业主单位即承担主体责任，上级单位只是实施监管责任，而将竣工验收直接列为监管行为，似有不妥，总之这当属于主体责任的内部分工问题，逻辑上确有混乱，此处不必强求。省级文物行政部门组织的验收内容上与上述"四方"验收内容基本吻合，这里不再赘述。国家文物行政部门组织或授权下级文物行政主管部门组织对工程验收情况进行抽查，验收抽查当属监管行为，抽查内容应另行规定，可参考《全国重点文物保护单位文物保护工程竣工验收管理暂行办法》及其他国家文物局颁布的相关规范文件。

二、资料整理出版

（一）资料整理

建筑遗产保护修缮工程竣工资料收集整理工作尤为重要，国家文物局颁布了《文物建筑保护维修工程竣工报告管理办法》[87]，对竣工资料整理编辑进行了规范，全国重点文物保护单位的工程竣工资料整理应符合该办法。由于建筑遗产保护涉及的资料内容过于庞杂，本书根据实际情况，予以简化梳理，突出重点，并对现有竣工报告进行归类分析。工程资料分为业主、设计、监理、施工等四方资料，其内容相辅相成且各具特点。业主资料主要包括：工程修缮计划与申报批复文件、工程勘察设计与论证文件、招投标文件、合同文件、工程注册及质量监督文件、商务文件、工程竣工验收文件、保修等其他文件等。设计资料主要包括：原始设计文件、批复文件、洽商变更文件和验收文件等。监理资料主要包括：监理规划实施文件、旁站记录文件、材料检验文件、工程抽检文件、工程处置文件、变更及联系性文件、例会制度文件、质量评估文件、支付及总结文件等。施工资料主要包括：施工管理类文件、施工技术文件、施工记录文件、施工物资文件、施工记录文件、施工试验文件、过程验收文件、工程竣工验收文件和施工总结文件等。

（二）资料出版

竣工资料的收集、整理与出版工作，一直以来是建筑遗产保护工程的薄弱环节。目前国家文物局已经资助了一大批建筑遗产修缮项目的出版经费，但只有20余项保护修缮工程正式出版了工程报告，这与国家拨付的文物保护经费相差甚远，与5058处全国重点文物保护单位的实际工程数量相差甚远。造成此种情况的原因是多种多样的，其中设计、施工人员的技术水平不高，对工程报告的体例与内容了解不够，是制约工程报告编辑出版的重要因素之一。因此，有必要对工程报告的体例与内容进行梳理，为设计、施工人员提供借鉴，提高工程报告编制数量与编制水平。国家文物局颁布的《文物建筑保护维修工程竣工报告管理办法》，对工程竣工报告的主要内容进行了规定。由于建筑遗产的类型、工程特点不尽相同，报告形式表达应结合自身特点，突出重点，形成逻辑自洽的体系，也不宜采用一刀切的形式。对目前已经出版的工程报告进行梳理，其中不乏优秀的工程案例[88]，本书尝试对工程报告主要体例形式进行归纳总结。

1. 工程报告编制的目的、思路和方法

编制工程报告（或称竣工报告）应当了解该建筑遗产保护工程的特点，结合特点构建编制工程报告的思路，选择编制方法，进而实现编制工程报告的目的。一般而言，编制工程报告的目的是如实记录本次保护修缮工程的全过程，科学呈现修缮的原则、理念、方法、措施等各类信息，使全部修缮资料得以留存，为供当世及后人研究。工程报告的编制一般应由业主方进行组织，设计、监理、施工等单位均可承担编制工作，也可委托第三方具体进行编制工作。工程报告编制思路是要构建一个脉络清晰、前后衔接、逻辑严谨的专业技术体系，因此工程报告应根据该工程的特点，梳理出报告的主要脉络，以主要脉络串起工程项目实施的全过程及构成工程报告的全要素。工程报告编制的方法也应结合工程的特点和要素特征选择适宜的方法，工程报告编制方法的选择应以全面、客观、准确记录建筑遗产保护信息为目的。

2. 工程报告编制的体例与主要内容

工程报告编制的体例与形式的选择应以建筑遗产的类型、实施保护工程的内容以及建筑遗产保护工程的特色等为先决条件。体例与形式选择是内容阐述的外在表现，体例与形式选择不可全篇一律。本书仅对工程保护的体例进行梳理示范，以助编者在编制工程报告时作为借鉴，如以"八股"形式进行套用，便失去了本书的本意。

一般而言，工程报告可分为序篇、工程保护研究篇、修缮篇及其他资料篇等四部分内容。

序篇可包括该工程报告的编制背景、编者自序、业界专家名人撰写的序等内容，也可包括题字赠言等，此部分多论述编制该工程报告的重要意义与价值以及其对业界的贡献及影响力，强调工程实施过程中如何遵循保护理念、如何实施文物保护方针、如何科学研究、如何实施修缮保护以及如何利用传统修缮技艺等内容。

工程保护研究篇是报告的核心内容之一，主要包括该建筑遗产的历史沿革，历史修缮记录，论文、著作、考古勘探记录及发掘报告，金石、文献等相关研究成果；还应包括材料产地、材料试验、监测分析等科学研究内容。工程保护研究篇不是对已有资料的简单堆砌，而是梳理研究、归纳分析的过程。应梳理出清晰的思路与脉络，对相关内容进行有机的串联。可以时间为主线，也可以修缮内容、修缮顺序为主线。如西安城墙修缮研究即以时间为研究主线展开，首先研究了清代对西安城墙的修缮与政令性保护措施，然后研究了1911~1949年西安城墙遭到的战祸和人为破坏，最后研究了1949年以后对西安城墙的大规模整修。在部分建筑遗产保护工程中考古勘探记录及发掘报告等相关资料，对探明建筑遗产的格局及形制十分必要，尤其是遗址类遗产的保护工程。通过对唐长安城城门考古研究，弄清了城门设置、城门形制特点、明清时期西安城墙体系及附设构筑、"西安"城古水道分布等问题，为科学实施修缮工程提供了直接支撑。

修缮篇应包括该建筑遗产修缮工程的勘察报告、修缮设计方案、上级行政主管部门的批复、专家论证意见、施工图设计及各类洽商变更资料等设计资料；施工组织设计、施工日志、施工管理、施工技术措施、施工质量控制、资金来源与使用、施工决算、竣工验收等施工资料；监理计划、监理日志、监理月报、旁站记录、材料监测记录、现场检验记录、洽商记录、质量控制、观感控制、监理工作总结等监理资料。

其他资料篇包括：各种相关材料试验、配比试验、修复技术试验、加固措施试验、采样及样品分析、基础稳定性分析等各种分析报告、力学计算等各种计算书及数据处理等资料。如某古建筑彩绘保护修复技术包括：保护修复的技术路线、彩绘表面污染物种类及其相应的清洗、彩绘的化学显色及加固、少量小型新配构件的防腐处理、裂隙处理及彩画显色保护技术总结等内容。工程报告还应包括实测图、方案图、施工图、竣工图、历史照片、修缮过程照片及竣工照片的各种黑白或彩色图版，其他资料篇还可以附录形式呈现，记录该修缮工程大事记以及修缮保护工程管理机构情况等。

工程报告不论采取何种体例与形式，逻辑思路应当清晰，主要内容不可或缺，目前国内已经出版了部分工程报告，表6-3将其目录列出，以供参考。

已出版工程报告目录表　　表6-3

序号	工程项目名称	编制单位	出版社	出版时间（年）
1	西安长乐门城楼修缮工程报告	陕西省西安市文物管理局	文物出版社	2001
2	西藏阿里地区文物抢救保护工程报告	西藏自治区文物局	科学出版社	2002
3	海南邱濬故居修缮工程报告	海南省文物保护管理办公室	文物出版社	2003
4	北响堂石窟加固保护工程报告	河北省古代建筑保护研究所	科学出版社	2010
5	新疆和田地区佛塔抢险加固工程报告	新疆自治区文物古迹保护中心	科学出版社	2012
6	老司城遗址文物保护工程报告	湖南省文物考古研究所	科学出版社	2018
7	颐和园排云殿-佛香阁-长廊大修实录	颐和园管理处	天津大学出版社	2006
8	太原晋祠圣母殿修缮工程报告	柴泽俊	文物出版社	2000
9	朝阳北塔考古发掘与维修工程报告	辽宁省文物考古研究所	文物出版社	2007
10	广元皇泽寺文物保护维修工程报告	皇泽寺博物馆	文物出版社	2010
11	汉长城桂宫2号建筑遗址（南区）保护工程报告	西安市文物局	文物出版社	2012
12	江苏云岩寺塔维修加固工程报告	陈嵘	文物出版社	2008

续表

序号	工程项目名称	编制单位	出版社	出版时间（年）
13	库木吐喇千佛洞保护修复工程报告	新疆维吾尔自治区文物局	文物出版社	2011
14	辽宁省惠宁寺迁建保护工程报告	辽宁省文物考古研究所 河北省古代建筑保护研究所	文物出版社	2007
15	龙门石窟保护修复工程报告	洛阳市文物局	文物出版社	2011
16	青海塔尔寺修缮工程报告	中国文物研究所	文物出版社	1996
17	萨迦寺壁画保护修复工程报告	段修业、王旭东、李最雄等编著	文物出版社	2013
18	绍兴印山越国王陵原址保护工程报告	南京博物院等编著	文物出版社	2011
19	武当山紫霄大殿维修工程与科研报告	湖北省文物局	文物出版社	2009
20	瞿塘峡壁题刻保护工程报告	重庆市文物局	文物出版社	2003
21	周口店遗址保护工程报告	周口店北京人遗址管理处	文物出版社	2013

第七章 ｜ 建筑遗产保护设计分类研究

第一节　寺庙类建筑遗产

我国保留了丰富的寺庙建筑，主要包括佛教、道教、伊斯兰教、天主教和地方宗教建筑等。其中最具影响力的是佛教建筑。佛教由印度传入我国，结合中国古代建筑的特点，形成了具有中国特色的庄严华美的佛教建筑。在长期发展融合过程中，我国佛教建筑形成了独特的建筑风格体系，如禅宗提倡的"伽蓝七殿"，在吸取中国传统宫殿布局的前提下，将建筑整体格局形式予以固化，佛教寺庙多以南北为轴线，从南至北依次为：山门、天王殿、大雄宝殿、法堂、藏经楼。东西配有观音殿、祖师殿、伽蓝殿、药师殿等建筑。

道教是我国土生土长的宗教，形成于东汉时期，奉老子《道德经》为经典，道教建筑风格以遵循中国传统宫殿营造体系为基础，多以中轴线布局为主，也有部分道观结合地形地貌变化而自由布局的范例，如四川宜宾真武山古建筑群，以祖师殿为中心，呈扇形分布。道教建筑仍以神殿为主体建筑，神殿多处于建筑群中轴线或核心位置，以庄严肃穆为基调；体现阴阳五行、八卦及天人感应的哲学思想。道教建筑布局除了"聚气迎神"、区分长幼尊卑外，也有更加灵活的处理方式，寺观内多设园林，利用名胜古迹和奇异地貌，置亭、台、楼、阁，追求与自然景观的高度融合。道教教义或与民俗相结合，追求吉祥、长生，并举办"花会""庙会"等活动，甚至已成为民间节庆的习俗；或与雅士为伴，置建筑于奇峰异壑之中，营造超逸玄妙之境。书画、联额、诗文、碑刻、壁画、雕塑与建筑高度融合，极富艺术感染力。

伊斯兰教自唐代传入我国，与佛、道两教不同，其寺院为"清真寺"，信仰单一神灵，没有造像崇拜，仅作神龛，龛内装饰《古兰经》经文或几何图案。中国西部和东部建筑形式变化较大，西部采用西亚建筑风格，主殿多采用尖拱门、半球形的穹隆结构；东部建筑吸取了中国木结构古建筑的特征，从院落格局到建筑构造均为传统建筑形式，一般院落中设望月楼，可能是由"邦克楼"演变而来，具有召唤信徒的作用。主殿采用连续勾连搭的形式，解决中国古建筑进深不足、不能满足大型室内礼拜空间需求的问题，大殿最西端常建有后窑殿，下为神龛，上多做攒尖顶建筑，梁架举折远远超出法式规定，有直插云霄之感。

基督教、天主教发源于西方，明代开始传入我国，由意大利传教士利玛窦修建的北京宣武门天主教堂，是北京现存最早的基督教教堂，始建于明万历三十三年（1605年）。教堂的原意是"主的居所"，传入我国后，基督教、天主教各自有相应的传播渠道和宗教活动的场所，保留了各自的风格特点。建筑风格主要有罗曼式、巴洛克式、哥特式、拜占庭式、中国传统式等。很多教堂在主风格基调下，或多或少受到了地域文化的影响，吸收地方建筑做法，融合了不同的文化特征。

地方寺庙是指供奉地方神灵的场所。与上述所讲的三大宗教相比而言，地方神信仰传播范围较小，受众较少，没有形成完善的宗教理论体系。从历史上看，中华大地有多神信仰的传统，《礼记·祭仪》："鬼者，阴之灵；神者，阳之灵也。"人生中总会有各种灾难和困惑，总会遇到各种不确定性，人的心灵有时难以面对"不可知"带来的恐惧，为慰藉心灵、平衡心态，于是人类创造了神和神的世界。中华传统文化受天人合一思想影响深远，有时敬物与敬人视为同等重要，人的智慧、品行、功德高了，可以被推崇为神，植物、动物或年代久或与人行善，也可以成为仙。由此可以看出，中国是一个具有泛神论传统的国家，一切合乎自然规律与法则的东西，看得懂的、看不懂的，都可以是神，每个行业有自己的神，如扁鹊、华佗、鲁班等，每个地域也有自己的神，如妈祖、二仙等，因而创造了丰富的神仙文化景观。例如：二仙庙就是祭祀地方神二仙姑的场所。据研究二仙姑为汉代山西省陵川县乐家庄人，因不堪继母迫害，入西山修道，得道后，有求必应，广施宏恩，惠及一方百姓。传说其先助唐王伐高句丽，唐王加封她们为"二仙菩萨"；后助宋抗击西夏，得宋徽宗赵佶敕封二真人号，长曰："冲惠"，次曰："冲淑"，并下令护建其庙，长期奉祀，近年信仰已失，但尚有庙会活动。

本章阐述以上几种宗教形式，只为铺垫。下面仅以道教寺庙——河北蔚县真武庙、佛教寺庙——辽宁锦州广济寺为例，介绍宗教寺庙修缮设计方案的编制方法并评述其存在的问题。

一、道教寺庙——河北蔚县真武庙

（一）研究评述

蔚县是河北省张家口市保存古代建筑最丰富的地区，真武庙是古城内保存最为完整的道教建筑群，是张家口地区鲜有的明代早期建筑。勘察重点是提炼明代早期建筑的特点及地方手法与官式做法的区别。设计难点是恢复前檐装修和大殿脊饰。设计初期由于缺少相关资料，参照了当地明代寺庙的装修式样进行大殿前檐装修设计；经多方论证与寻找相关资料，寻得民国时期历史照片一张，按该照片式样，重新勘察檐柱榫卯位置与尺寸，经认真推敲，调整了前檐装修设计方案。

瓦顶琉璃脊饰残损严重，仅局部残存脊饰，经分析研究确定其为明代脊饰原物。该琉璃脊饰造型优美、质地浑厚，设计人员查阅了大量资料，并对周边区域古建筑脊饰进行详细全面的调查，与真武庙大殿脊饰进行比对分析，同时对琉璃脊饰材料产地进行了调查，为设计方案制定提供了充分的依据，并在后期施工过程中完善了施工图设计。

（二）勘察报告编制

1. 遗产概况分析

蔚县真武庙位于河北省张家口市蔚县县城内西北隅，蔚州镇财神庙巷25号。东经114°92′，北纬40°14′，海拔970米。蔚县真武庙由行宫（前殿）、天将宫、配殿、真武大帝殿、

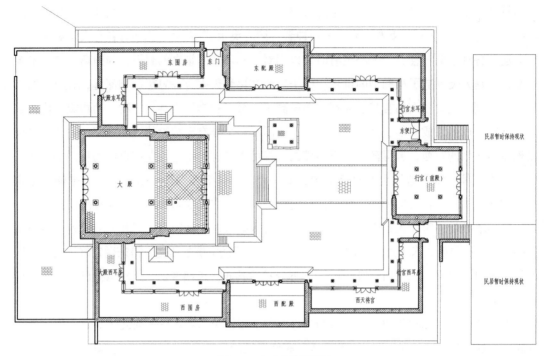

图7-1　真武庙总平面图

围房、碑亭组成（图7-1）。该庙宇坐北朝南，坐落在高约3米的夯土包砖台基上，殿宇围房相连，形成一套封闭式独立院落，占地面积2944平方米。2006年5月被公布为第六批全国重点文物保护单位。

2. 历史沿革研究

蔚县真武庙始建年代不详，从历史文献、碑刻资料中未发现准确记载。就建筑形制及建筑残存构件特征分析，现存真武庙大殿保存了明代早期建筑的诸多特征。

据雍正元年（1723年）四月重修碑刻《施舍香火房地碑记》①中载："昔人因其势之耸而创建北极玄帝宫"。另据雍正六年（1728年）八月碑刻《重修真武庙碑记》②载："创建多年来旧矣""西北角建玄帝庙，其坊曰：'紫霄真境'……时值康熙十九年六月地震异常，摇毁殿宇，行神一宫，五神□七真二殿以及东□□天将宫，北极大殿渐至倾覆，……康熙五十九年六月重修，告成于雍正三年七月"。从以上资料可知：清康熙十九年（1680年）六月，蔚县发生地震，原建筑坍塌，道人王太耀于康熙五十九年（1720年）主持重修，至雍正三年（1725年）完工。道光庚子年（1840年）和光绪三年（1877年）又曾小规模修缮。

1949年后，蔚县真武庙一直被县国有粮库占用。1982年9月被列为县级文物保护单位③，并完成了"四有"工作。1993年7月被公布为河北省文物保护单位。2001年收归文物部门管理，

---

① 《施舍香火房地碑记》，雍正元年四月重修碑刻。

② 《重修真武庙碑记》，雍正六年八月碑刻。

③ 《蔚县真武庙国保单位档案》，蔚县博物馆，2004年5月。

并设立文物保护机构。

3. 总体布局特征与建筑型制分析

蔚县真武庙坐北朝南，依地势而建，原由两进院落组成，分别处于南、北两台地上，第一进院落处于南台地上，据县志记载，原有山门、牌坊等建筑，但现已无存。现存建筑均坐落于北台地上，沿中轴线从南至北依次为行宫（前殿）（图7-2）、真武大殿等。真武大殿前出卷棚抱厦，抱厦前设月台，再前东南侧有碑亭一座；大殿东、西各

图7-2 行宫背立面

有配殿一座，东、西配殿与行宫（前殿）、真武大殿间连以天将宫、围房，形成封闭四合院落。行宫两侧便门为现存庙宇的主出入口；东配殿北侧辟一门，为庙宇辅入口。院落地面铺墁条砖，整个院落地面西北高东南低。

（1）行宫（前殿）

行宫面阔三间，进深二间（图7-3），单檐悬山布瓦顶建筑（图7-4），绿琉璃瓦做菱心，前出勾裢搭卷棚抱厦。卷棚面阔三间，进深一间，前檐台明外为陡坎，与前一台地落差3米。行宫明间梁架用中柱，前后施双步梁，5檩用3柱（图7-5），各梁均插于中柱上；山面梁架采用五架梁抬梁式，前后檐下施一斗交麻叶斗栱。

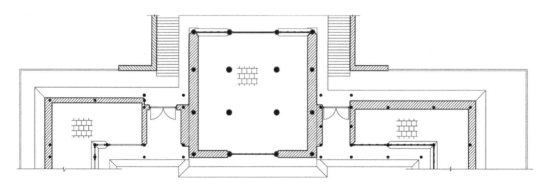

图7-3 真武庙前殿平面图

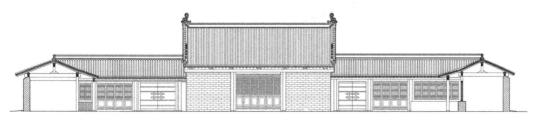

图7-4 真武庙前殿立面图

卷棚抱厦采用四架梁上瓜柱支撑平梁结构，四檩用二柱（图7-6）。前后檐平板枋接头处均设在明间中部轴线处。前檐明间施四扇隔扇，次间施四扇槛窗，后檐明间施六扇六抹隔扇，次间用墙体维护；室内地面以330毫米×330毫米×70毫米方砖墁地。

（2）东、西天将宫（东、西配殿南侧）

天将宫面阔四间，进深一间前出廊，为单檐硬山布瓦顶建筑（图7-7），梁架结构为三架梁前单步梁结构，四檩用三柱。金柱与

图7-5　行宫明间梁架

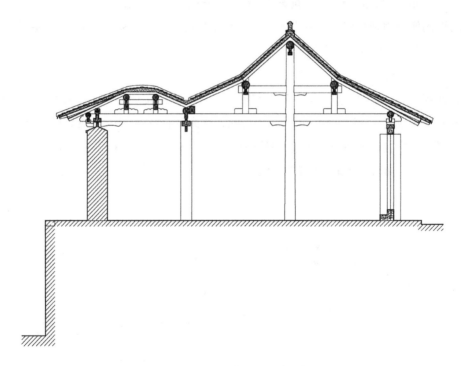

图7-6　真武庙前殿剖面图

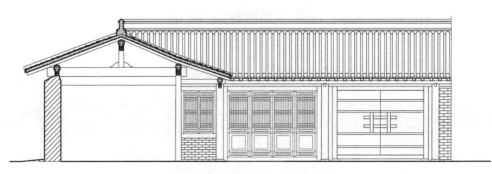

图7-7　东天将宫剖面、东便门立面

檐柱间下用穿插枋连接，上施抱头梁。

后檐及两山用墙体围护，墙体下碱用条砖小淌白砌筑，内墙上身为土坯墙，麦秸泥打底找平，内墙白麻刀灰罩面。根据榫卯及现场调查推断，前檐金柱中一间施隔扇门，其余三间施槛窗；室内用290毫米×290毫米×60毫米方砖墁地。

（3）东、西配殿

东、西配殿位于真武大殿前两侧，面阔三间，进深三间，为单檐悬山布瓦顶建筑（图7-8）。明间梁架采用减柱手法，梁

图7-8 东配殿西立面

架采用五架梁结构，五檩用二柱（图7-9）；五架梁上置驼墩支撑三架梁，脊檩两侧施叉手。两山墙内梁架结构为三架梁前后单步梁，五檩用四柱；各檩部节点为檩、枋两件。檐下施一斗交麻叶斗栱。

前檐明间原施六扇六抹隔扇，次间原施六扇四抹槛窗。槛墙用小停泥淌白砌筑；后檐及两山用墙体围护，墙体下碱用条砖小淌白砌筑，上身为土坯墙，麦秸泥打底找平，内墙白麻刀灰罩面。西配殿后面（西面）座于约4米高的夯土包砖墩台之上，室内用290毫米×290毫米×60毫米方砖墁地。

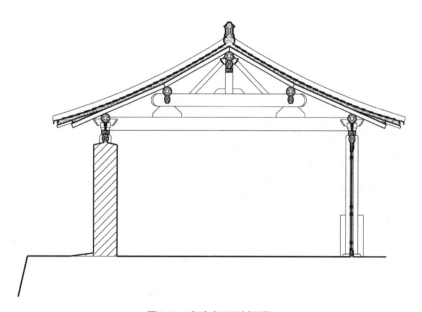

图7-9 真武庙配殿剖面图

（4）碑亭

碑亭位于大殿前东南，为单檐歇山布瓦顶建筑，平面呈方形，边长4.35米（图7-10～图7-12）。四根檐柱柱头均有卷刹，梁架结构为四角斗栱上施驼墩，上支撑角梁后尾，再上置三架梁。各檩部节点均用檩、枋两件。

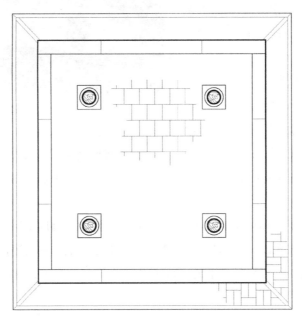

图7-10　碑亭平面图

图7-11　碑亭正立面

图7-12　碑亭侧立面

图7-13　碑亭斗栱　　　　　　　　　　　　　　图7-14　碑亭室内梁架

　　檐下施五踩双翘斗栱（图7-13、图7-14），里外拽瓜栱及厢栱均削成斜栱，上施麻叶头；每面施两攒平身科斗栱。原柱间施栏杆，现存卯口；柱础为古镜式石础，亭内290毫米×290毫米×60毫米方砖墁地。

　　（5）真武大殿

　　真武大殿由前卷棚抱厦和正殿两部分组成（图7-15）。

　　1）前抱厦。面阔三间，进深三间，为单檐卷棚歇山绿琉璃瓦顶建筑（图7-16~图7-18）。

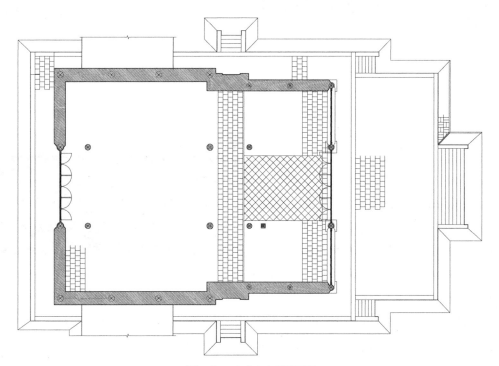

图7-15　真武庙大殿平面图

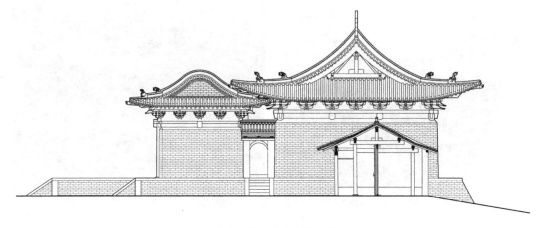

图7-16　真武庙大殿侧立面图

图7-17　真武大殿正立面

图7-18　真武大殿侧面

抱厦前后檐下施双翘五踩斗栱（图7-19），正心栱采用直栱，外拽栱栱端抹角成斜面，厢栱呈异形栱；平板枋下施垫板、额枋。前檐原明间施六扇六抹隔扇，次间原施六扇四抹槛窗。卷棚抱厦后檐与大殿主梁架呈勾搭连接，后檐柱间不施装修，卷棚内梁架采用减柱手法，六架梁置于柱头科斗栱上，上施四架梁（图7-20），瓜柱承托金檩，平梁简化为穿插枋，各檩部均用檩、垫板、垫枋三

图7-19　抱厦斗栱

件。次间施抹角梁，承托踩步金，踩步金与下金檩交圈。地面施方砖，两山以砖墙维护。在大殿于抱厦连接处，原两山面各辟一券门，清代维修时将门封堵，墙内壁满绘壁画。

抱厦内东西墙上绘有道教题材人物壁画，皆与真人大小相同，共计20尊。其中抱厦东西

图7-20　抱厦梁架

图7-21　真武庙殿内壁画

墙上各7尊，包括无须者各1尊，老翁各2尊，中年各4尊，神态相貌相仿，手持笏板，笏板上饰七星，衣带飘然，面容肃然，似为朝奉途中。在抱厦与大殿连接处，东西各绘3尊，为1道2侍者，东为男侍，西为女侍（图7-21）。

2）正殿。面阔三间，进深三间，单檐歇山绿琉璃瓦建筑（图7-22~图7-24）。施琉璃花脊，上饰牡丹、向日葵、花草等图案。室内明间采用减柱做法，梁架采用七架梁结构，七檩用三柱（图7-25）。柱头有卷刹，山面构架七架梁上支撑顺梁，顺梁另一端搭在山面平身科斗栱上；顺梁上施驼墩，再上支撑踩步金。梁架构造节点为垫墩上施大斗，大斗承托襻间斗栱。脊部节点构造为大斗上施异形栱，两侧用叉手。

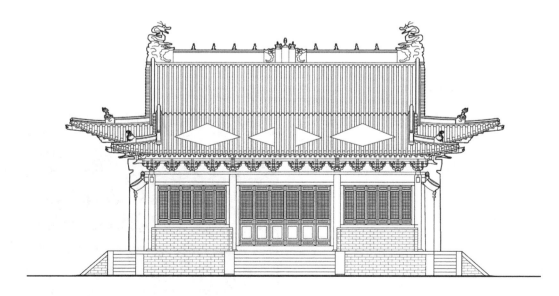

图7-22　真武庙大殿正立面图

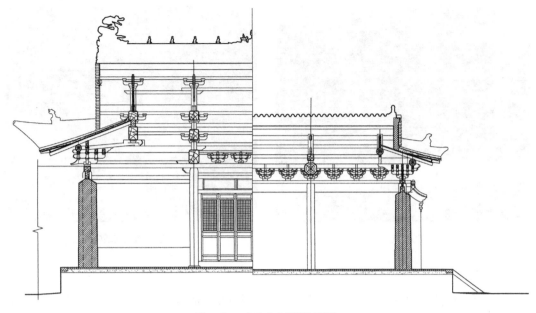

图7-23　真武庙大殿纵剖面图

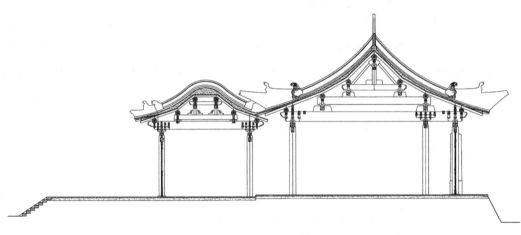

图7-24　真武庙大殿横剖面图

正殿前后檐每间施两攒平身科斗栱，均为外三踩里转五踩斗栱（图7-26），内施双翘外用单下昂，外拽栱两端做成斜面；两山面每间施一攒平身科斗栱，均为外三踩里转五踩斗栱，内施双翘外用单下昂，栱件不削斜面；明间后金柱间施平板枋和额枋，上施双翘五踩斗栱。

前檐明间原施隔扇，次间原施槛窗，清代后加抱厦时拆除。后檐明间原施六扇隔

图7-25　真武大殿梁架

扇，后檐次间及山面均用墙体围护，下碱采用条砖顺砌，错缝、不施丁砖，内墙上身用土坯砌筑，麦秸泥打底找平，内罩白麻刀灰；外墙上身采用原规格条砖小淌白砌筑（细墁）。

抱厦前置月台，四周施压面石，青砖砌筑台帮；月台正面及两侧各置一台阶，设9级踏跺。月台地面与室内地面均用330毫米×330毫米×70毫米方砖铺墁。

图7-26 角科斗栱后尾

正殿东山墙上砌有石碣两块，分别为：清雍正元年（1723年）《施舍香火房地碑记》，嘉庆二十五年（1820年）十月十八日《捐施香火房地碑记》。

其他东门、东西围房、东西便门等附属建筑（略）。

4. 保护现状及残破原因分析

现存真武庙建筑群局部基础不均匀下沉、墙体开裂、柱子倾斜、局部梁架歪闪、瓦顶杂草丛生、屋面坍塌、墙面壁画被毁、院落排水设施毁坏，前院被人为拆除改造，总体保存情况较差，急需修缮。下面仅以真武大殿为例。

（1）真武大殿前抱厦（表7-1）

真武大殿前抱厦残破现状与原因分析　　　　　　　　　　　　　表7-1

序号	部位	残破现状	残破原因分析
1	月台	月台墁地砖全部遗失，现用水泥抹面（厚50毫米），四周压面石全部风化，碎裂毁坏严重；垂带及踏跺为后砌，台帮用条砖砌筑，月台台帮外闪变形严重，东西两侧仅15%砖可继续使用，月台西南角部坍塌下沉	院落排水不畅，积水致使月台基础局部下沉；月台年久失修，毁坏严重，后人曾按照粮库功能需要予以改造
2	台明	部分压面石遗失，后人补砌压面石，大小不一，参差不齐。台帮表面后抹白灰，条砖砌体大部分风化。面砖尚存30余块方砖，后人用条砖重铺台明地面	年久失修
3	散水	散水遗失，前檐及西侧改为碎砖地面，东侧为水泥地面，后檐为杂土地面	人为改造
4	室内地面	室内方砖为后墁，高于柱础，90%砖遗失、粉碎或断裂	原墁砖毁坏，重新铺墁时抬高了地面
5	墙体	次间墙体为后人改造；山墙下11层砖表面全部酥碱，面层脱落3~8毫米；山墙沿柱纵向通裂	雨水潮气使山墙根部酥碱
6	梁架	明间西缝六架梁北端断裂、下沉，现用临时柱支顶，梁头已断落，檐外闪。明间后檐平板枋、额枋向下弯曲变形。西侧踩步金裂缝宽30毫米，表层轻度糟朽	屋面漏雨，木构件长期浸泡糟朽，致使梁头断裂下沉；平板枋、额枋因糟朽强度变小而变形
7	椽望	抱厦东北角漏雨严重，角梁椽飞均糟朽变形。飞椽及望板全部糟朽，后檐西次间漏雨、糟朽严重；内椽约毁坏20%	瓦顶脱节，天沟防水毁坏，漏雨严重

续表

序号	部位	残破现状	残破原因分析
8	装修	前檐明间后改二扇门（已遗失，仅留门框），次间装修遗失，现用墙封堵	人为拆除
9	瓦顶	瓦垄脱节、杂草丛生；顶部前坡后开天窗一个；吻兽全失，尚存二段垂脊。檐头附件90%毁坏	年久失修，后人按照粮库需要后加天窗通风
10	油饰彩画	木构件油饰全部脱落；梁上彩画脱落严重，无法辨认	年久失修
11	斗栱	抱厦东北角斗栱均糟朽变形，后檐斗栱缺失小斗5枚	年久失修

（2）真武大殿正殿（表7-2）

真武大殿正殿残破现状与原因分析　　　　　　　　　　　　表7-2

序号	部位	残破现状	残破原因分析
1	台明	东侧台帮60%面层酥碱；已坍塌，后人补砌，参差不齐、多处下沉。后檐台明为后人改砌，杂草丛生，已严重毁坏坍塌	年久失修
2	散水	散水无存	人为拆除
3	室内地面	室内方砖为后墁，高于柱础；90%砖遗失、粉碎或断裂	改做粮库时，后墁地面
4	墙体	后檐明间墙体为后人所堵，次间及山面原墙体毁坏，外包被砖墙；现包墙部分下6层砖表面酥碱，后墙砖面层均显风化	原墙毁坏，后人按照粮库功能需要，改砌墙体
5	梁架	后金柱根部糟朽，东北角柱下沉，东侧顺梁裂缝达20毫米，顺梁头斗栱变形下沉	柱根糟朽，致使角部下沉
6	椽望	檐椽、飞椽毁坏35%，内椽约毁坏20%，外檐望板全部糟朽，后坡望板约50%糟朽	瓦顶脱节，漏雨严重
7	装修	前檐装修全部遗失，明间存下槛卯口，次间槛上有卯口；后檐明间装修遗失	人为拆除
8	瓦顶	瓦垄脱节，屋面长草，后半坡大部漏雨，西北角漏雨严重；戗脊全部遗失，正脊垂脊大部尚存，大吻、吞脊兽等均仅存根部，跑兽全部遗失	年久失修
9	油饰彩画	壁画线条清晰，局部色块脱落，表面刷白涂料一层，现已大部分脱落；木构件全部褪色，表面刷白涂料一层；梁架彩绘尚存痕迹	后人粉刷涂料
10	斗栱	后金柱隔架科明间补间缺1攒斗栱，其余3攒均变形，遗失小斗8个，拽枋遗失计3根	年久失修

5．评估

（1）价值评估

真武庙是蔚县境内历史最久、规模最大、艺术价值最高的一组道教古建筑群，因其庙宇巍峨、地势宽宏、基址高峻而著称。在建筑形式上，真武庙作为道教寺庙，采用传统建筑的封闭式四合院落式布局，建筑群依地势而建。院落四周建筑以耳房、配殿、围房相连，整个建筑群主辅分明、相互照应、井然有序、庄重稳定。真武庙大殿具有明代早期建筑特征，其插手做法、梁架结构、斗栱形式等特点突出，是研究明代早期寺庙建筑的典型实物。真武庙大殿内墙上存有道教题材的人物壁画，人物数十身，皆与真人大小相同，绘画技巧较高，艺术价值突出；真武大殿琉璃花脊，上饰牡丹、向日葵、花草等图案；大殿栱眼壁为琉璃雕饰，做黄龙及云纹图案。真武庙雕饰风格华丽、做工精美，具有较高的艺术价值。

（2）管理条件评估

蔚县真武庙现由蔚县博物馆管理，有专职保管员进行看护，制定了专门管理规定，初步具备了管理文物建筑的职能。由于缺乏专业技术人员、管理经费以及必要的管理设施，目前真武庙整体管理水平尚不能满足文物保护发展需求。

（3）现状评估

蔚县真武庙周围高台局部坍塌，排水设施毁坏、院落积水，部分建筑基础松动，有不均匀下沉现象，墙体多处裂缝，局部开裂严重，梁架木构件局部歪闪，瓦顶屋面下沉，险情较为严重。古建筑群整体保存状况不能满足文物保护需要。

（三）修缮设计方案

1. 修缮原则

①在坚持文化遗产保护真实性原则的基础上，尽可能使用原做法、原工艺，尽量保留原有构件；残损的构件经修补后仍能使用的，不应更换；对年代久远、工艺珍稀等有特殊价值的构件，只允许加固或必要的修补，不允许更换。②对于原结构存在的或历史上干预形成的不安全因素，允许增添少量构件，改善受力状态。③修缮不允许以追求新鲜华丽为目的，重做装饰彩绘；对时代特征鲜明、式样珍稀的彩画，只能作防护处理。④可适当采用新材料、新工艺，增加修复的科技含量，以确保修复后的可靠性和持久性，但具有特殊价值的传统工艺和材料必须保留。⑤以文物建筑现状整修为主，不得实施重建，可适当考虑院落及周边环境的整治。⑥给水排水、消防等配套设施工程与文物保护工程同步实施，避免对文物本体造成二次破坏，将对环境的影响降到最低程度。

2. 修缮依据

《中华人民共和国文物保护法》中关于"不改变文物原状"的修缮原则，《中华人民共和国文物保护法实施细则》的有关规定及《河北省文物保护条例》、《文物保护工程管理办法》中有关文物建筑修缮条款，《河北省蔚县真武庙修缮工程勘察报告》，河北省蔚县真武庙修缮工程实测图以及相关碑刻、历史文献资料。

3. 修缮目的

本次维修是以保护为主，全面修缮，使之成为继承文化传统、接受文化传统教育的场所。真武庙工程定位为文物保护工程，旨在对现有文物建筑进行全面修缮。道教文化是中华传统文化的重要组成部分，蔚县真武庙是道教文化的重要载体，在有效、科学保护文物的基础上，可对传统建筑文化进行深层次发掘。

4. 修缮性质

现状整修：行宫（前殿），行宫东、西耳房，东、西便门，东、西天将宫，东、西配殿，东、西围房，真武大殿，真武大殿东、西耳房，东门，碑亭，二进院落地面、墩台等项目。

5. 修缮分期

蔚县真武庙修缮工程分为两期。第一期：行宫（前殿），行宫东、西耳房，东、西便门，东、西天将宫，东、西配殿，东、西围房，真武大殿，真武大殿耳房，东门，碑亭，二进院落墩台等修缮工程及二进院落排水设施等。第二期：一进院落甬路地面、二进院落甬路地面、院落围墙、院落消防设施等。

6. 修缮方案（仅以真武大殿修缮工程为例）

（1）真武大殿前抱厦

月台与台明：拆除月台西南角部，重做基础，采用机砖混合砂浆砌筑，重做角柱石及地伏石并原位归安。拆除月台严重外闪变形的台帮，按照原做法采用白灰浆重新砌筑；重新归安压面石，对碎裂严重的条石以及后配规格不符的条石进行更换；对四周轻度风化的压面石暂不作处理，石构件加工需采用传统工具、使用传统工艺，不宜使用电锯。揭取月台上水泥面层，重新铺墁月台地面，采用规格为330毫米×330毫米×70毫米的方砖。拆除后改砖垂带、踏跺，依据现存垂带、踏跺位置及尺度，采用青白石重新制作并安装。前檐及两山台明做法同月台；保存残存的面砖，并按照此规格烧制方砖，补配缺失墁地砖，重新予以铺墁。

散水：揭取前檐及西侧碎砖地面，揭取东侧水泥地面，清理后檐杂土地面，重新铺墁散水。具体做法为：原土夯实，做8%泛水；然后上垫3:7灰土一步夯实，上墁380毫米×170毫米×70毫米条砖，散水宽830毫米。

室内地面：清理室内后墁方砖，降低室内地平，露出柱础；按照现存方砖规格式样补配方砖，重新细墁室内地面，具体做法为：原土夯实，夯制3:7灰土一步，上墁330毫米×330毫米×70毫米方砖，砂子灰灌缝。对保存完整的原方砖做清洗处理，并原位归安。

墙体：拆除前檐次间后改墙体，按照山墙条砖规格380毫米×170毫米×70毫米烧制条砖，要求强度、密实度不低于原砖，按照山墙下碱砌法砌筑前檐次间槛墙。采用原规格条砖，剔补山墙表面严重酥碱的条砖；用白灰浆灌山墙纵向通裂，表面青灰做旧。

梁架：支顶明间西缝梁架六架梁，对柱子根部糟朽部位进行挖补，抬升归位，重做柱基；对北端断裂梁头进行粘接，并用铁箍加固；去除现用临时支顶柱；更换一根六架梁，归安外闪檩。更换明间后檐平板枋、额枋；用木条粘补西侧踩步金裂缝；更换抱厦东北糟朽的角梁。

椽望：揭取屋顶椽望，更换抱厦东北角部椽子，更换全部糟朽的望板和飞椽；更换后檐西次间椽飞，内椽约更换20%。

装修：卷棚后檐柱间不施装修，拆除前檐明间后改板门门框、墙体和次间后包砌墙体；前檐明间恢复六扇六抹隔扇，次间恢复六扇四抹槛窗，施直方格心屉。

瓦顶：拆除顶部后加开天窗，揭取绿琉璃瓦顶，重做礤渣苦背，厚8~15毫米，恢复绿琉璃瓦顶、中部黄琉璃菱心屋面式样，采用7样绿琉璃瓦和7样黄琉璃瓦，添配缺失垂脊与脊饰。

油饰彩画：油饰脱落部位，清洗后采用原做法、原材料重新油饰；清洗彩画表面后加涂料，按照原式样原工艺对彩画进行局部整修。

斗栱：检修全部斗栱，更换抱厦东北角1攒严重糟朽变形斗栱，补配后檐斗栱缺失小斗。

（2）真武大殿正殿

台明与基础：剔补东侧台帮酥碱面砖，拆除后人补砌墙体，按照残存式样，重砌坍塌部分。下沉部位重做基础，重新砌筑。清除后檐台明上杂草，拆除残余碎砖、台明及后人包砌墩台，按照前檐做法补配缺失压面石，重新砌筑台明及墩台。

散水：重新铺墁散水。先找平，原土夯实，垫3：7灰土一步夯实，上墁380毫米×170毫米×70毫米条砖，散水宽830毫米。

地面：揭取室内后墁方砖，参照柱础位置，降低室内地面；采用330毫米×330毫米×70毫米方砖重墁地面，按照残存式样烧制、补配，室内面砖更换约90%。

墙体：拆除后檐后包墙体，重砌墙体，下碱采用380毫米×170毫米×70毫米条砖顺砌，错缝、不施丁砖，小淌白砌筑；墙体上身用土坯砌筑，外罩麦秸泥，内罩麻刀灰饰白。采用原规格条砖，剔补两山面原墙体中严重酥碱的面砖。

梁架：墩接后金柱糟朽的根部，支顶梁架，抬升东北下沉的角柱，重做基础，归安柱顶石，恢复两侧墙体，归安东侧顺梁。

椽望：檐椽、飞椽更换35%，内椽约更换25%，外檐望板全部更换，后坡望板更换50%。

装修：正殿前檐柱上存有卯口，目前尚不清楚装修式样，暂不恢复装修，待考察明确后再予以恢复。拆除后檐明间后堵墙体，恢复六扇六抹隔扇，施直方格心屉。

瓦顶：清除屋面杂草，揭取瓦顶，重做苦背，采用原瓦件重新挂瓦；对于缺失、残毁的瓦件，应按照现存瓦件烧制补配，更换残损的瓦件，其中布瓦更换率为30%、筒瓦更换率为45%。按照残存脊饰式样补配，补齐大吻、吞脊兽等构件的上半部分，与下半部分粘接，并原位安装；添配缺失戗脊，原状归安正脊垂脊。

油饰彩画：清除壁画表面被刷的白涂料层，壁画暂不做处理；清洗木构件表面涂料层，所有褪色木构件均清洗后，采用原做法、原材料重新油饰；新做装修、添配木基层等木构件，钻生桐油二道，并采用原做法油饰。

斗栱：检修所有斗栱，按照现存斗栱式样，补齐缺失的小斗、栱件及枋子；添配缺失的后金柱明间一攒隔架科斗栱；检修其余三攒，更换严重变形的栱件；补配外檐缺失的8个小斗及3根枋子。

二、佛教寺庙——辽宁锦州广济寺

（一）研究评述

广济寺是辽西地区现存最早、规模最大的佛教寺庙，由广济寺、塔、天后宫、昭忠祠、观音阁等建筑群组成。锦州广济寺坐落于锦州古城北街西隅，锦州市古塔区锦州市博物馆院内。1962年被公布为辽宁省文物保护单位，2001年被公布为全国重点文物保护单位。

广济寺建筑类型比较丰富，该保护方案制定较早，方案条理比较清晰，建筑形制研究比较深入，但内在逻辑分析尚不够清楚，存在残损原因分析不够细致，缺少定量数据描述，相关残损统计数据没有采用明示的方式予以表达。另外，木结构建筑安装避雷设施是非常必要的，广济寺避雷设计较为简单，按照现行标准，甚至不能称之为方案，近年来国家文物局对文物建筑的"三防"工程方案实施单独报批制度，方案深度要求逐步提高。但该保护方案仍有可取之处，指明了哪些建筑有必要安装避雷设施，而不是"一刀切"地全部安装。当前，在建筑遗产保护领域全面市场化的前提下，以利益为驱动开展勘察、设计、施工、监理等工作，出现"不论是否必要，盲目实施修缮，并无休止地扩大修缮范围"的现象已是不可避免，这已成为修缮设计与保护工程的诟病。因此，论证修缮的必要性，控制修缮范围，显得尤为重要。

2002年9月受辽宁省锦州市博物馆委托，笔者带队对锦州市广济寺进行了现场勘察，根据勘察情况及建筑残损现状，编写了勘察报告及修缮方案。方案通过了国家文物局评审。

1. 概况（略）

2. 历史沿革

广济寺原为"子孙院"，清初改为"十方常住丛林（十方院）"。据圆通法师撰写的《锦州古刹》①一书记载："大广济寺原名'普济寺'，肇建于隋大业辛未年（611年）"。众人集资并得神威将军慕容晃资助，玄元②建造了普济寺。初建时寺庙规模甚小，仅正殿三楹，供奉毗卢遮那佛，殿前有钟鼓楼各一，山门一楹，石碑一座，青云石狮一对。

唐高宗弘道元年（683年），高宗闻塞北有百岁高僧（玄元当时102岁），特赐宫银两千两，修缮普济寺，并建一长寿塔（木塔），后毁于兵乱。玄元高僧圆寂后遗骨葬在寺前，并建一塔。辽道宗耶律洪基继位后，其母仁懿后命辽道宗重新修建普济寺。据耶律乙辛《广闻天志》记载：道宗皇帝历览契丹历史自太祖弑兄夺嫡共发生二十二次叛乱，道宗皇帝为保嫡脉相传，镇压那些试图弑兄夺嫡的叛乱，所以在锦州临海军内的旧塔址上修建"八方镇浮图"（广济寺塔）③。辽道宗清宁三年（1057年）由耶律乙辛督工，清宁六年（1060年）秋竣工。原高二十一丈余，八面十三层，每面中间有佛龛一座、胁侍二个，塔顶为鎏金铜顶。

另据辽代《观音案》④中记载：辽道宗于清宁六年（1060年）将普济寺改名为广济寺。乾统元年（1101年）天祚帝重修广济寺，塑观音菩萨像。金人入锦后纵火烧毁了广济寺。金中靖大夫高键撰写了《广济寺前殿记》⑤，此碑现存于寺内。

明代永乐、正统、弘治、嘉靖、万历年间曾五次大修广济寺。左都御史郡人文贵于嘉靖

---

① 《锦州古刹》，清代，圆通法师。
② 玄元老和尚俗姓刘，名洎，字梦嘉，河北邯郸人。
③ 锦州市博物馆提供实测原始资料。
④ 辽《观音案》。
⑤ 《广济寺前殿记》碑刻，金中靖大夫高键撰写。

十一年（1532年）撰写了《广济寺重建前殿碑》[1]。清初，广济寺改为十方常住丛林（十方院）；康熙、雍正年间曾两修大广济寺；雍正三年（1725年）在广济寺西侧建起锦州天后行宫。并在天后宫设"三江会馆"，总理江南商贾在锦州商务活动。乾隆年间重修一次。耗资最大的一次大修是清道光六年（1826年）。副都统奇明宝监工，请名工王禄仙、李永起、李世良、王天文等修建，于道光九年（1829年）己丑菊月竣工。1894年中日甲午战争陆战失败，光绪皇帝为表彰牺牲将士，1898年在广济寺东侧建锦州毅军昭忠祠并竖纪事碑[2]。

中华人民共和国成立后，各级政府曾多次拨款修缮。先后辟为锦州市文化馆、辽沈战役纪念馆和锦州市博物馆。

3．总体布局与建筑形制

广济寺建筑群由广济寺、天后宫、昭忠祠、观音阁等组成（图7-27）。现存广济寺保存了道光九年（1829年）的建筑规模，坐北朝南，广济寺沿中轴线由南向北依次有广济寺塔、天王殿、关帝殿、大殿等建筑；天后宫坐落于广济寺西侧，沿中轴线由南向北有山门、过厅、大殿等建筑；昭忠祠位于广济寺大殿东侧；观音阁位于广济寺塔南侧，由前殿、东西配殿和后殿组成。

（1）广济寺

广济寺塔为八角形、十三层密檐实心砖塔，高约63米，每面中间有一佛龛，分别供奉阿弥陀佛、迦叶、释迦牟尼等八面佛，每尊佛像旁刻二个胁侍，塔顶为鎏金铜顶（图7-28）。

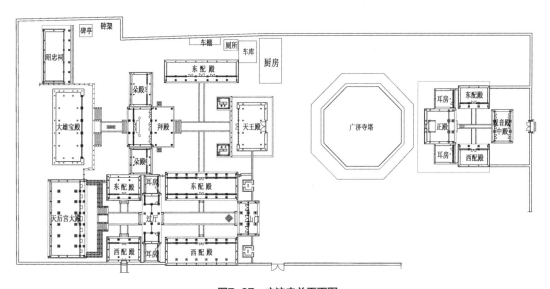

图7-27　广济寺总平面图

---

① 《广济寺重建前殿碑》，明嘉靖十一年（1532年），都御史文贵于。
② 《锦州志》，民国9年（1920年）9月，奉天关东印书馆排印。

天王殿（山门）（图7-29）：是广济寺中轴线上第一座建筑，面阔五间、进深三间，单檐歇山布瓦顶建筑，梁架结构为五架梁前后单步梁，七檩用四柱，次间施抹角梁，梁上立瓜柱，承托踩步金及山面梁架（图7-30、图7-31）。檐下施清式三踩单翘斗栱，除梢间不施平身科斗栱外，其余各间均施二攒平身科斗栱；前檐明间施两扇板门，次间为砖墙，中部施圆形棂窗；后檐明、次间均施四扇六抹隔扇，室内塑四大天王泥塑。

东、西钟鼓楼：紧邻天王殿后，位于东西两侧。平面方形，面阔进深各1间，单檐攒尖布瓦顶建筑（图7-32），檐下施简斗栱，正心施瓜拱、万拱，出两跳，为偷心造；梁架结构为：用方形石柱，柱间施木质额枋、平板枋，两

图7-28　广济寺塔

枋截面呈"T"字形，以上为木质构架，在四角部位施四根抹角梁，抹角梁上立瓜柱，瓜柱上承金檩，檩上做斜梁攒尖；石柱间额枋下施木楣子，柱根用石抱鼓连接，内立广济寺重修碑两通。

东配殿：位于天王殿后东、西两侧，面阔七间，进深一间，前出廊，为硬山布瓦顶建筑。梁架结构为四架梁前单步梁，六檩用三柱，前檐明、次间施四扇六抹隔扇，其余各间施四扇四抹槛窗；后檐及两山面用砖墙体围护。

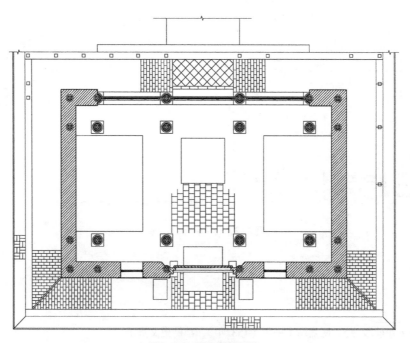

图7-29　天王殿平面图

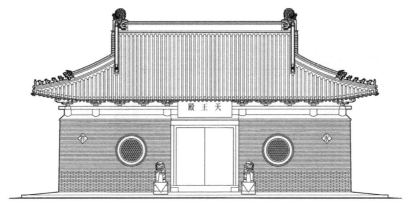

图7-30　天王殿正立面图

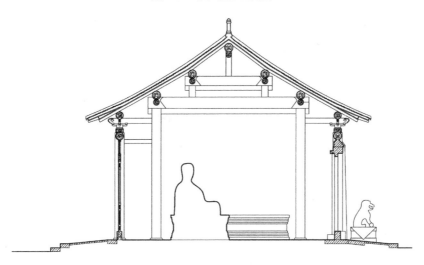

图7-31　天王殿剖面图

关帝殿：是广济寺中轴线上的第二座建筑，建于清咸丰三年（1853年）。关帝殿为勾连搭建筑，前抱厦为拜殿（功能同戏台），后为正殿（图7-33～图7-36）。

拜殿：面阔三间，进深一间，为卷棚悬山布瓦顶建筑，梁架为六架梁用二柱，梁头雕刻龙头。该殿建在高1.2米的须弥座台基上，两侧设台阶；抱厦前后八根石柱，柱下为须弥座柱础，柱上刻有对关帝的颂词对联。抱厦与正殿之间用单朵梁相连，在抱厦后檐檩处增设一檩承托椽头，其上做天沟。关帝殿梁架结构特点是施随梁以加强梁架的承载力。

正殿：面阔三间，进深一间，前与抱厦相连，后带廊，为硬山布瓦顶建筑。梁架结构为六架梁

图7-32　碑亭立面图

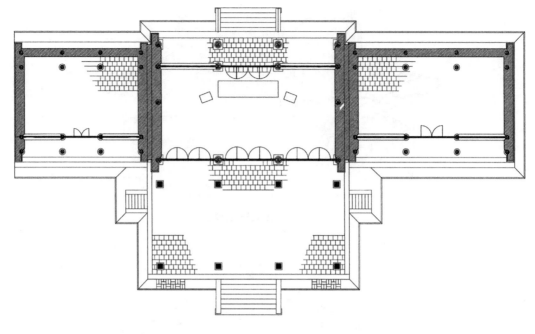

图7-33 关帝殿平面图

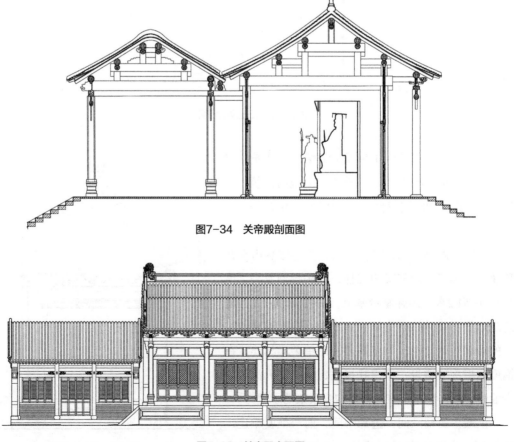

图7-34 关帝殿剖面图

图7-35 关帝殿立面图

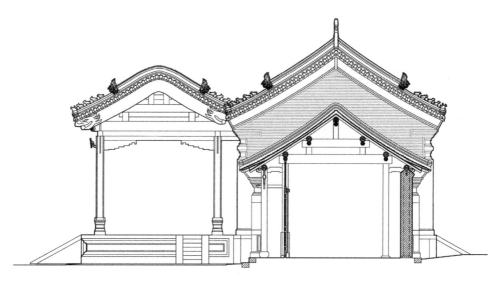

图7-36 关帝殿侧立面图

后出单步梁，七檩用三柱；前檐檐柱间置装修，明、次间均施四扇六抹隔扇；后檐施金里装修，明间施四扇六抹隔扇，次间为三扇斜棂槛窗。殿内塑关羽、关平、周仓等神像。

关帝殿：左右为朵殿，面阔三间，进深一间，前出廊，为小式硬山布瓦顶建筑，梁架七檩用四柱。前檐明间为四扇六抹隔扇，次间施四扇四抹槛窗。

广济寺大殿：广济寺中轴线上最后一座建筑，面阔七间，进深三间，为重檐歇山琉璃瓦顶建筑（图7-37～图7-39）。梁架结构为五架梁前后单步梁，用四柱；梢间金柱采用移柱造，各向中部移一步，山墙用六柱。大殿前出须弥座月台，月台前明间为丹陛石，次间做七级踏垛，月台前面及东面施石栏板、望柱（图7-40）；前檐明间、次间及梢间均施四扇六抹隔扇，尽间及其余各面用墙体围护，心屉为斜方格，裙板雕花或人物故事（图7-41）。上下檐均施清式三翘七踩斗栱（图7-42），抱头梁及老角梁下部做龙头雕刻，明间、次间、梢间均施二攒平

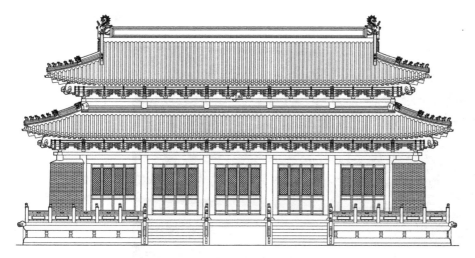

图7-37 广济寺大殿正立面图

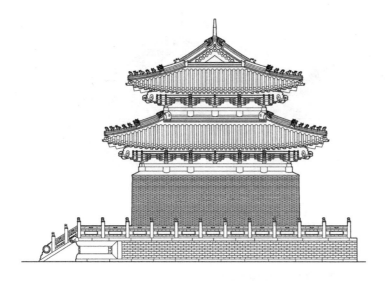

图7-38　广济寺大殿侧立面图

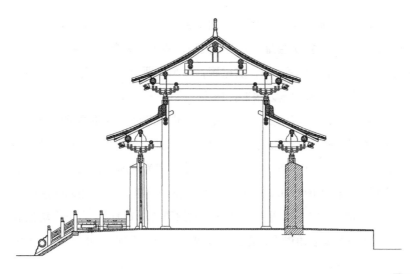

图7-39　广济寺大殿剖面图

图7-40　大殿栏板望柱式样

图7-41　大殿隔扇

图7-42　大殿角科斗栱

身科斗栱，尽间不施平身科。前后檐施椽飞椽，屋面施吻兽，上檐垂脊与下檐戗脊均施吞脊兽，各角部施5跑小兽。

（2）天后宫

天后宫位于广济寺西侧，为两进院格局。第一进院主要为山门、钟鼓楼、东西配殿、过厅；第二进院落主要为东、西配殿及大殿。

山门及钟鼓楼：山门是天后宫中轴线上的第一座建筑，面阔三间，进深二间，施中柱，为单檐硬山布瓦顶建筑（图7-43）。前后檐施三翘七踩清式斗栱，前檐瓜拱、万拱均做雕花异形拱，小斗均为菱形（图7-44），明、次间均施两攒平身科斗栱。中柱间明、次间均施两扇板门；梁架结构为五架梁用二柱（图7-45），平板枋、额枋、抱头梁头表面镂刻高浮雕。

图7-43　天后宫山门正立面

图7-44　天后宫山门斗栱

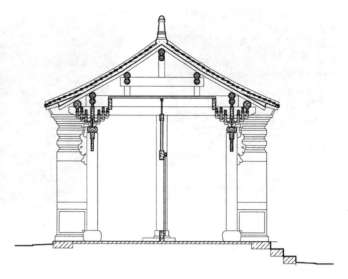

图7-45　天后宫山门剖面图

钟鼓楼：位于山门两侧，平面呈方形，为重檐攒尖布瓦顶建筑。一层南北两面做砖券门，东西面做券窗，四周为墙体；二层平板枋上施双翘五踩斗栱，每面两攒平身科，梁架结构同广济寺碑亭。

天后宫前院东、西配殿：面阔七间，进深一间，东配殿前后出廊，西配殿前出廊，均为硬山布瓦顶建筑；梁架结构为五架梁前后单步梁用四柱，前檐明间施四扇六抹隔扇，其余各间施四扇四抹槛窗，西配殿其余各面为墙体，东配殿后檐做法同前檐。

天后宫过厅（又称拜亭），是中轴线上的第二座建筑，面阔五间，进深二间，为硬山布瓦梁架结构建筑；五架梁用三柱，各间均施中柱。明间、次间前后檐不做装修，梢间前后檐施四扇四抹槛窗。前后檐下施单翘三踩斗栱，各间均施二攒平身科斗栱；前后檐额枋、平板枋及抱头梁头表面均镂刻高浮雕。明间、次间上做天花板并施彩绘。

过厅东西朵殿面阔二间，进深一间，为卷棚硬山布瓦顶建筑。梁架五檩用二柱；前檐一间为二扇槛窗，一间为门连窗；其余各面做墙体围护。

天后宫后院东西配殿，面阔三间，进深二间，前出廊，为硬山布瓦顶建筑。梁架结构为五架梁前后单步梁用四柱，前檐明间四扇六抹隔扇，次间四扇四抹槛窗；其余各面为墙体。额枋、平板枋表面镂刻高浮雕，墀头做砖雕。

天后宫大殿，即天后宫中轴线上最后一座建筑，也是主要建筑，为同治光绪年间重修建筑。大殿面阔七间，进深三间，前出廊，殿前施须弥座月台，为单檐硬山布瓦顶建筑（图7-46、图7-47）。梁架结构为五架梁前后双步梁九檩用五柱；大殿建在高1.6米的基座上，殿前月台由三层石栏板望柱围绕，栏望逐级升高，明间正中设丹墀石、两侧为踏跺（图7-48）。前檐各间均施四扇六抹隔扇；前檐额枋、平板枋及抱头梁头均镂刻高浮雕（图7-49）。室内中部（明次间）设佛台。山墙前后墀头及廊心墙砖镂刻高浮雕，花饰各异，雕工精湛。

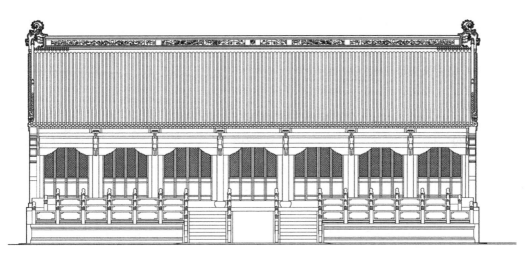

图7-46　天后宫大殿正立面

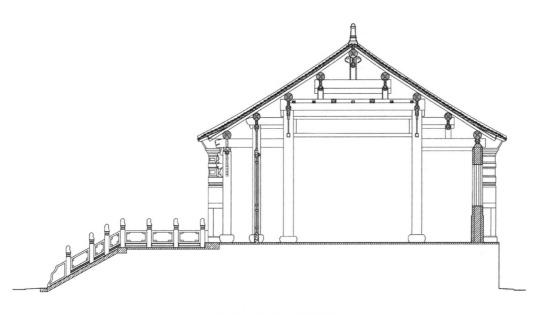

图7-47　天后宫大殿剖面图

图7-48　天后宫大殿栏望式样

图7-49　天后宫大殿前檐木构雕饰

昭忠祠、观音阁等建筑（略）。

4．勘察现状

（1）广济寺天王殿（表7-3）

广济寺天王殿残破现状与原因分析　　　　　　　　　　　　　　表7-3

序号	部位	残破现状	残损分析
1	台明散水	栏板望柱全部遗失，压面石上存有卯口，压面石60%粉碎；散水无存	人为破坏
2	地面	室内为水泥地面，台明地面后檐仅存3平方米，其余全部遗失，改作条砖墁地	维修不当
3	柱	柱顶石表面全部酥碱、脱落严重，后檐明间压碎一块；两山墙2根柱子根部糟朽	风化、浸泡
4	墙体	两山墙向内凸，内墙面凸凹不平；栱眼壁70%遗失；后檐次间下槛下部被改做素砼基础	年久失修
5	装修	后檐走马板为后改，做法错误	维修不当
6	梁架	西次间后坡下金檩、檐檩劈裂长1.2～1.5米	失修
7	椽望	望砖完好，檐椽椽头糟朽严重，50%檐椽毁坏	漏雨
8	瓦顶	屋面长草漏雨，脱节，35%屋面毁坏	失修
9	油饰	金柱油饰全部脱落	失修

（2）广济寺关帝殿拜殿（表7-4）

广济寺关帝殿拜殿残破现状与原因分析　　　　　　　　　　　　表7-4

序号	部位	残破现状	残损分析
1	台明散水	台基松动、高低不平、地伏石全部毁坏，象眼石被后人改用条砖砌筑，垂带石错位；散水遗失	年久失修
2	地面	墁地方砖破碎，约占20%	失修
3	柱	西北角柱柱头劈裂、局部脱落	失修
4	装修	前檐明间、东次间栱眼壁毁坏，前檐额枋雀替缺失	年久失修
5	梁架	拜殿梁架向南前倾，现用钢丝绳临时加固；与关帝殿连接梁枋全部拔榫，4根枋子断裂，3根檩劈裂严重；穿插枋遗失1根，两山梁架漏雨、表层糟朽	年久失修
6	椽望	望砖大多断裂，椽、飞椽破损率约为50%	年久失修
7	瓦顶	瓦面脱节、夹陇灰脱落、多处漏雨；大吻为后换，跑兽个数不合规制，为后人所改	瓦面为年久失修，吻兽为修缮不当
8	油饰	外檐柱地仗破裂，局部脱落	失修

（3）广济寺关帝殿（表7-5）

广济寺关帝殿残破现状与原因分析　　表7-5

序号	部位	残破现状	残损分析
1	台明散水	后檐压面石毁坏3块，踏垛松动脱位，台帮酥碱	自然破坏
2	地面	室内改为水泥地面	人为
3	柱	保存状况较好	
4	墙体	外墙面砖多处酥碱，西山墙中部空鼓	失修
5	装修	前檐装修为后人所改，与原做法不符	维修不当
6	梁架	明间西缝梁架裂缝3道	失修
7	椽望	檐椽30%糟朽，望板20%糟朽	漏雨
8	瓦顶	天沟毁坏，多处漏雨	失修
9	油饰	后人新作油饰，未采用传统工艺	维修不当

（4）天后宫过厅（表7-6）

天后宫过厅残破现状与原因分析　　表7-6

序号	部位	残破现状	残损分析
1	台明散水	南面台阶风化、碎裂严重，压面石严重风化错位，表面脱落一层；散水缺失	风化
2	地面	原墁地砖遗失，改为水泥方砖地面；中柱间带状条石被全部更换	维修不当
3	柱	中柱础完好，础上存有卯口，原下槛遗失，南面檐柱柱头轻度劈裂	失修
4	墙体	仅西梢间前后槛墙为原物，其余墙体均为后加	维修不当
5	装修	梢间装修被改为现代门窗，隔墙装修为后加	维修不当
6	斗栱	斗栱大部分完好，柱头斗栱变形，遗失小斗3个	失修
7	梁架	完整，局部脱榫	
8	椽望	北面椽头糟朽，望板40%糟朽	漏雨
9	瓦顶	屋面长草，正吻损坏一块，正脊完好，垂脊全毁，垂兽、跑兽遗失	年久失修
10	油饰	天花板彩绘脱落，梁架彩画保存完整；柱子表面油饰龟裂、局部脱落	年久失修

（5）天后宫大殿（表7-7）

天后宫大殿残破现状与原因分析

表7-7

序号	部位	残破现状	残损分析
1	台明散水	月台所有石构件均有表皮风化、缺棱掉角现象；东侧缺失1根望柱，5个望柱栏板脱榫，象眼石歪闪，栏板无排水口，压面石表面风化酥碱严重	年久失修
2	地面	槛垫石缺失2个、其他5块已破碎，压面石表面风化松动。月台、廊内地面均为斜铺彩色方砖；室内为彩色方砖直铺。廊内、月台地面砖已大部破碎，室内地面西二间全部为水泥抹面，东一间用小青砖铺墁，仅存的四间彩色面砖均已破碎；西梢间、尽间下沉；下槛与现地面高差40毫米	年久失修
3	柱	2个鼓式石柱础破碎，柱础高低不平	失修
4	墙体	山面博风砖、檐砖为后砌，砌筑材料为水泥砂浆；东侧山墙面青砖基本完好，局部砖表面风化、酥碱；西山墙下沉，向西外闪70～80毫米，墙体与柱分离；除后檐墙墙身由东侧数第二缝梁架没有裂纹外，其他均有自上而下的裂纹一条，最大缝隙宽度高50毫米，下槛墙部分面砖酥碱风化	地基下沉
5	装修	前檐金柱间原施六抹格扇，现改为五抹，心屉棱花已不存，用现代玻璃窗替代心屉，裙板上雕人物，山水等图案色彩脱落，多处裂纹；后檐墙5扇窗，为后人所加	因东西两侧地基下沉，梁架倾斜，原六抹格扇关不上，被锯掉一抹
6	梁架	基本完好，西梢间柱间隔断遗失，上部走马板遗失，西梢间、尽间檩枋整体下沉	地基下沉
7	椽望	望板严重腐烂糟朽；望砖由于年久自然风化，可见酥碱风化表皮脱落的痕迹。连檐、瓦口已全部腐烂、糟朽。近45%椽子严重糟朽，飞椽椽头全部糟朽	屋面漏雨
8	瓦顶	屋面杂草丛生，瓦陇松动脱落，筒瓦残损近50%，板瓦残损近30%，钉帽无存，勾头滴水为后改，规格较小；东侧正吻残缺上半部，西侧吻部分残缺，垂脊、吞脊兽、垂兽等均用水泥补砌；跑兽无存；西梢间柱处从正脊至瓦垄有一处裂缝，西侧1/3长正脊下沉，排山勾滴仅用筒板瓦排列，没有勾头滴水，北坡西侧垂脊、兽后基本完好，北坡东侧垂脊、排山勾滴、博风拔檐砖现已全部脱落	年久失修
9	油饰	前檐柱、金柱、槛框一麻五灰地仗开裂，空鼓脱落；油饰已全部龟裂、起皮、脱落；花板、雀替等雕刻纹饰以及室内天花图案色彩已全部脱落褪色	年久失修

观音阁、昭忠祠等其他建筑（略）。

5．评估

（1）价值评估

广济寺是辽西地区肇建年代最早、规模最大、做工最细、影响最深的佛教寺庙。广济寺塔为关外第一高塔，已成为锦州标志性建筑。广济寺与广济塔相映生辉，被誉为锦州八景之一古塔昏鸦。

天后宫是江、浙、闽等南方客商将妈祖文化从福建传到锦州的见证，建筑错落有序，精雕细刻,它兼容了北方建筑雄壮高大和南方建筑灵珑秀气的特点,是东北地区保存最大的天后宫。

昭忠祠是清廷为纪念中日甲午陆战所牺牲的将士而敕建的,祠内原供奉死难将士灵牌1300余块,是一座有别具特色的纪念意义的建筑。

广济寺大殿、天后宫大殿及关帝殿等建筑,尤其是前檐装修,雕刻手法纯熟、形态精美,具有极高的艺术价值,对研究地方民族文化及佛教文化有重要价值。

(2)管理条件评估(略)

(3)现状评估结论

由于年久失修,古建筑群普遍存在瓦面长草漏雨、瓦垄松动脱节、墙体酥碱、椽望糟朽、油饰脱落及台基风化等现象,且存在修缮性破坏,整体缺乏有效的保护措施。

(二)修缮方案

1. 修缮依据

《中华人民共和国文物保护法》中关于"不改变文物原状"的文物修缮原则;《中华人民共和国文物保护法实施细则》;《锦州天后宫广济寺修缮工程勘察报告》及实测图;《辽宁省文物保护条例》及锦州广济寺天后宫相关历史文献资料。

2. 修缮性质

天后宫山门、钟鼓楼、天后宫一进院东西配殿、天后宫过厅及其朵殿、天后宫二进院配殿、天后宫大殿、广济寺山门、广济寺碑亭、广济寺关帝殿及其拜殿朵殿、昭忠祠等建筑采用"瓦顶揭瓦、整修大木"的修缮原则;广济寺东配殿采用"瓦顶揭瓦、局部落架"的修缮原则;观音阁中殿采用"瓦顶局部揭瓦"的修缮原则;观音阁山门、围墙及院落采用"局部复原"的修缮原则。

3. 修缮分期

天后宫广济寺修缮工程分为三期:第一期:广济寺东配殿、关帝殿及其拜殿朵殿、北面围墙、天后宫大殿。第二期:天后宫山门、天后宫钟鼓楼、天后宫一进院东西配殿、天后宫过厅及其朵殿、天后宫二进院配殿、广济寺山门、广济寺碑亭及院落排水。第三期:观音阁、昭忠祠、避雷设施及院落整治。

4. 维修方案

(1)关帝殿及其拜殿朵殿

1)关帝殿(表7-8)

关帝殿维修设计方案 表7-8

序号	部位	维修设计方案
1	地面与台基	拆除室内水泥地面,以原规格方砖(300毫米×300毫米×60毫米)重新铺墁;清理台明,归安踏垛,更换毁坏的压面石;剔补酥碱严重的台帮砖,用条砖(300毫米×150毫米×70毫米)重新铺墁散水

序号	部位	维修设计方案
2	墙体	铲除室内外空鼓灰层，重新抹灰，室内饰白，室外饰红
3	梁架	裂缝木构件填粘木条、并用铁箍加固
4	装修	拆除现存前檐装修，恢复原状。前檐明间为四扇六抹隔扇，做法参照东配殿，次间采用四扇四抹隔扇，检修后檐槛窗、隔扇
5	椽飞与瓦顶	更换严重糟朽毁坏的椽飞、望板；揭取瓦顶，重做苫背；按照原式样重新烧制，补配残缺瓦件，重做天沟；苫背采用当地传统做法，即：勾望板缝后，抹护板灰一道（白麻刀灰厚20毫米），做礓渣灰背厚100~150毫米，上用麻刀灰挂瓦
6	油饰	清除后人新作油饰，按照原做法重新油饰；新做构件统一防腐处理后做油饰，即：用生桐油掺氧化铁，刷二道，颜色须与旧构件协调

2）拜殿（表7-9）

拜殿维修设计方案　　　　　　　　　　　　　　　　　　　　表7-9

序号	部位	维修设计方案
1	地面与台基	更换压碎的地砖，以原规格300毫米×300毫米×60毫米方砖重新铺墁；清理台明四周，归安错位的垂带、踏垛；采用300毫米×150毫米×70毫米条砖重新铺墁散水
2	柱与柱础	清洗柱与柱础，拨正柱网
3	梁架	拨正梁架，归安脱榫、拔榫构件；使用与原材料相同的木材，更换与中殿相连的穿插枋等构件；补配遗失的枋子；更换两山博风板
4	装修	更换毁坏的栱眼壁，补配残缺的雀替；检修斗栱，补配缺失构件
5	椽飞与瓦顶	檐椽、飞椽更换50%，檐部望板全部更换，正心檩以里望板更换50%。揭取瓦顶，重做苫背，按照原式样重新烧制，补配残缺瓦件；更换大吻，替换不符合规制的跑兽；苫背采用当地传统做法，即：勾望板缝后，抹护板灰一道（白麻刀灰厚20毫米），做礓渣灰背厚100~150毫米，用麻刀灰挂瓦
6	油饰	清除后人新作油饰，按照原做法、原工艺重做地仗并油饰；新做构件统一防腐处理后，做油饰，即用生桐油掺氧化铁，刷二道，颜色须与旧构件协调。清洗石柱、恢复原色

3）朵殿（表7-10）

朵殿维修设计方案　　　　　　　　　　　　　　　　　　　　表7-10

序号	部位	维修设计方案
1	地面与台基	拆除室内水泥地面，更换外廊严重毁坏的方砖，以原规格300毫米×300毫米×60毫米方砖重新铺墁；清理台明，更换东朵殿风化脱落严重的压面石，用300毫米×150毫米×70毫米条砖重新铺墁散水
2	墙体	拆除前檐后砌墙体，前檐次间恢复槛墙，采用300毫米×150毫米×70毫米规格的条砖淌白砌筑。清理室内墙面，铲除后加抹灰，重新抹灰饰白，拆除后檐后加窗，按照槛墙做法补砌墙体
3	柱与柱础	更换前檐严重酥碱的柱础石，按照原式样与材质补配、置安

序号	部位	维修设计方案
4	梁架	调整梁架，归安脱榫、拔榫构件
5	装修	拆除后加装修，恢复原槛窗、隔扇，前檐明间采用四扇六抹隔扇，次间采用四扇四抹隔扇，做法同东配殿
6	椽飞瓦顶	更换严重糟朽的檐椽、飞椽及望板，椽子更换50%，望板更换60%。揭取瓦顶、重做苫背；按照原式样重新烧制，补配遗失瓦件；苫背做法同拜殿
7	油饰	清除原木构件上的尘土，油饰剥落严重的构件按照原做法重新油饰；新做构件统一防腐处理后，做油饰，做法同东配殿

（2）天后宫大殿（表7-11）

天后宫大殿维修设计方案 表7-11

序号	部位	维修设计方案
1	地面	拆除外廊及月台碎砖地面，按原规格式样烧制300毫米×300毫米×60毫米方砖重新铺墁；月台和外廊地面按原做法斜铺，做2%泛水。揭取室内水泥地面、彩色碎方砖及小青砖，原土夯实后，做3：7灰土一步，直铺彩色方砖，方砖规格同外廊。清理台明四周，采用300毫米×150毫米×70毫米条砖重新铺墁散水。按照南面、东面栏板与望挂式样恢复北面、西面栏板、望挂
2	台明	按照原做法式样，制作残缺的望柱，归安脱榫的望柱、栏板、踏垛及象眼石，更换严重磨损的踏垛石和压面石
3	墙体	对西山墙地基下沉情况进行监测，出具监测报告，根据监测报告采用整体纠偏的方案修缮歪闪墙体。拆除后檐柱两侧墙体，加固檐柱后，按照原式样重新补砌墙体；补砌后檐西尽间墙体。拆除后砌博风砖及檐砖，按照残存式样磨制，并补砌。清理室内墙面，铲除抹灰，重新抹灰饰白
4	柱与柱础	西梢间局部落架，调整柱网，对各柱进行拨正调平，抬升下沉柱及柱顶石；对变形构件进行修正，原位安装；更换碎裂的2块柱顶石。支顶下沉的后檐柱，墩接根部糟朽的3根后檐柱
5	梁架	抬升西梢间与尽间柱子，调平、拨正梁架，归安脱榫、拔榫构件。按照原式样补配遗失的梢间隔断，使用与原材料相同的木材，添配走马板
6	装修	拆除后檐后加装修，恢复淌白墙体。拆除前檐后改五抹隔扇，全面检修，恢复为六抹隔扇，并参照广济寺大殿前檐装修式样，重做棱花心屉。采用传统工艺，粘接裙板裂缝
7	椽飞与瓦顶	拆除原望板、望砖及椽飞，全面检修，椽飞更换45%，更换严重糟朽腐烂的望板；按原规格烧制望砖，全部予以替换；揭取瓦顶、重做苫背，苫背采用当地传统做法，即：勾望板缝后，抹护板灰一道（白麻刀灰厚20毫米），做礁渣灰背厚100~150毫米，上用麻刀灰挂瓦。按照原式样重新烧制，补配残缺瓦件，按原工艺重新挂瓦，板瓦更换30%，筒瓦更换50%；与筒瓦配套规格烧制勾头、滴水；按照残损式样重新烧制正吻并安装，添配跑兽
8	油饰	清除原木构件上开裂、空鼓的地仗，重做一麻五灰地仗，按照原做法重新油饰；新做构件统一防腐处理后，做油饰，即用生桐油掺氧化铁，刷二道，颜色须与旧构件协调。彩画部分保持现状

观音殿、招忠祠等其他建筑（略）。

第二节　府邸民居类建筑遗产

中国古代封建社会统治者为了保证其统治地位，制定了一套完善的等级制度，其建筑体系也严格按照社会政治生活中地位差别予以区分，上至王府府邸、官僚府邸，下至普通民居，形成了森严的建筑等级制度。

我国保留了丰富的官府及民居建筑遗产，北京保留了大量各类王府和公主府。封建社会等级森严，据《大清会典》记载：第一等级称和硕亲王，以下为多罗郡王、多罗贝勒、固山贝子、奉恩镇国公、奉恩辅国公、不入八分镇国公、不入八分辅国公、镇国将军、辅国将军、奉国将军、奉恩将军。另外还册封了子孙可以"世袭罔替"，俗称"八家铁帽子王"。公主分两等：一是固伦公主，由中宫所生，品级相当于亲王；二是和硕公主，由妃嫔所生，品级相当于郡王。格格分为五等：郡主、县主、郡君、县君、乡君。郡主为亲王女，称和硕格格；县主为郡王女，称多罗格格；郡君为贝勒女，也称多罗格格；县君为贝子女，称固山格格；乡君为入八分镇国公、辅国公女，称格格。不入五等的称宗女。

清代对王府、公主府等建筑群做了详细的规定，以防越制。例如：皇太极对亲王的府第明确规定："正屋一座，厢房两座，台基高十尺。内门一重，两层楼一座，及其余房屋，均于平地建造。楼、大门用筒瓦，余屋用板瓦。"在现存的王府中，恭王府建筑保存最完整、面积最大、最奢靡，恭王府花园楼台亭阁、假山、碑刻均独具特色。恭王府府邸呈"三路四进"格局，规模宏大，银安殿内装修装饰精美，后罩楼气势宏伟，是王府建筑的精品。

衙署、将军府等建筑群往往将行政办公职能与居住功能合而为一，全国各地分布着大量衙署建筑，除了大堂等中轴线主体建筑外，其余建筑多与民居类建筑一致，有的因地制宜，受到地方做法的影响，建筑形式多样，装饰手法亦多彩纷呈。清末甘肃提督董福祥的府邸是我国西北地区保护较好的清代四合院式建筑群。其建筑风格融南北艺术于一体。建筑的砖、木、石雕工艺尤为精湛，内容选择与图案造型均体现了丰厚的地方传统文化特色。

四合院是四面用建筑围合形成的庭院式住宅。常见于我国北方地区，尤其以北京四合院最具特色，北方地区四合院多以北为正房，南为倒座房，东西设置厢房，且多于院落东南角开大门，大门内置影壁。四合院大大小小，星罗棋布，勾画了丰富的社会网络系统。

中国古民居建筑类型丰富，除了上述的四合院外，还有陕西的窑洞、广东的围龙屋、广西的"杆栏式"、云南的"一颗印"等大量独具特色传统建筑类型。不仅建筑形式丰富多彩，且其所蕴含的文化内涵亦极为丰富，特色极其鲜明。如：徽派古代民居具有自然古朴、隐僻典雅的特点，丰富的马头山墙极具层次感；湘黔滇古建筑屋顶坡度陡峻，翼角高翘，装修精致；川渝古民居依山傍水、布局合理、轻巧雅致等等。

由于篇幅所限，本书仅选择2个实例进行阐述。下面将以一座官府——新疆伊犁将军府古建筑群和一组北方民居——山东临清钞关古建筑群为例，介绍其修缮方案的编制方法并评述其存在的问题。

一、官府建筑——新疆伊犁将军府古建筑群

（一）研究评述

新疆伊犁将军府是特殊性质的府邸。将军府是清政府管理新疆的最高军事、政治行政中心，具有特殊的建筑型制与布局，前部设营房，后部为办公与居住场所，东面有文庙，西侧设衙署。左文庙右衙署的布局设置意义深远，这种制度上可追溯到《周礼·考工记》的"左祖右社"的营国制度，祖庙建在左侧（即东边），体现了中华民族尊敬祖先、注重礼仪的传统，进而演化为注重传统儒学文化，以文治国，恩泽宇内的博大胸怀，是故左侧设文庙；右侧设社稷坛（即西面），社为土地，稷为粮食，土地粮食是国家稳定、民众生存的根本，衙署是对地方实施有效管理的机构，通过有效治理，确保地方安宁，确保税收顺利，因此在将军府的右侧设置衙署有其内在的道理。

将军府的单体建筑采用了我国清代官式抬梁式木结构建筑形式，装修大多为清官式做法，只有少量建筑，如将军府住宅的装修有俄罗斯建筑的特征，将军府历史上曾遭受火灾，部分装修烧毁，这一时期恰好与沙俄侵占我国伊犁地区的时间相符。

修缮设计方案应尊重建筑构件的现状，如实予以修缮，建筑所包含的历史信息也许我们尚不能解读清楚，但其所承载的有价值的历史信息务必全面予以保留。

（二）勘察报告

2000年10月，受新疆维吾尔自治区文物局委托，笔者一行对新疆伊犁将军府古建筑群进行了现场勘察，并制定了修缮方案。

1. 概况

伊犁将军府坐落于新疆维吾尔自治区伊犁州霍城县惠远乡境内。霍城县地处天山西麓、伊犁河谷西北侧的开阔地带，东距伊宁市38公里，北离霍尔斯口岸6公里，西面与塔吉克斯坦交界。海拔512米，地理坐标为东经80°51′，北纬44°5′。年平均温度8摄氏度～14摄氏度，降水量900～2100毫米。伊犁将军府是伊犁州规模最大、保存最完整的古代建筑群，建筑面积约3500平方米，1998年被列为第四批全国重点文物保护单位。伊犁将军府原有古建筑20余座，其中议事厅及其他附属建筑已毁，现存将军府大门、东西营房、客房、书房、将军府正殿、将军亭、金库、衙署门、衙署东西厢房、衙署正堂、文庙大成门、文庙大成殿及文庙东西配殿等建筑（图7-50）。

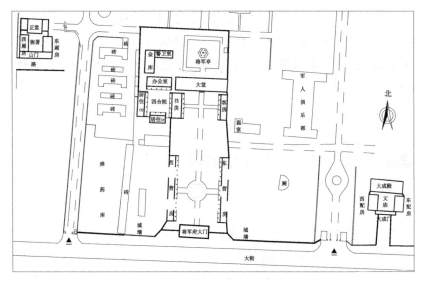

图7-50 将军府总平面图

2. 历史沿革

据史料记载[①]：惠远城系清代所建伊犁九城之一，有新旧二城，旧城建于乾隆二十八年（1763年），同治八年（1871年）沙俄侵占伊犁后拆毁；光绪八年（1882年）伊犁收复后，于旧城北7.5公里处另筑新城[②]。伊犁将军府坐落于新城，始建于光绪八年（1882年），至十九年（1893年）全部落成。民国9年（1920年）修造了将军亭。中华人民共和国成立后，将军府一直由部队所用，为人民解放军某边防团团部所在地。

3. 院落布局与建筑型制

将军府中轴线上建筑依次为将军府大门、将军府正殿、将军亭等建筑，两侧建筑分别为：东西营房、客房、书房等[③]；书房西侧为一四合院，包括：办公室、居室Ⅰ和居室Ⅱ等建筑，四合院后部为金库；距金库西北200余米处为衙署，衙署现存大门、东西厢房、正堂等建筑；东营房东侧90米处为文庙，文庙现存大成门、东西配殿、大成殿及耳房等建筑[④]。整个建筑群主次分明、布局合理、有张有弛、色彩协调统一。

将军府大门为面阔三间12.37米、进深二间6.92米，为单檐硬山布瓦顶建筑，梁架结构为抬梁式木结构（图7-51～图7-53）。台明及踏跺用条石砌筑，采用鼓镜式柱础；明间施二扇板门，次间施板墙，两山墙前后墀头及下槛为砖墙，中部以土坯填充，山墙内侧嵌花心墙。各缝构架均施中柱，中柱向上直通至脊檩，檩下用随檩枋，中柱前后施双步梁，上立瓜柱承托单步梁，单步梁上承托金檩及随檩枋。檐柱上施额枋，额枋上置雕花檩垫板及麻叶头墩，承托随檩枋（图7-54）。

---

① 《霍城县志》清。
② 《伊犁州志》，（清）嘉庆。
③ 本文中所用建筑名称均以当地文物部门提供的材料为依据。
④ 衙署、文庙均为惠远城重要文物，公布全国重点文物保护单位时，衙署、文庙与将军府府邸等建筑群，被统一并入全国重点文物保护单位"伊犁将军府"。

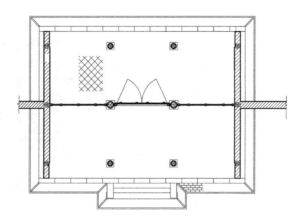

图7-51 将军府大门平面图

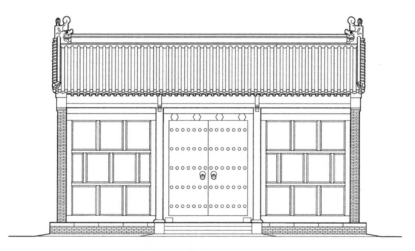

图7-52 将军府大门立面图

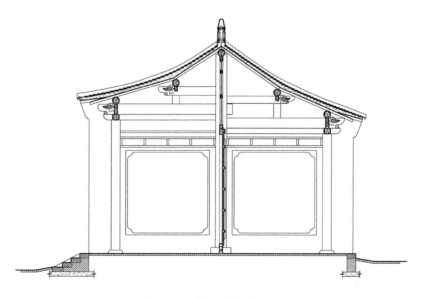

图7-53 将军府大门剖面图

将军府东西营房各面阔十四间50.4米、进深一间7.20米，前出廊，为单檐硬山布瓦卷棚顶建筑（图7-55、图7-56），大木构造为抬梁式。除前檐外其余各面以墙体围护，除下槛及两山墙前后墀头使用砖外，其他部位均用土坯砌筑，室内用8组土坯墙隔成大小不同9个室，室内空间大小不一，其中6间施扇板门，其余各间施格窗。台明及踏跺用条石砌筑，采用鼓镜式柱础；各缝构架均5檩用3柱，金柱前出单步梁，梁下用随枋，金

图7-54　将军府山门后檐

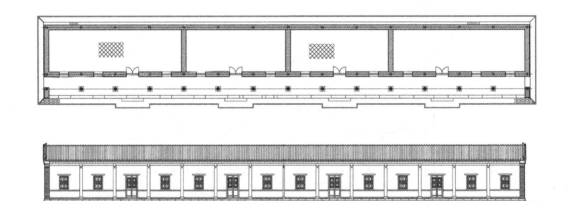

图7-55　将军府西营房平、立面

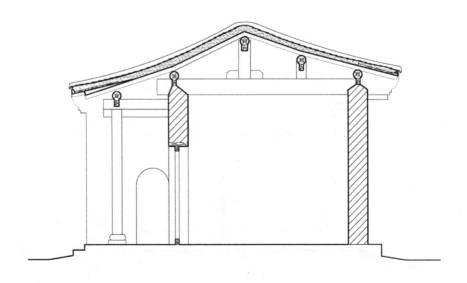

图7-56　东西营房剖面图

柱上承托四架梁，四架梁上立两根瓜柱（图
7-57），一瓜柱直通脊檩，檩下用随檩枋，
瓜柱两侧施角背；另一瓜柱承托后金檩及随
檩枋。

　　将军府书房（图7-58），面阔五间19米、
进深一间12米，前后出廊，为单檐硬山布瓦
顶建筑，大木构造为抬梁式（图7-59～图
7-61）。山墙前后墀头及下槛用条砖，廊间墙
做拱券门。前檐明间施六抹隔扇，次间稍间
下设槛墙，上施四抹槛窗，后檐使用俄式门

图7-57　营房梁架

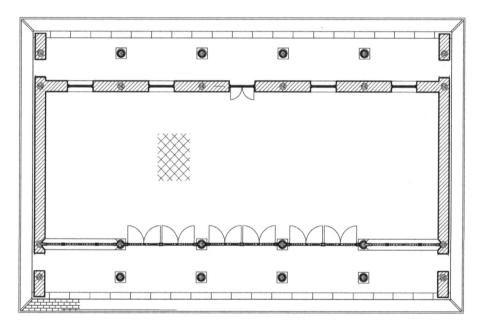

图7-58　书房平面图

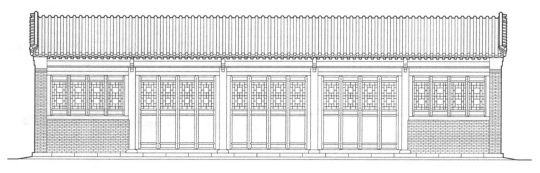

图7-59　书房立面图

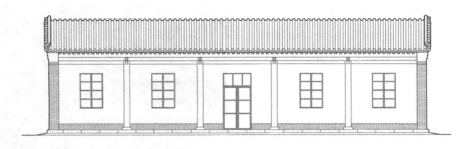

图7-60 书房背立面图

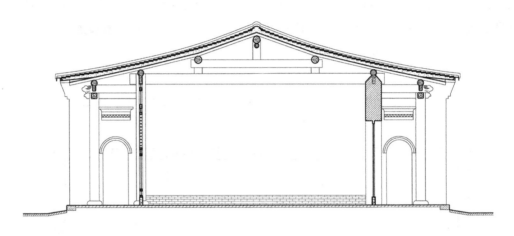

图7-61 书房剖面图

窗。台明及踏跺用条石砌筑，采用鼓镜式柱础；各缝构架均7檩用5柱，金柱向外出单步梁，梁下用随枋；金柱上承托五架梁，五架梁上立两根瓜柱，瓜柱承托三架梁，三架梁上施脊瓜柱承托脊檩及随檩枋。

将军府客房，面阔五间19米、进深一间6.3米，高5.45米，前出廊，为单檐硬山布瓦顶建筑，大木构造为抬梁式。两山墙体前后墀头及下槛用条砖，廊间墙做拱券门。前檐明间施两扇六抹隔扇和两扇槛窗，次间、梢间均下设槛墙，上施四抹槛窗。台明及踏跺用条石砌筑，采用鼓镜式柱础；各缝构架均5檩用3柱，金柱向前出单步梁，梁下用随枋；金柱上承托四架梁，四架梁上立两根瓜柱，两瓜柱分别承托脊檩及金檩。

将军府正殿（图7-62），面阔五间41.6米、进深一间9.6米，高7米，前、后出廊（图7-63），单檐歇山布瓦顶建筑，大木构造为抬梁式。台明及踏跺用条石砌筑，采用鼓镜式柱础；结构同书房。

图7-62 将军府大堂

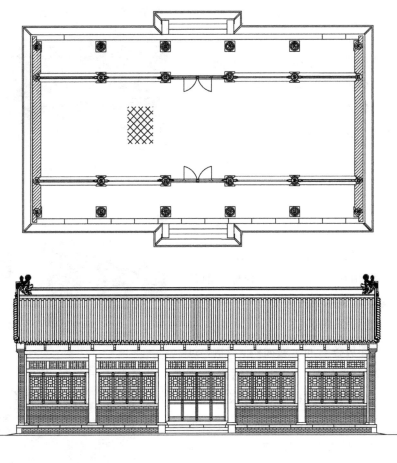

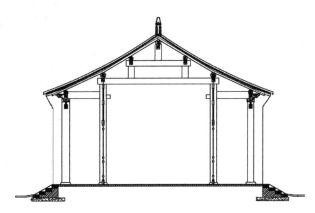

图7-63 将军府大堂

　　将军府办公室，面阔五间19米、进深一间9.6米，高5.2米，前出廊，单檐硬山布瓦顶建筑，采用抬梁式大木构架，梁架8檩用4柱（图7-64）。此建筑为原将军府被烧后残余构件拼合而成的建筑，内部梁架扭曲错位严重，并使用了部分局部烧毁构件，墙体砌筑方法与书房相同。前檐门窗采用俄式做法。台明及踏跺用条石砌筑，采用鼓镜式柱础；前檐额枋、平板枋施雕刻，工艺精湛。

将军府居室Ⅰ：面阔五间19米、进深一间7.8米，高5.30米，前出廊，为单檐硬山布瓦顶建筑。两山墙体前后墀头及下槛用条砖，廊间墙做拱券门。装修用俄式门窗，台明及踏跺用条石砌筑，柱础采用鼓镜式柱础，构架均6檩用3柱，金柱向前出单步梁，梁下用随枋；金柱上承托五架梁，五架梁上立三根瓜柱，三瓜柱分别承托脊檩及前后金檩。

图7-64　办公室梁架

衙署：分为大门及耳房、东西厢房、正堂等建筑。①大门：面阔一间3.4米、进深二间4.65米，高4.7米，为单檐硬山布瓦顶建筑（图7-65）。梁架5檩用3柱，中柱至通脊檩，前后出穿插梁，梁上立瓜柱承托金檩，中柱间施两扇板门，两山墙前后出墀头，内嵌花心墙（图7-66）。②左右耳房各三间，通面阔26.2米、进深一间4米，梁架5檩用2柱，各檩均用瓜柱支垫。③东西厢房：面阔三间11.4米、进深一间6.2米，前出廊，为单檐硬山布瓦顶建筑，大木构造为抬梁式，梁架5檩用3柱（图7-67），金柱上承托四架梁与前金檩，四架梁上立瓜柱，上为三架梁，三架梁上立脊瓜柱承托脊檩。④正堂：面阔五间18.5米，明、次间进深三间10.85米，梢间进深二间，为单檐硬山布瓦顶建筑（图7-68），大木构造为抬梁式，明、次间梁架8檩用4柱，梢间7檩用4柱，前金柱前出单步梁，后金柱后出双步梁，金柱上承托五架梁，上立瓜柱托三架梁，三架梁上立脊瓜柱承托脊檩（图7-69）。各建筑均施台明及踏跺，用条石砌筑，采用鼓镜式柱础。其他部位做法同书房。

图7-65　衙署山门

图7-66　衙署山门廊心墙

文庙：现存大成门、东西配殿、大成殿及耳房等建筑（图7-70）。①大成门：面阔五间13.7米，进深一间2.3米，现仅存柱、梁等部分构架，从构架结构分析，明间为硬山式建筑，东西次间为卷棚硬山式建筑（图7-71）。明间梁架高于次间梁架，4檩用2柱，梁上立瓜柱承托金檩。

图7-67　衙署配房梁架

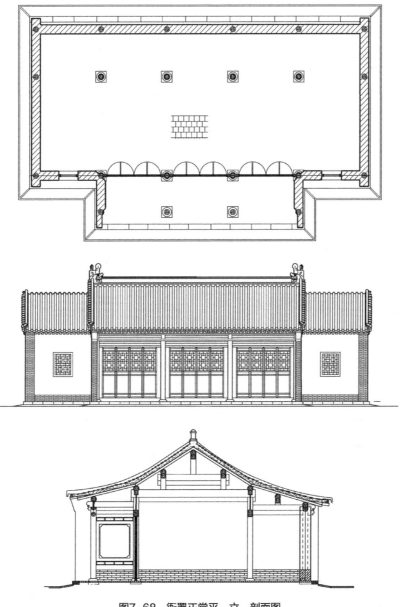

图7-68　衙署正堂平、立、剖面图

②东西配殿：面阔三间11.7米，进深一间8.1米，高4.68米，为单檐硬山布瓦顶建筑，大木构造为抬梁式，梁架5檩用2柱，五架梁上立三根瓜柱，分别承托脊檩和金檩。除前檐施装修外，两山及后墙用砖、土坯墙围护。东配殿南次间的披风窗棂图案和明间门框做法为复原设计的珍贵依据。

③大成殿：面阔三间11.7米，进深三间9.1米，为单檐硬山布瓦顶建筑（图7-72），大木构造为抬

图7-69　衙署正堂梁架

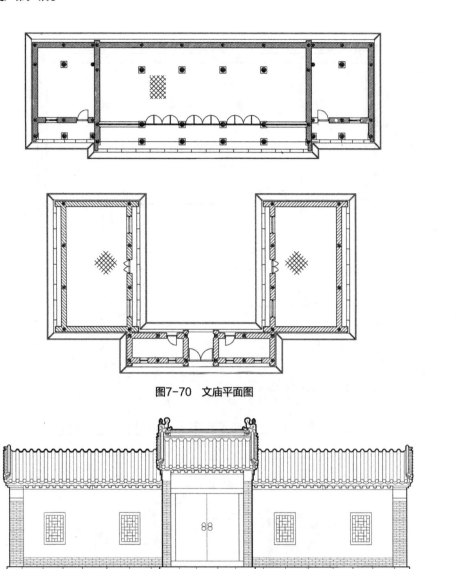

图7-70 文庙平面图

图7-71 文庙大成门立面图

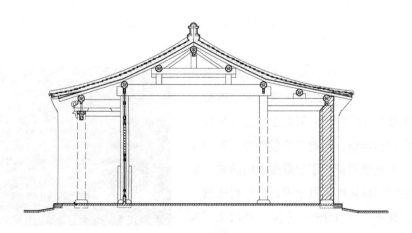

图7-72 大成殿横剖图

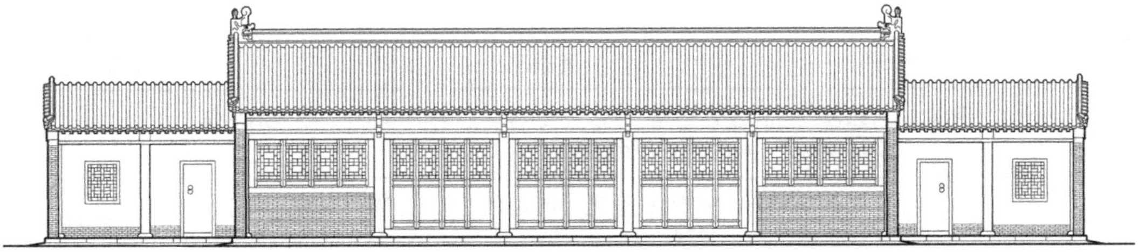

图7-73　文庙大成殿正立面图

梁式，梁架7檩用4柱，结构与衙署正房相同（图7-73）。该建筑东侧存耳房一间，西侧存耳房三间，前施台明及踏跺，用条石砌筑，采用鼓镜式柱础，两山墙前后出墀头；其他部位做法同书房。

4. 残破状况及相关原因分析

（1）将军府大门（表7-12）

将军府大门残破现状与原因分析　　　　表7-12

部位	残破性质	残破现状	残破原因
吻兽、脊饰、瓦顶	瓦件遗失、局部坍塌	西次间瓦面部分坍塌，吻兽、脊饰及勾头、滴水等各类瓦件全失，严重漏雨；檐部破损较为严重	年久失修自然破坏
椽望	糟朽、折断	东次间后坡椽毁坏40%，西次间椽遗失30%，檐飞椽糟朽、折断，连檐全毁	漏雨
梁架	劈裂	明间梁架一根双步梁严重劈裂，其余构件劈裂1~4厘米	自然破坏
梁架	劈裂	明间梁架一根双步梁严重劈裂，其余构件劈裂1~4厘米	自然破坏
柱	糟朽	四根中柱根部糟朽，约1/5柱高，东北角柱严重糟朽、下沉	雨水浸泡
装修	遗失、劈裂	次间装修全部遗失，明间被移至前檐柱间，仅存两扇板门，且多处劈裂	后人改造，年久失修
地面台基	遗失	室内原方砖墁地，现方砖全部遗失，室内、外地面均为自然土地面；台明无存，压面石、阶条石全失；散水无存	人为破坏
墙体	改动	前墙、室内隔断墙及后墙均为后人所加，两山墙内侧为四组花心墙，现仅存西南一组；墀头及夯土墙轻度脱落	人为破坏
油饰	脱落	所有木构件油饰全部脱落	年久失修

（2）东、西营房（表7-13）

东、西营房残破现状与原因分析　　　　表7-13

部位	残破性质	残破现状	残破原因
瓦顶	瓦件遗失、局部坍塌	各类瓦件全部遗失，仅剩泥背，屋面杂草丛生、严重漏雨	年久失修自然破坏
椽望	糟朽、折断	檐飞糟朽、折断约40%，连檐、望板全毁	漏雨
梁架	劈裂	个别构件劈裂，瓜柱劈裂共计12根	自然破坏

续表

部位	残破性质	残破现状	残破原因
墙体	坍塌	东营房北山墙已坍塌,为后人改砌。后墙坍塌3间,西营房后墙坍塌5间,其余墙体均轻度毁坏	年久失修
檩	劈裂、糟朽	东营房糟朽、劈裂15根檩,西营房糟朽、劈裂22根檩;弯曲、拔榫檩枋共计31根	瓦顶漏雨
柱	糟朽	墙内柱柱根糟朽,约1/5~1/4柱高,其中,东营房23根,西营房19根。东营房后檐角柱下沉	年久失修
装修	遗失	窗框及门框尚存,门、窗扇全部遗失	人为破坏
地面台基	遗失	室内、廊步及台明地面原为方砖铺墁,现全部遗失,散水无存,压面石、柱础石风化严重,65%需更换	人为与风化
油饰	脱落	所有木构件油饰全部脱落	年久失修

（3）书房（表7-14）

书房残破现状与原因分析　　　　　　　　　　　　　　　　表7-14

部位	残破性质	残破现状	残破原因
吻兽、脊饰、瓦顶	遗失	瓦件全部遗失,仅剩泥背,屋面杂草丛生、严重漏雨	年久失修
椽望	糟朽	飞椽糟朽严重,约25%毁坏,连檐、望板全无	漏雨
梁架	劈裂	个别构件劈裂;瓜柱劈裂共计4根	自然破坏
墙体	坍塌	北山廊步砖墙与土坯墙间有裂缝达40毫米;槛墙部分面砖脱落	年久失修
檩	劈裂	劈裂15根檩;个别构件弯曲、拔榫	瓦顶漏雨
柱	糟朽	墙内柱柱根糟朽2根,约1/4柱高	自然破坏
装修	遗失	前檐装修全部遗失,后檐门窗尚存;室内吊顶为后加	人为
地面台基	毁坏	室内木地板为后人所加,廊步及台明地面原为方砖铺墁,现60%碎裂,散水无存,压面石、柱础石风化严重,45%需更换	风化
油饰	脱落	梁架椽飞油饰80%脱落	年久失修

（4）将军府正殿（表7-15）

将军府正殿残破现状与原因分析　　　　　　　　　　　　　表7-15

部位	残破性质	残破现状	残破原因
屋面	改造	屋面被重新改造,举折不明显	人为改造
椽望	遗失	明、次间保存完好,梢间椽飞全部遗失	人为破坏
梁架	遗失	仅存明间两缝架梁,其余全部遗失	人为改造
装修	改造	原装修全部遗失,被改为新式门窗	修缮不当

部位	残破性质	残破现状	残破原因
墙体	改造	墙体使用红机砖，为后人所改	人为破坏
地面台基	遗失	室内地面后改为水泥地面，梢间台明遗失，散水全失	人为破坏自然风化
油饰	改造	木构件全部被后人改用调和漆油饰	人为破坏

（5）衙署（表7-16）

衙署残破现状与原因分析　表7-16

部位	残破性质	残破现状	残破原因
屋面	遗失	屋面瓦件全部遗失，仅余泥背	人为破坏
椽望	遗失	大门椽飞保存完好，东西厢房30%椽飞严重损坏，正堂西梢间椽飞全部遗失，其余各间约40%椽飞严重损坏	年久失修
梁架、檩、柱	遗失、糟朽	大门梁架完整，东西厢房梁架均轻微劈裂，随枋遗失5根，西厢房后檐檩2根糟朽；正堂西梢间全部坍塌，构件全部遗失，前廊整体前倾，穿插梁拔榫15厘米	自然破坏
装修	改造	大门中柱间板门及走马板全部遗失，东西厢房明间隔扇、次间槛窗全部遗失；正堂前檐装修、明次间隔断全部遗失	人为破坏
墙体	坍塌、脱落	大门西山墙坍塌1/2，耳房2/3墙体坍塌；正堂西梢间全部塌毁，其余墙体局部砖体或土坯脱落	年久失修
地面台基	粉碎或遗失	各建筑室内均为方砖地面，大门90%、东西厢房75%、正堂80%方砖粉碎，正堂梢间方砖遗失；台明、散水全失	年久失修
油饰	脱落	各建筑木构件油饰全部脱落	年久失修

客房、住宅、文庙等建筑从略。

5．评估

（1）价值评估

伊犁将军府为第四批全国重点文物保护单位，曾是我国清代派驻新疆军政合一的最高权力机关，是新疆做为中国不可分割的一部分以及西部边疆多民族团结的历史见证。

衙署、文庙为惠远城的组成部分，保护研究衙署、文庙建筑布局与特征，对研究边城建制的配置与规划有重要意义。

伊犁将军府古建筑群整体布局及梁架结构上为清式建筑风格，门窗装修吸收了俄罗斯建筑的特点，具有鲜明的地方特色；建筑群主次分明，布局合理，对研究伊犁地区古建筑群格局有较高的参考价值。

（2）现状评估结论

伊犁将军府古建筑群整体布局保存完整，相关历史环境及植被状况良好。伊犁将军府大部分古建筑主体结构保存较好，残损部位主要集中分布于屋顶、装修和地面等处；部分古建筑存在较严重的险情，且有进一步发展的趋势。

（三）伊犁将军府修缮方案

1. 修缮依据

《中华人民共和国文物保护法》关于"不改变文物原状"的文物修缮原则，《中华人民共和国文物保护法实施细则》，《伊犁将军府勘察报告》中"关于伊犁将军府各建筑残破现状及相关原因分析"以及《伊犁将军府总体保护规划方案》中的有关原则及修缮要求。

2. 修缮性质

将军府大门、书房、客房、居室Ⅰ与Ⅱ、衙署大门、衙署东西厢房、衙署正殿、文庙东西配殿、文庙正殿等建筑采取揭顶修缮，局部修复；东西营房、将军府正殿、将军府办公室、文庙大成门等建筑采取落架修缮。

3. 修缮方案

（1）各建筑主要通用做法

清除各建筑室内杂土或碎砖地面，重新铺墁室内地面，做法：素土夯实后，打3∶7灰土二步（厚300毫米），用300毫米×300毫米×60毫米青方砖铺墁。

重做散水，素土夯实后，打3∶7灰土一步（厚150），以280毫米×140毫米×70毫米条砖铺墁。

油饰：将所有原木构件清洗、挠新后，油饰断白，新配置木构件刷铜油一道并油饰断白。

（2）各建筑具体保护措施

1）将军府大门（表7-17）

将军府大门维修设计方案	表7-17

序号	部位	维修设计方案
1	台明	重新砌筑台明，制安压面石、阶条石等构件；降低门前地面，于公路前做排水沟一道
2	墙体	拆除室内后加隔断墙体及前后檐墙体，按照西南花心墙式样恢复其余三面花心墙；拆除两山墙并按照原式样重新砌筑
3	大木构架	墩接4根中柱及东北角柱（墩接高度视拆开墙体后的情况而定，用一级红松），更换前檐3根檐檩，更换明间1根双步梁，添配2根随檩枋，椽飞部分约更换45%，外檐望板、连檐、瓦口全部更换
4	瓦顶	揭取屋面望砖及泥背，按原做法重新挂瓦、调脊。板瓦、筒瓦、勾头、滴水等瓦件采用3#号布瓦，补配遗失的吻兽、脊饰
5	装修	将明间大门移至中柱，恢复门上走马板；次间恢复遗失的木板墙。拆除将军府大门东西两侧后人所加的耳房，不予复原。在现耳房位置，恢复部分围墙

2）东、西营房（表7-18）

东、西营房维修设计方案　　　　　　　　　　　表7-18

序号	部位	维修设计方案
1	台明	更换风化严重的压面石、柱顶石等构件
2	墙体	拆除墙体、妥善保存条砖和土坯，重新砌筑基础，填埋西营房后土坑，按照原式样重新砌筑两山及后檐墙体。下槛、前后墀头采用条砖（280毫米×140毫米×70毫米）砌筑，墙心采用原做法，土坯不足时可采用机砖砌筑，墙体抹灰采用砂灰打底、外罩麻刀灰
3	大木构架	墩接糟朽的墙内柱（墩接高度视拆开墙体后的情况而定，用一级红松），调平拨正歪闪下沉的后檐柱；更换严重糟朽的檩枋，椽飞部分约更换50%，外檐望板、草席、连檐、瓦口全部更换
4	瓦顶	揭取屋面望板、草席及泥背，按原做法椽子上钉草席三道，檐口钉望板，重新苫背并挂瓦做卷棚顶。板瓦、筒瓦、勾头、滴水等瓦件采用3#号布瓦
5	装修	检修门窗框并安装，重新制作门窗扇

3）将军府正殿（表7-19）

将军府正殿维修设计方案　　　　　　　　　　　表7-19

序号	部位	维修设计方案
1	墙体	拆除现存墙体，重砌两山及后墙（厚500毫米），槛墙采用条砖（280毫米×140毫米×70毫米）细淌白砌筑，墙身采用机砖砌筑，外抹灰。抹灰做法：砂灰打底、外罩麻刀灰
2	大木构架	整体落架，检修卸下的木构件，补配梢间梁架，添配檩方、檐椽等构件，按歇山式样添配残缺构件，补配望板、连檐、瓦口等构件
3	瓦顶	揭取瓦顶，按书房做法重新挂瓦、调脊，瓦件需添配约2/3
4	装修	拆除各间新式门窗，明间施四扇六抹隔扇，次间梢间施四扇四抹槛窗

4）衙署（表7-20）

衙署维修设计方案　　　　　　　　　　　表7-20

序号	部位	维修设计方案
1	台明	补配遗失压面石、踏垛石，重砌台明
2	大木构架	各建筑检修梁檩枋等构件，补配东西厢房遗失的5根随梁枋，更换西厢房后檐2根糟朽的檐檩；参照正殿东梢间梁架恢复西梢间，拨正正堂梁架，归安前廊拔榫穿插梁，并用铁箍予以加固。检修山门椽飞，更换严重损坏的椽飞，其中东西厢房需更换30%椽飞，正殿40%；望板、连檐、瓦口全部更换
3	墙体	重新砌筑山门西山墙及耳房坍塌墙体；参照正殿东梢间砌筑西梢间墙体，其余墙体剔补脱落砖体或土坯，将墙体裂缝处灌白灰浆，槛墙以上重新抹灰，做法同东营房
4	瓦顶	揭取瓦顶泥背，依原规格式样补配残缺的瓦件及脊兽，重做苫背，重新挂瓦、调脊，做法同书房
5	装修	按照原榫卯的位置，设计恢复山门中柱间板门及走马板；东西厢房依据上下槛及槛墙的位置，恢复明间两扇隔扇和两扇槛窗、次间四扇槛窗，并恢复正殿前檐装修及室内明、次间木隔断，拆除吊顶

二、民居——山东临清钞关古建筑群

（一）内容评述

临清钞关是大运河沿岸古代官府收税的场所，是一组特殊类型的古建筑。临清钞关位于京杭大运河西岸，该钞关不同一般官府建筑采用坐北朝南的布局方式，为便于靠岸船主上岸缴纳税银，钞关主建筑群采用坐西朝东的布局。

保护方案对钞关的建筑功能进行了分析，总结了钞关建筑形制特征，病害分析比较准确。但恢复装修的设计依据论证不够充分。残损记录均采用百分比，记录方式比较单一。

钞关与运河之间被后建房屋遮挡，割断了钞关与京杭大运河的关系，历史环境破坏较大，方案未涉及相关环境的梳理整治工作，甚是可惜。

（二）勘察报告

1．临清运河钞关概况

临清运河钞关地处山东省临清市老城区南部。地理坐标东经115°41′，北纬36°50′。钞关位于临清市后街京杭运河西岸，东距京杭大运河（明代会通河）100米，西临漳卫运河400米，南为运河入卫处，北有元代会通河故道；钞关始建于明代宣德四年（1429年），至清光绪二十七年（1901年）运河漕运停止，钞关署治遂废。临清运河钞关坐西朝东，占地面积3633平方米，是明、清两代中央政府设于运河上督理漕运税收的直属机构，也是目前我国仅存的一处运河钞关。

临清运河钞关院落格局基本保留，院内有仪门、南穿厅、南衙皂房、北穿厅、北衙皂房建筑物（图7-74）。

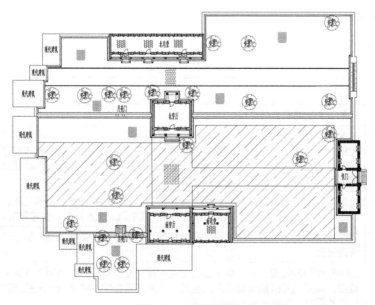

图7-74　钞关总平面图

2．历史沿革

明代宣德四年（1429年）临清运河钞关建成。明代宣德十年（1435年），临清运河钞关升为户部榷税分司，由户部直控督理关税，下设五处分关。明代万历二十七年（1599年），税监马堂横征暴敛，激起民变，临清手工业者以编筐工人王朝佐为首，焚烧了马堂署，即临清运河钞关。清乾隆十一年（1746年）又重修了临清运河钞关公署。清光绪二十七年（1901年），运河漕运停止，临清运河钞关署治遂废。

1931年临清运河钞关署治改为国民党鲁北民团军总指挥部。1945年临清解放后，临清运河钞关署治变为中共临清市委市府机关所在地。20世纪60年代后为临清二轻局使用管理，1997临清市二轻局迁出，交由临清市博物馆保护管理，2000年重修临清运河钞关仪门，并对南、北穿厅进行了维修。2001年临清钞关被公布为全国重点文物保护单位。

3．平面布局及单体建筑形制

临清运河钞关坐西朝东，建筑面积439.26平方米。主要建筑布局在仪门中轴线两侧，仪门北侧由南至北为北穿厅、北衙皂房；仪门南侧由西至东为南穿厅、南衙皂房；仪门以西院落为遗址展示区；北穿厅和北衙皂房之间院落用砖铺墁。

（1）仪门

仪门为一层硬山式木结构筒瓦顶建筑（图7-75），坐西朝东，面阔五间，进深一间，明间为门洞，明间前后檐柱间有隔断墙，隔断墙上开门连通明间和次间（图7-76、图7-77）。通面阔16.4米，通进深5.14米，建筑面积84.3平方米。

明间阶条石压面，前檐明间置四步垂带踏跺，后檐明间置两步如意踏跺，台帮为青砖砌筑。295毫米×245毫米×80毫米青砖糙墁散水，外侧栽240毫米×120毫米×60毫米青砖牙子一道。明间后檐柱下为鼓镜式方形柱顶石，地面为420毫米×420毫米×70毫米方砖十字缝铺墁。

前后檐柱上承托五架梁（图7-78），五架梁上置瓜柱承托三架梁，三架梁上置脊瓜柱承托脊檩；檩部结构为檩、枋两件。

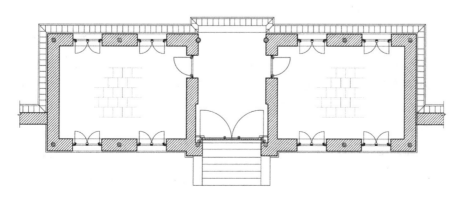

图7-75　仪门平面图

图7-76　仪门正立面

图7-77　仪门背立面

图7-78　仪门梁架

图7-79　仪门前窗细部

前后檐墙和两山墙室外为240毫米×120毫米×60毫米青砖淌白三顺一丁砌筑；室内下部为三皮墙砖下碱，上部墙面抹灰刷白。隔断墙下部为三皮墙砖下碱，上部墙面抹灰刷白，墙体开门连通明间和次间。两山前后檐砖砌墀头。明间前檐墙做券门，券门上有"钞关"石刻，顶部有垛口；后檐无墙体。次间和梢间前后檐为封后檐，出五层带砖椽冰盘檐，前檐墙体上有六方窗洞，后檐墙体上有发券窗洞。

前檐明间为两扇板门，后檐随檩枋下为灯笼锦心屉倒挂楣子；前檐次间和梢间为两扇两抹八角景心屉隔扇窗（图7-79），后檐为两扇两抹套方灯笼锦心屉隔扇窗，隔断墙上开单扇五抹套方灯笼锦心屉隔扇门。

檩上铺钉方椽，明间后檐出飞椽；室内方椽上为望砖；明间后檐檐头附件由连檐、瓦口构成。硬山屋面为布瓦筒瓦屋面，两山为铃铛排山，施正脊、垂脊，施望兽、垂兽、小跑，瓦件尺寸为145毫米×195毫米。上下架大木、木基层及装修均用单皮灰地仗；大木构件用铁红断白；明间后檐檐檩和随檩枋为旋子彩画。

（2）北穿厅

北穿厅坐北朝南，面阔三间，进深一间，前出廊，明间后出抱厦（图7-80）。通面阔9.26米，通进深7.89米，建筑面积78.1平方米。为单层筒瓦屋面木结构硬山式建筑（图7-81、图7-82）。

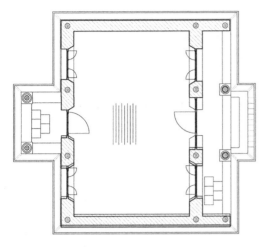

图7-80 北穿厅平面图

图7-81 北穿厅南立面

明间以390毫米×290毫米×125毫米青砖压面，前檐明间置两步如意踏跺，台帮为青砖砌筑。用295毫米×245毫米×80毫米青砖做一顺出糙墁散水，外侧栽240毫米×120毫米×60毫米青砖牙子一道。

明间前檐柱和抱厦柱下为鼓镜式方形柱顶石。廊步和抱厦地面为420毫米×420毫米×70毫米方砖十字错缝铺墁，室内为木地板铺墁。

前檐柱为Φ240木柱，抱厦柱子为Φ200木柱。前檐柱与金柱之间用抱头梁进行连接，抱头梁下有随梁枋；金柱与后檐柱上承托七架梁，七架梁上置瓜柱承托五架梁（图7-83），五架梁上置瓜柱承托三架梁，三架梁上置脊瓜柱承托脊檩（图7-84）；明间抱厦柱子与后檐柱之间用抱头梁进行连接，抱头梁下有随梁枋，抱头梁南侧置瓜柱承托檩，呈单坡顶；檩部结构，前檐和抱厦为檩、垫板、枋子三件，其余为檩、枋两件；抱厦两侧为博缝板。

由于历史上进行过多次维修，导致墙体砌筑方式存在多种样式。前檐室外下碱为青砖淌白砌筑，上身为青砖淌白陡砌；后檐室

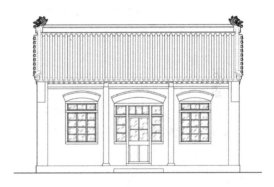

图7-82 北穿厅立面图

图7-83 北穿厅室内梁架

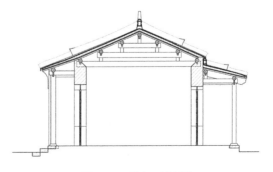

图7-84 北穿厅剖立面

外为青砖淌白砌筑，上出三层冰盘檐；室内为抹灰刷白；墙体上有发券门洞和窗洞。两山墙室外下碱为青砖淌白砌筑，上身为青砖淌白陡砌，前檐砖砌墀头；室内山花和象眼为青砖淌白陡砌，其余为抹灰刷白。

前檐木装修安装在金柱轴线上，明间中为一扇三抹四块玻璃心屉门，上为三块玻璃心屉固定窗，门两侧各为一扇两抹三块玻璃心屉槛窗，上为一块玻璃心屉固定窗；次间为三扇两抹四块玻璃心屉槛窗，上为三块玻璃心屉固定窗。后檐木装修安装在后檐柱轴线上，明间为一扇三抹四块玻璃心屉门，上为三块玻璃心屉固定窗；次间为三扇两抹四块玻璃心屉槛窗，上为三块玻璃心屉固定窗。

檩上铺钉方椽，室内方椽上为望砖，檐头附件由连檐、瓦口构成。屋面两山为铃铛排山，施正脊、垂脊，施望兽和仙人；抱厦为单坡布瓦筒瓦屋面，施正脊、垂脊；瓦件尺寸为145毫米×195毫米。上下架大木、木基层及装修均用单皮灰地仗；大木构件均用铁红断白。

（3）北衙皂房

北衙皂房坐北朝南，面阔八间，进深一间，前出廊（图7-85）。通面阔22米，通进深5.66米，建筑面积124.52平方米；为一层木结构合瓦屋面硬山式建筑（图7-86、图7-87）。台明四周以480毫米×250毫米×125毫米青砖压面，前檐西第二间、西第四间、西第七间置一步如意踏跺，台帮用青砖砌筑。散水采用295毫米×245毫米×80毫米青砖做一顺出糙墁散水，外侧栽240毫米×120毫米×60毫米青砖牙子一道。柱顶石为素面方平柱顶石。廊步和室内地面为420毫米×420毫米×70毫米青砖十字错缝铺墁。

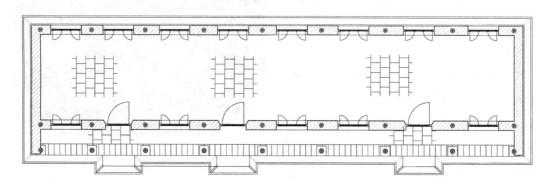

图7-85　北衙皂房平面图

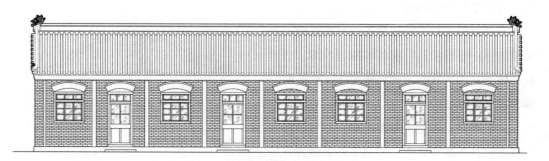

图7-86　北衙皂房立面图

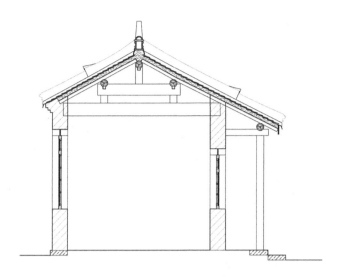

图7-87 北衙皂房剖面图

前檐柱与金柱之间用抱头梁进行连接；金柱与后檐柱上承托五架梁（图7-88），五架梁上置瓜柱承托三架梁，三架梁上置脊瓜柱承托脊檩（图7-89）；檩部结构为檩、枋两件。

前后檐墙和两山墙室外为240毫米×120毫米×60毫米青砖淌白三顺一丁砌筑；室内下碱为240毫米×120毫米×60毫米青砖淌白三顺一丁砌筑，上身为墙面抹灰刷白；前檐墙体上有发券门洞和窗洞；后檐为封后檐，出五层带砖椽冰盘檐，墙体上有发券窗洞；两山墙前檐砖砌墀头。

前檐木装修安装在金柱轴线上，西第二间、西第四间、西第七间为一扇三抹四块玻璃心屉门，上为三块玻璃心屉固定窗；西第一间、西第三间、西第五间、西第六间、西第八间为三扇两抹四块玻璃心屉槛窗，上为三块玻璃心屉固定窗。后檐木装修安装在后檐柱轴线上，每间为三扇两抹四块玻璃心屉槛窗，上为三块玻璃心屉固定窗。

檩上铺钉方椽，室内方椽上为望砖，椽头有挂檐板，檐头附件由连檐、瓦口构成。为布瓦筒瓦硬山屋面，两山用铃铛排山，施正脊、垂脊，施望兽和仙人，筒瓦145毫米×195毫米。上下架大木、木基层及装修均为单皮灰地仗；大木构件用铁红断白。

图7-88 北衙皂房立面

图7-89 北衙皂房梁架

4. 残破现状及原因分析

（1）残破现状

1）仪门（表7-21）

仪门残破现状与原因分析　　　　　　　　　　　　　　　　　表7-21

部位	残破现状	残破原因
台明	阶条石：轻微风化，存在棱角残损现象。 踏跺：基本完好，轻微风化。 台帮：青砖15%风化酥碱，灰缝脱落	物理风化、风力侵蚀、降雨侵蚀、冻融风化
散水	散水缺失，散水部位被现代地砖铺墁取代	人为拆改
柱顶石	基本完好，轻微风化	物理风化
地面	次间和梢间地面方砖缺失，现为后改条砖地面	人为拆改
柱	后檐明间木柱柱根糟朽，出现劈裂现象	物理风化
梁架	明间梁架存在歪闪、劈裂、糟朽、拔榫、变形现象	物理风化
墙体	前后檐墙、两山墙墙体50%灰缝脱落，墙面30%抹灰空鼓。隔断墙墙面25%抹灰空鼓	物理风化、风力侵蚀、降雨侵蚀、冻融风化
装修	前檐明间板门糟朽，构件之间存在拔榫、开裂、变形现象。槛窗构件之间存在拔榫、开裂、变形现象	物理风化
木基层	望砖：50%风化酥碱，灰缝脱落	物理风化、冻融风化
屋面	正脊、垂脊灰缝脱落。20%檐头瓦件残损、松动。15%屋面瓦件残损、松动	物理风化、风力侵蚀、降雨侵蚀、冻融风化
地仗、油饰	下架上架：轻度褪色；木基层、木装修：严重褪色	物理风化
彩画	褪色、局部脱落	物理风化

2）北穿厅（表7-22）

北穿厅残破现状与原因分析　　　　　　　　　　　　　　　　　表7-22

部位	残破现状	残破原因
台明	压面青砖：青砖45%风化酥碱，存在断裂、损坏现象，60%水泥砂浆抹面。踏跺：风化酥碱，前檐踏跺存在断裂现象。台帮：青砖40%风化酥碱，水泥砂浆勾缝，70%水泥砂浆抹面	物理风化、风力侵蚀、降雨侵蚀、冻融风化、年久失修、人为拆改
散水	散水缺失，散水部位被现代地砖铺墁取代	人为拆改
柱顶石	基本完好，轻微风化	物理风化、风力侵蚀
地面	廊步地面水泥砂浆抹面。 抱厦地面方砖缺失，现为后改条砖地面	人为拆改
柱	前檐明间和抱厦木柱柱根糟朽，出现劈裂现象	物理风化
梁架	明间梁架和抱厦梁架存在歪闪、劈裂、糟朽、拔榫、变形现象	物理风化

续表

部位	残破现状	残破原因
墙体	前檐墙室外下碱水泥砂浆抹面，墙体65%灰缝脱落；室内墙面40%抹灰空鼓脱落 东山墙室外下碱局部水泥砂浆抹面，墙体55%风化酥碱、灰缝脱落，前檐东侧墀头开裂，中部存在孔洞；室内墙面45%抹灰空鼓 西山墙室外下碱局部水泥砂浆抹面，墙体65%风化酥碱、灰缝脱落；室内墙面50%抹灰空鼓 后檐墙室外下碱局部水泥砂浆抹面，墙体60%灰缝脱落；室内墙面50%抹灰空鼓脱落	物理风化、风力侵蚀、降雨侵蚀、冻融风化、年久失修、人为拆改
装修	木装修构件之间存在拔榫、开裂、变形现象	物理风化
木基层	望砖：45%风化酥碱、灰缝脱落	物理风化、冻融风化
屋面	正脊、垂脊灰缝脱落，后檐仙人缺失。 25%檐头瓦件残损、松动。15%屋面瓦件残损、松动	物理风化、风力侵蚀、降雨侵蚀、冻融风化、年久失修
地仗、油饰	下架：30%地仗油饰脱落。上架：20%局部地仗油饰脱落。木基层：轻度褪色。木装修：35%地仗油饰脱落	物理风化

3）北衙皂房（表7-23）

北衙皂房残破现状与原因分析 表7-23

部位	残破现状	残破原因
台明	压面青砖：青砖40%风化酥碱，存在断裂、损坏现象，水泥砂浆勾缝，45%水泥砂浆抹面。 踏跺：风化酥碱，存在棱角残损现象。 台帮：青砖65%风化酥碱，存在断裂、损坏现象，水泥砂浆勾缝，50%水泥砂浆抹面	物理风化、风力侵蚀、降雨侵蚀、冻融风化、年久失修、人为拆改
散水	散水缺失，散水部位被现代地砖铺墁取代	人为拆改
柱顶石	柱顶石残损、缺失	物理风化、风力侵蚀、人为拆改
地面	地面方砖缺失，现为后改现代地面	人为拆改
柱	前檐木柱柱根糟朽，出现劈裂现象	物理风化
梁架	西第二、第三、第五、第七间梁架存在歪闪、劈裂、糟朽、拔榫、变形现象	物理风化
墙体	前后檐墙和两山墙为后改红机砖墙体；室内后加隔断墙	人为拆改
装修	前后檐木装修缺失，现为后期人为拆改木装修	人为拆改
木基层	椽子：20%糟朽、变形、残损。望砖：40%风化酥碱、灰缝脱落。连檐、瓦口、挂檐板：65%糟朽、变形	物理风化、冻融风化
屋面	原屋面缺失，现为后期人为拆改现代屋面	人为拆改
地仗、油饰	下架上架：95%地仗油饰脱落。 木基层、木装修：90%地仗油饰脱落	物理风化

4）南穿厅、南皂房及院落整治工程（略）

（2）残破原因分析

临清运河钞关残破原因可分为自然原因和人为原因两大类。

自然原因：临清运河钞关受到水、风、温度等自然因素的影响，对遗产本体产生了破坏作用，造成砖料和石材风化酥碱、木构件糟朽变形、灰浆老化脱落和性能下降、油饰起皮脱落等现象，影响建筑遗产的使用功能和外观质量，造成一定安全隐患。

人为原因：主要包括管理维护缺乏、年久失修、后期人为拆改破坏等。对建筑遗产的人为拆改破坏，不仅改变建筑物的外观，与建筑遗产原有规制不协调，而且破坏了建筑遗产的结构稳定性，影响了建筑遗产的使用寿命。

5．评估

（1）价值评估

1）历史价值：临清运河钞关是明清两代中央政府设在运河上督理漕运税收的直属机构，在研究明清运河历史、封建社会税收制度与经济变迁、商业形态及运河城镇形成方面有重要的作用。

临清运河钞关是明清运河五百多年历史的见证。在明清运河的七个钞关中，临清运河钞关设关时间早、撤关时间晚，跨越历史最长，而且是我国现存唯一的一处运河钞关，它为研究明清漕运史、关税史、官署建筑史提供了不可多得的实物资料。

临清运河钞关还是明万历年间王朝佐反税监斗争的重要历史见证，是清代乾隆年间著名农民起义——王伦起义的历史见证，是运河文化的重要载体之一。

2）科学价值：临清运河钞关的空间布局及选址充分考虑与运河的地理环境关系，满足功能需求，提高办公效率。钞关建筑形制、工艺充分考虑了当地气候环境，最大限度地延长了建筑的使用年限。临清运河钞关为研究当地建筑演变及其发展提供了重要的实物资料。

3）艺术价值：临清运河钞关及其附属建筑物建造技艺精湛，内容丰富，生动精美，充分展示了当地高超的技艺水平，体现了当地的审美标准，对研究地方营造技艺具有较高的价值。

4）社会价值：临清运河钞关作为全国重点文物保护单位，已成为当地和京杭大运河重要的文化景观之一，具有游赏价值。该区域有着良好的人文环境、优美的自然风景、古老的街巷古迹，已成为临清文化旅游的重要组成部分。

（2）现状评估

临清运河钞关建筑群结构基本稳定，存在一些病害和后期拆改现象，如不及时整治和控制病害发展，会对建筑遗产的稳定性和外观造成严重的损害。其主要问题包括青砖和石材风化酥碱，地面人为拆改，上下架大木开裂变形，墙面风化酥碱开裂，木装修拆改，木基层糟朽，屋面瓦件残损，油饰起皮脱落等。针对上述问题应立即采取相应解决和控制措施，以免造成建筑遗产更大损坏。

（三）修缮设计方案

本维修工程设计方案旨在最大限度保护遗产本体及其所承载的历史信息，使临清运河钞关得到妥善保护，更好地呈现给世人。

1. 维修范围及目标

排除现有建筑遗产险情，消除安全隐患，有效保持临清运河钞关的安全性、真实性和完整性，全面保存并延续临清运河钞关的历史信息及文物价值。

2. 维修依据（略）

3. 维修设计方案原则

维修中应严格遵守"不改变文物原状"的文物保护维修原则。尽可能多地保留临清运河钞关的历史遗存和自身特点，最大限度保留钞关的历史信息。必须尊重和尽量利用原有材料，严格遵守减少干预原则。为了增强文物本体的结构稳定性和持久性，可适当采用新材料、新工艺。凡新添加部分，原则上应具有可逆性，即必要时将添补部分拆除而不影响原结构。

4. 维修性质

现状修整。

5. 维修工程设计方案

临清运河钞关维修工程主要包括：室内外地面重新铺墁，大木构架检修及加固，墙体剔凿挖补、拆砌、勾缝、重新抹灰刷浆，木装修检修和补配，木基层检修和更换糟朽构件，屋面进行检修、更换残损瓦件、重新捉节夹垄和瓦瓦，上下架大木、木基层、木装修油饰铲除重做，院落修整，更改因后期人为拆改的不合理部分等，使临清运河钞关符合原有历史风貌，分项叙述如下：

（1）仪门（表7-24）

仪门修缮设计方案   表7-24

部位	修缮设计方案
台明	阶条石：检修阶条石，用大麻刀灰进行勾缝。踏跺：检修踏跺。 台帮：剔凿挖补风化酥碱青砖（240毫米×120毫米×60毫米），用小麻刀灰补勾灰缝
散水	拆除后改现代地面，用青砖（295毫米×245毫米×80毫米）重新做一顺出糙墁散水，外侧栽（240毫米×120毫米×60毫米）青砖牙子一道，泛水2%；散水下部做3∶7灰土一步；3∶7灰土下素土夯实
柱顶石	检修柱顶石
地面	拆除次间和梢间后改现代条砖地面，用方砖（420毫米×420毫米×70毫米）重新十字缝细墁地面；地面下部做3∶7灰土一步；下用素土夯实
柱	对于糟朽部分进行剔补；对于劈裂部分采取环氧树脂加木条进行镶嵌
梁架	检修梁架；对于歪闪、变形、拔榫部位进行打牮拨正，并用铁活固定；对于糟朽部分进行剔补。对于劈裂部分采取环氧树脂加木条进行镶嵌
墙体	前后檐墙和两山墙：剔凿挖补墙体风化酥碱青砖（240毫米×120毫米×60毫米），用小麻刀灰补勾灰缝；室内重新抹灰刷白。隔断墙：重新抹灰刷白

部位	修缮设计方案
木装修	更换前檐两扇糟朽板门。对于开裂、变形严重构件进行更换，对轻微变形构件进行校正，对开裂部位进行嵌补
木基层	对望砖重新勾缝
屋面	检修屋面，更换补配残损瓦件，对正脊和垂脊重新勾缝
地仗、油饰	对于下架、上架、木基层、木装修中地仗油饰起皮脱落的部分进行铲除，重做单皮灰，按原色调重新油饰

（2）北穿厅（表7-25）

北穿厅修缮设计方案　　　　　　　　　　　　　表7-25

部位	修缮设计方案
台明	压面青砖：剔除水泥砂浆抹面，更换断裂、损坏青砖（390毫米×290毫米×125毫米），剔凿挖补风化酥碱青砖（390毫米×290毫米×125毫米），用小麻刀灰补勾灰缝。踏跺：拆除断裂严重的踏跺石，按原规格原材质更换新的踏跺石，新配的踏跺石用桃花浆进行灌注，用大麻刀灰进行勾缝。台帮：剔除水泥砂浆抹面和勾缝，剔凿挖补风化酥碱青砖（390毫米×290毫米×125毫米），用小麻刀灰补勾灰缝
散水	拆除后改现代地面，用青砖（295毫米×245毫米×80毫米）重新做一顺出糙墁散水，外侧栽（240毫米×120毫米×60毫米）青砖牙子一道，泛水2%；散水下部做3：7灰土一步；下用素土夯实
柱顶石	检修柱顶石
地面	拆除廊步和抱厦后改现代地面，用方砖（420毫米×420毫米×70毫米）重新十字错缝细墁地面；地面下部做3：7灰土一步；3：7灰土下素土夯实
柱	对于糟朽部分进行剔补；对于劈裂部分采取环氧树脂加木条进行镶嵌
梁架	检修梁架；对于歪闪、变形、拔榫部位进行打牮拨正，并用铁活固定；对于糟朽部分进行剔补。对于劈裂部分采取环氧树脂加木条进行镶嵌
墙体	前檐墙：剔除水泥砂浆抹面，用小麻刀灰补勾灰缝；室内重新抹灰刷白。东山墙：剔除水泥砂浆抹面；剔凿挖补墙体风化酥碱青砖，用小麻刀灰补勾灰缝；局部拆除开裂墙体，重新砌筑，补砌空洞缺失青砖；室内重新抹灰刷白。西山墙：剔除水泥砂浆抹面，剔凿挖补墙体风化酥碱青砖，用小麻刀灰补勾灰缝；室内重新抹灰刷白。后檐墙：剔除水泥砂浆抹面，用小麻刀灰补勾灰缝；室内重新抹灰刷白
木装修	对于开裂、变形严重构件进行更换，轻微变形构件进行校正，嵌补开裂部位
木基层	对望砖重新勾缝
屋面	补配缺失仙人跑兽。检修屋面，更换补配残损瓦件，对正脊和垂脊重新勾缝
地仗、油饰	对于下架、上架、木基层、木装修中地仗油饰起皮脱落的部分进行铲除，重做单皮灰，按原色调重新油饰

（3）北衙皂房（表7-26）

北衙皂房修缮设计方案　　　　　　　　　　表7-26

部位	修缮设计方案
台明	压面青砖：剔除水泥砂浆抹面和勾缝，更换断裂、损坏青砖（480毫米×250毫米×125毫米），剔凿挖补风化酥碱青砖（480毫米×250毫米×125毫米），用小麻刀灰补勾灰缝。 踏跺：检修踏跺。 台帮：剔除水泥砂浆抹面和勾缝，更换断裂、损坏青砖（480毫米×250毫米×125毫米），剔凿挖补风化酥碱青砖（480毫米×250毫米×125毫米），用小麻刀灰补勾灰缝
散水	拆除后现改现代地面，用青砖（295毫米×245毫米×80毫米）重新做一顺出糙墁散水，外侧栽（240毫米×120毫米×60毫米）青砖牙子一道，泛水2%；散水下部做3：7灰土一步；3：7灰土下素土夯实
柱顶石	更换、补配素面方平柱顶石
地面	拆除后现改现代地面，用方砖（420毫米×420毫米×70毫米）重新十字错缝细墁地面；地面下部做3：7灰土一步；3：7灰土下素土夯实
柱	对于糟朽部分进行剔补；对于劈裂部分采取环氧树脂加木条进行镶嵌
梁架	检修梁架；对于歪闪、变形、拔榫部位进行打牮拨正，并用铁活固定；对于糟朽部分进行剔补。对于劈裂部分采取环氧树脂加木条进行镶嵌
墙体	拆除前后檐墙和两山墙后改红机砖墙体，重新砌筑青砖墙体。 前后檐墙和两山墙室外为240毫米×120毫米×60毫米青砖淌白三顺一丁砌筑；室内下碱为240毫米×120毫米×60毫米青砖淌白三顺一丁砌筑，上身为墙面抹灰刷白；前檐墙体上有发券门洞和窗洞；后檐为封后檐，出五层带砖椽冰盘檐，墙体上有发券窗洞；两山墙前檐砖砌墀头。隔断墙：拆除室内后加隔断墙
木装修	拆除前后檐后改木装修，按院内同时期建筑物恢复木装修。 前檐木装修安装在金柱轴线上，西第二间、西第四间、西第七间为一扇三抹四块玻璃心屉门，上为三块玻璃心屉固定窗；西第一间、西第三间、西第五间、西第六间、西第八间为三扇两抹四块玻璃心屉槛窗，上为三块玻璃心屉固定窗。后檐木装修安装在后檐柱轴线上，每间为三扇两抹四块玻璃心屉槛窗，上为三块玻璃心屉固定窗
木基层	对椽子、连檐、瓦口、挂檐板糟朽的部分进行修补。对望砖重新勾缝
屋面	拆除后期人为拆改现代屋面；重新苫背瓦、布瓦、筒瓦屋面，两山为铃铛排山，施正脊、垂脊，施望兽和仙人，瓦件尺寸为145毫米×195毫米
地仗、油饰	对下架、上架、木基层中地仗油饰起皮脱落的部分进行铲除，重做单皮灰，按原色调重新油饰。对新做木基层和木装修做单皮灰，按建筑物色调进行油饰

6. 主要施工工艺及技术

施工中必须严格遵守国家文物修缮工程的法律法规和文物修缮原则，要注意文物建筑的形式、特征、雕刻纹样、节点大样和材料做法，要保持原有文物建筑历史时代的特征和地方特点，保持文物建筑的历史感。

（1）剔凿挖补墙体

对酥碱部位进行剔凿挖补，应认真用扁铲錾子将留槎部位剔净，保证槎子砖的棱角完整，尽量剔成坡梯，保证挖补部位最上一皮砖为一个单块砖，达到灌浆饱满的目的，以增加墙壁体的耐久性，操作时对半成品砖轻拿轻放，以防碰坏棱角。墙面剔补时应严格按照设计要求剔补，不能随意增加剔补数量。在施工时特别要注意相邻砖砌块的完整，剔凿时应逐渐扩大，不宜大块剔凿，以避免造成对墙体损伤及相邻砖块的破坏。

（2）木构件修补、铁箍加固

木构件加固用的铁箍应涂刷防锈漆两道，加固方法用圆钉紧固。加固的铁箍与木构件紧箍密实。构件缺损部位采取挖补，朽烂部位采用新木料嵌补并加胶，嵌接部位与整体构件保持平整，嵌补用的新木料应与原构件材质相同。

（3）地面铺墁

砖加工：选定合格方砖材料，施工时要轻拿轻放，砖的规格、品种、质量等必须符合传统建筑材料和设计的要求。砖的尺寸要一致，四角要格方，棱角必须齐全。

1）工序：抄平——周边弹线——冲趟——样趟——揭趟（注意编号）——浇浆（浇满实）——刹趟——打点活。

2）主要工艺：细墁方砖地面。做好原有基层处理，对经检查合格进场的成砖码放整齐，做好半成品保护，施工中轻拿轻放，以防碰坏棱角。室内地面铺墁须在室内正中拴两道互为垂直的十字线，使砖与房屋轴线保持平行，趟数应为单数，破活应放在罩面或两端，门口必须整活。由技术熟练的技工沿两山各墁一趟砖，然后冲趟，栓好一道卧线进行样趟，打成"鸡窝泥"进行样砖铺墁，保证方砖平直，每完成一趟进行揭趟。麻刷沾水将砖肋刷湿，用木宝剑在砖棱处均匀挂油灰条，均匀浇浆，重新铺墁，再用礅锤将砖校实，使砖缝严密。按卧线检查砖棱，进行刹趟。往复循环进行直至地面完成后，铲尺缝后墁干活，并擦干净，做好成品保护。

3）注意铺墁地面的成品保护：铺墁期间合理安排施工流向，尽量减少上人走动，不允许手推车直接碾压。内墙粉刷前必须对易造成污染的地面进行苫盖保护，其他工种作业时不得碰损和污染地面。为使地面尽快干燥，应加强通风，并不得将水遗撒在地面上。

（4）墙体砌筑

砖的规格、式样、品种、质量等应遵守设计要求。砖的尺寸要符合设计要求，棱角必须整齐。墙体砌筑时，先将基层清理干净，用墨线弹出墙体厚度，根据设计要求，按设计的砌筑形式进行试摆，试摆后进行栓线，每砌筑一层砖都要进行干摆、栓线，以保证墙体砌筑平直、无凹凸。灌浆采用桃花浆，分三次灌注，灌浆前要先对墙面进行打点，防止浆液外溢，弄脏墙面。在第一次灌浆之后，要磨去砖上棱高出的部分，保证摆砌下层砖时能够严丝合缝。墙体砌筑完成要进行打点修理，将砖缝处高出部分磨平，用砖面灰填平砂眼。表面平整后用清水和软毛刷将整个墙面清扫、冲洗干净。

（5）油饰工程

为确保油饰施工质量，使其坚固、延年、耐久，配料前，准备工作应充分，并进行书面交底和对料房人员进行现场口头交底，防止不按要求比例进行配比。大缝塞缝，小缝捉缝，要严要实，保证饱满严实。油饰三道。

7. 主要材料及质量要求

白灰：块状生石灰，灰块比例不得少于灰量的60%，各项指标执行《建筑生石灰》JC/T 497—92钙质生石灰优等品标准。

灰土：将生石灰经水泼灰后过筛（筛孔为5毫米），黄土过筛（筛孔为20毫米），泼灰与黄土按3：7比例拌合均匀，即为3：7灰土。

大麻刀灰：泼浆灰加水（或青浆）调匀后掺麻刀搅匀，灰：麻刀=100：（5~4）。

油灰：细白灰粉（过箩）、面粉、烟子，加桐油搅匀，白灰：面粉：烟子：桐油=1：2：（0.5~1）：（2~3）。

砖：按各殿座设计方案采用优质青砖和方砖。

瓦：更换的瓦件按原规格做法，瓦件规格为145毫米×195毫米。

木材：选用一级松木，所有木材的含水率不大于20%，木料均应现场烘干。严格控制，不应选用有节疤和裂缝严重的木材；选用时参照《中国古建筑修建施工工艺》中的节疤、纹理缝隙标准选材。

第三节　祭祀纪念类建筑遗产

我国拥有丰富的祭祀纪念性建筑遗产，其是为纪念有功绩的或显赫的人或重大事件以及在有历史或自然特征的地方营造的建筑或建筑艺术品。这类建筑大多具有思想性、永久性和艺术性的特征。

我国各地分布了大量的各级文庙，从世界文化遗产曲阜孔庙，到国子监，乃至各州、各府、各县均建有大量的文庙，各个文庙其整体形制虽然有相仿之处，但更是各具特色，融合南北方不同建筑特点和地域特色，形成了庞大的文庙建筑体系。但文庙是否属于祭祀纪念性建筑遗产，不同学者的理解则各不相同，而脱胎于中国宗法伦理观念的儒学建筑——文庙的确兼有祭祀的功能，将其列入祭祀纪念性建筑遗产，也是有一定道理的。

祠堂是一种重要的祭祀纪念性建筑遗产类型，是人们祭祀祖先或先贤的场所。分为两种形式，一种是祭祀祖先的，最早见于南宋朱熹的《家礼》，其中涉及立祠堂之制，这是受家族观念影响，传播祖先信仰文化的一种形式。另一种是为纪念历史名人而设立的祠堂，如武侯祠、庞统祠，是为纪念三国时期蜀国两位军师而建。祠堂由早期的单一祭祀功能，已逐步演化成重要的公共空间，在此举办婚丧嫁娶、宗族议事等重大活动。后又有将学堂设在祠堂的，族人子弟可在此就学。历史上，祠堂的规模、质量以及豪华程度，逐渐成为家族兴盛的代名词，代表着家族的荣耀，成为家族光宗耀祖的一种象征。

牌坊（俗称牌楼）是汉族特有的一种祭祀纪念性建筑类型，牌坊一般由二柱、四柱或六柱呈线性排列，柱上承托横向枋、额或斗栱、瓦檐等构件，为表彰功勋、科第、德政以及忠孝节义所设立的建筑物，一般采用木、砖、石、琉璃或金属等材料建造。有专家认为牌坊与牌楼有明显的区别，牌坊没有"楼"的构造，即没有斗栱和屋顶，而牌楼有屋顶部分，本书不做细分。牌坊概缘于"衡门"，《诗·陈风·衡门》曰："衡门之下，可以栖迟。"由此可知"衡门"春秋时期已经出现，后逐步演化成现在的牌坊，其式样越来越丰富，应用范围越来越广，许多寺庙将牌坊（楼）用做山门，文庙内的棂星门也常采用牌楼式样。牌坊常见于宫苑、寺观、陵墓、祠堂、衙署和街道路口等处，成为中国传统建筑遗产的重要景观要素。

华表、纪念碑以及其他具有较高历史、艺术、科学价值的，与纪念功能相结合的其他建构筑物，如陈列馆、纪念馆等各类场馆均属于祭祀纪念性建筑遗产，此处不再赘述。

本文重点节选了2组建筑作为研究对象：1座祠庙——四川罗江庞统祠庙和1座祠堂——湖北宜昌望家祠堂，介绍其修缮方案的制定方法并评述其存在的问题。

一、祠庙——四川罗江庞统祠庙

（一）内容评述

罗江庞统祠是四川抗震救灾项目，笔者带队进场测绘时，还时有余震。庞统祠在地震中遭到严重破坏勘察的重点是地震造成的灾害，因此方案中增加了稳定性判断的内容，对每一类构件进行稳定性评估，并以此为依据，确定针对性保护措施。传统木结构建筑抗震性能较好，薄弱环节是砖石砌体的维护结构和瓦顶部分。砖石砌体可以通过灌浆加固或调整灰浆配比以增加砌体的强度；瓦顶工程不必采用特别的措施，按照传统方式修缮即可，四川地区瓦顶多采用干摆瓦，一般不使用灰背，瓦面无法满足抗震要求，好在普通灰色板瓦较常见。庞统祠庙屋面特色是灰塑部分，往往千奇百态、各具特色，是实施瓦顶保护工程的重点，修缮或重塑过程中，可采取内部加筋法，最好使之与下部梁架相连，确保灰塑脊饰的稳定。

（二）勘察报告

2008年5月12日四川省汶川县发生了里氏8级大地震，地震波及四川省罗江县，全国重点文物保护单位罗江庞统祠内各文物建筑均遭重创，墙体多处断裂、木构件脱榫、脊饰坍塌、瓦顶大面积下滑脱落。2008年6月13日受国家文物局委派和罗江县文化局的委托，笔者带队对罗江庞统祠进行全面勘察、测绘，编制了罗江庞统祠保护维修方案。

1. 概述

庞统祠位于罗江县西5千米的鹿头山白马关，是安葬和祭祀三国时期蜀国副军师庞统的专祠。庞统（179~214年）字士元，号凤雏，是三国时期政治家和军事家。庞统墓始建于东汉建安十九年（214年），后在墓前建祠。庞统祠地处交通要冲，历代屡遭兵燹，多次重建。现庞统祠为康熙三十年（1691年）巡抚能泰重修，祠堂墓园及周边园林占地面积为53633.5平方米。祠墓东侧为陇蜀古驿道，祠墓北古驿道1千米处为落凤坡，坡西北20米有庞统血坟，祠西300米处尚存诸葛将台。2006年5月罗江庞统祠被公布为第六批全国重点文物保护单位。

2．历史沿革

庞统墓始建于东汉建安十九年（204年）。该年四月庞统辅佐刘备攻打古城（即今四川省广汉市）不幸被乱箭射中，刘备退守绵竹（今四川省德阳市旌阳区袁家镇），将庞统归葬于鹿头山山顶，修建了庞统墓。221年刘备称帝后，追封庞统为"关内侯"，谥"靖侯"，并建祠祭祀。

庞统祠一直保存到宋代，有陆游《鹿头山过庞士元墓》诗为证，"士元死千载，凄恻过其遗祠"。另据文献记载："嗣后复兴之，壮丽倍往日。王屏藩乱蜀，祠复毁，唯一石猕猊尚存。"可知，明末清初张献忠义子可望在攻取鹿头山白马关时毁掉了庞统祠。

清康熙三十年（1691年），四川巡抚能泰重修龙凤二师祠；乾隆初年，建栖凤殿，专祀庞统；嘉庆二十年（1815年）再次进行了重大的维修，形成现有格局。

陇蜀驿道紧邻庞统祠庞统墓，横穿鹿头山白马关而过，直至民国18年（1929年）川陕公路通车前，此处一直为出入川陕要道。清乾隆九年（1744年）驿道全部用条石石板铺筑，民国6年（1917年）曾进行维修，罗江县署同年发布了保护古驿道的布告，并刻"禁止推车"碑立于庞统祠驿道旁。

清代至民国期间，罗江县署委托万佛寺僧侣管理庞统祠，并负责经营庙产、维修与准备祭祀事宜，清代祭祀由知县亲祭。

中华人民共和国成立后，庞统祠的文物建筑、古驿道、古树木及其周边环境都得到有效保护。1951年德阳市罗江县人民政府将庞统祠公布为县级文物保护单位，修缮后由罗江县文教科管理。1959年罗江撤县并入德阳县时对庞统祠进行了再次检修。1972年德阳县革命委员会以德革发（1972）129号文件下发了《关于保护白马关林木、庙宇、古墓的布告》，并勒石树碑于庞统祠古驿道旁。1980年7月庞统祠被公布为四川省文物保护单位，由罗江县文化馆负责管理。1983年改由县文教局派专人保护管理。1985年庞统祠交由德阳市博物馆管理，设庞统祠管理处，加强了古建筑的日常保养与维护。

1989年6月德阳市人民政府批准同意，德阳市博物馆将庞统祠交由德阳市市中区文化局管理。1991年德阳市成立文物管理所，具体负责庞统祠的保护与管理工作。

1996年8月恢复罗江县后，庞统祠移交由罗江县文化旅游体育局管理。2004年6月罗江县文化旅游体育局下设了庞统祠管理处（博物馆），至今，一直由该管理处负责庞统祠的管理与维修工作。2004年夏，将西厢房改造为庞统生平陈列室。重划保护范围，树立保护标志，初步建立了"四有"保护档案。2008年5月，汶川发生"5·12"大地震后，庞统祠管理处立即开始对受灾情况进行调查，收取资料，做临时支顶、检瓦等灾后重建工作。

3．建筑形制与法式特征

庞统祠由祠和墓园两部分组成（图7-90），南祠北墓紧邻陇蜀驿道西侧。祠采用二进四合院的布局方式，坐北朝南，以中轴线对称布局，渐次抬高。庞统祠门前两侧各有雄狮1尊，

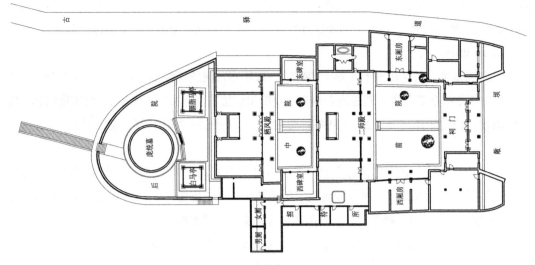

图7-90 庞统祠总平面图

祠门前广场中部设清道光时铸造的三足铁鼎1尊。现存文物建筑自南向北依次为：祠门、二师殿、栖凤殿。一进院落两侧有龙凤柏各一株以及东西厢房；二进院落两侧为东西碑室。庞统祠各建筑均采用石木结构，墙、柱均为石质，梁枋檩椽均为木质。庞统祠东西长46.72米，南北长92.44米，建筑面积1373.7平方米。

"墓园"由庞统墓碑、墓冢和东西马亭组成；墓园两侧围墙与庞统祠院墙相连，呈半圆形。

（1）祠门

祠门由门厅、耳室、角屋及八字墙等四部分组成（图7-91）。祠门总建筑面积450.3平方米。门厅面阔五间18.655米，进深二间7.635米，通高8.995米；为干摆小青瓦屋面、抬梁式石木结构悬山顶建筑（图7-92、图7-93）。

屋面为干摆3#小青瓦屋面（200毫米×200毫米×8毫米），下层望瓦，头尾相接；上层面瓦，叠三露一，垄间距260毫米。正脊分两层，上层青砖雕龙，下层灰塑花草、飞禽；正脊两端上部置龙形正吻，中置三角形砖雕（正面为蝙蝠、寿字、卷云图案，背面为万字、卷云图案）脊刹。垂脊分两层，上层青砖雕花，下层两端灰塑卷草，垂脊端部施屑头脚，灰塑人物造型。木基层为单层，上施板椽（100毫米×25毫米），间距同瓦陇。

祠门梁架采用抬梁式构架（图7-94），与北方抬梁式结构有所不同，各柱直通檩底。明次间12檩用2柱，前后檐使用檐柱，中用墙体承重代替中柱，各檩均施檩枋两件。檐柱为石柱，方形抹角；石柱下置石柱础，上为圆形石鼓，下为正八边形；前檐柱东、南、西三面阴刻楹联，后檐柱东、北、西三面阴刻楹联。三个门洞均为券顶门洞，券顶顶部悬挂匾额，门洞两侧南墙阴刻对联。次间南侧内墙面阴刻对联。楹联和匾额底色为黑色，阴刻字为金黄色。

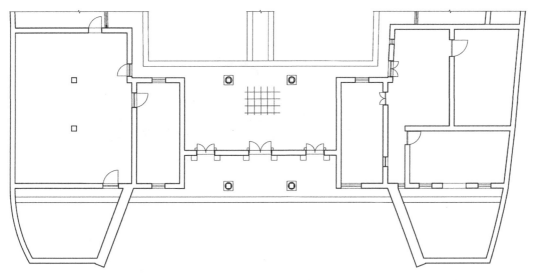

图7-91 庞统祠祠门平面图

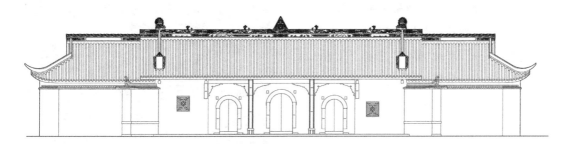

图7-92 庞统祠祠门立面图

图7-93 庞统祠祠门南立面

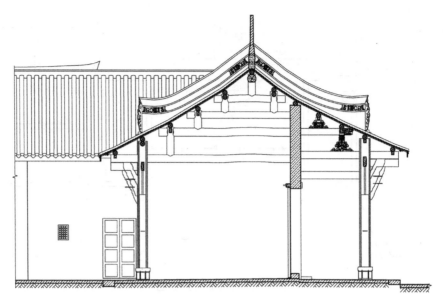

图7-94 庞统祠祠门剖面图

明间两缝梁架前后坡梁架不对称。前坡梁架共六步，脊檩至前檐柱用五步，前檐柱向前挑出一步。后坡梁架共五步，脊檩至后檐柱用四步，后檐柱向外挑出一步。三架梁中用脊瓜柱支撑脊檩和随枋，两端支撑上金檩及随枋；三架梁下施2根瓜柱（图7-95），瓜柱立于五架梁之上。

五架梁南端下用墙体支撑，墙体南侧出三步至檐柱。自墙向南第一步檩枋下用

图7-95 庞统祠祠门梁头节点大样

雕花驼墩和大斗支撑，驼墩下为双步梁；驼墩中心雕牧马、山水，周边雕卷草、花卉。双步梁南端向上支撑下金檩，下用瓜柱大斗和驼峰，驼峰下用三步梁；梁头雕龙，瓜柱底部雕莲花座、南瓜瓣，驼峰雕山水、牧羊、祥云、花卉、飞鸟。三步梁穿檐柱而过，北端插入墙体，南端上承檐檩。三步梁下用随梁。斗枋与次间墙、檐柱交接处向下用雀替，三步梁和挑檐梁与前墙、檐柱交接处向外用撑弓。五架梁北端下用瓜柱，瓜柱立于七架梁之上；七架梁南端插入墙体，北端下用瓜柱，瓜柱立于九架梁之上；九架梁南端插入墙体，北端插入后檐檐柱，向外挑出支撑挑檐檩。斗枋与次间墙、檐柱交接处向下用雀替，九架梁和挑檐梁与后墙、檐柱交接处向外用撑弓。

次间与梢间檩枋直接插在石墙上，石墙墙体承重，不施梁架。明次间每间各施两扇板门；两梢间前后墙上各施一扇固定石窗，石窗采用多层回形石棂条，以圆形石块相连；窗中部采用内方外圆的古铜钱图案（图7-96）。明、次间地面采用方石板（500毫米×500毫米×60毫

米）对缝直铺。门厅前部两侧用八字墙，八字墙外侧为东、西耳室小天井院落。

（2）二师殿

二师殿内塑庞统与诸葛亮二师像，也称龙凤二师殿（图7-97）。为木结构小青瓦悬山顶建筑（图7-98、图7-99），采用穿斗抬梁混合结构。明次间用五架梁抬梁式结构（图7-100），五架梁下以内槽柱支撑，柱间用两道随梁连接；内槽柱与金柱间施双步梁。前金柱外为前廊，用鹤颈椽做卷蓬轩（图7-101）。面阔五间23.8米，进深三间11.5米，面积274平方米。

图7-96　庞统祠祠门装修

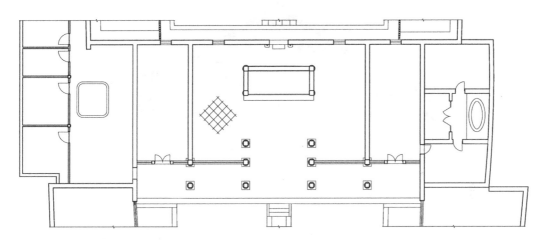

图7-97　庞统祠二师殿平面图

图7-98　庞统祠二师殿北立面

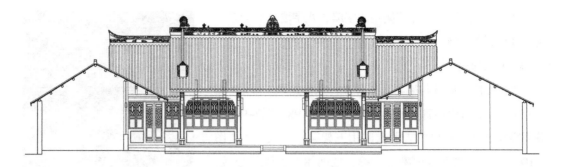

图7-99　庞统祠二师殿立面图

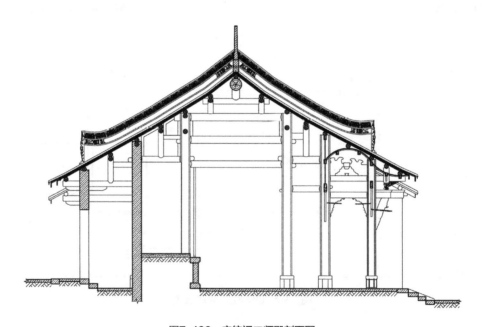

图7-100　庞统祠二师殿剖面图

台明前出三级踏跺，两侧施垂带；后檐台明不施踏跺。前檐柱为方形石柱，刻有楹联4副；明间敞间不施隔扇，额枋两侧下用雕花雀替（图7-102）。金里装修次间施六扇六抹槛窗，施步步锦心屉，棂条用蝙蝠、葵花等装饰；稍间装修用门连窗，中两扇五抹隔扇，两侧两扇四抹槛窗，均施步步锦心屉。屋脊用龙凤雕花灰塑装饰（图7-103）。

（3）栖凤殿

为祠墓主要建筑之一，是供奉庞统的专

图7-101　庞统祠二师殿廊间梁架

殿（图7-104）。栖凤殿共计面阔五间22.08米（山墙中至中），进深五间12.63米（前檐柱中至后墙中），中三间通高11.17米，两侧梢间通高9.47米，总面积373.56平方米。为干摆小青瓦屋面、穿斗与抬梁混合式（图7-105）、石木结构悬山顶建筑，前出廊（图7-106、图7-107）。中为敞厅，敞厅两侧矮二间为耳室，殿内中部塑庞统像。

屋面为干摆3#小青瓦屋面（200毫米×200毫米×8毫米），下层望瓦头尾相接；上

图7-102　庞统祠二师殿檐柱柱头

图7-103　庞统祠二师殿脊饰大样

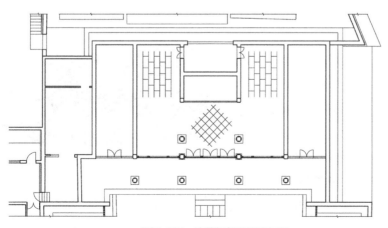

图7-104　庞统祠栖凤殿平面图

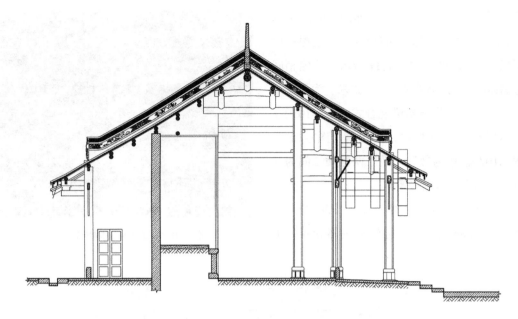

图7-105 庞统祠栖凤殿剖面图

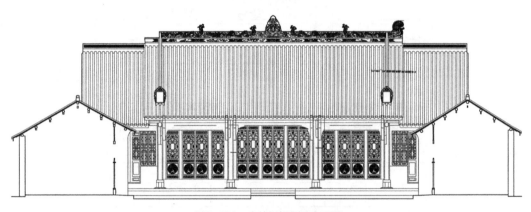

图7-106 庞统祠栖凤殿立面图

层面瓦叠三露一，垄间距260毫米。正脊分两层，上层青砖雕龙，下层灰塑花草、飞禽、走兽；中间三间正脊两端上部置龙形正吻，中置三角形砖雕（雕有寿字、卷草图案）脊刹；两梢间正脊也分两层，上层青砖雕花，下层灰塑花草、飞禽（图7-108）。垂脊分两层，上层青砖雕花，下层两端灰塑卷草，垂脊端部施厝头脚，灰塑动物造型。

图7-107 庞统祠栖凤殿南立面

木基层为单层，采用四川传统做法铺钉板椽（100毫米×25毫米），间距同瓦陇。

明次间梁架采用五架梁抬梁式结构，五架梁下以内槽柱支撑，内槽柱间用两道随梁连接；

图7-108 栖凤殿脊兽　　　图7-109 栖凤殿柱头　　　图7-110 栖凤殿石柱与柱础细部

内槽柱与金柱间施双步梁。前金柱外为前廊。明次间斗枋与檐柱交接处、廊间穿枋向下用雀替，穿枋与檐柱交接处向外用撑弓（图7-109）。次间与梢间间室内施墙。后檐墙、次梢间间室内墙和两山墙后檐墙高以下为石墙，次梢间间室内墙和两山墙后檐墙高以上为青砖墙。柱为方形抹角石柱（图7-110），素面刷黑，前檐明次间4根檐柱与明间4根金柱均阴刻有金黄色楹联。殿两壁嵌清代王渝洋、江国霖、张香海等人诗刻各1方，殿后照壁嵌有清乾隆九年（1744年）所刻《庞靖侯传》石刻碑1通。

前台明为素面，院中为石甬路，甬路与台明交接处施三级踏跺，不施垂带；后檐台明不施踏跺。

前檐明间施六扇六抹隔扇，次间施四扇六抹隔扇（图7-111）；梢间采用门连窗式样，门用六抹隔扇（图7-112），窗施四抹槛窗。后檐明间施四扇隔扇（缺失）；梢间施长方形石窗，用整石板雕凿而成，做回纹心屉。

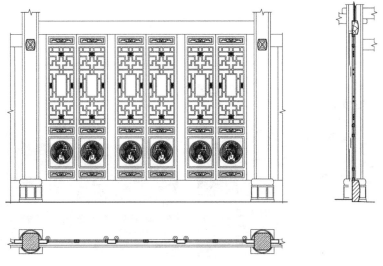

图7-111 庞统祠栖凤殿装修大样

图7-112 栖凤殿次间装修

明间地面对缝斜铺方石板（500毫米×500毫米×60毫米），次间地面错缝顺铺条石板（530毫米×60毫米）。

（4）庞统墓冢

墓冢建在庞统墓最北端栖凤殿后，稍偏于中轴线，与西凤殿中轴线呈15°夹角，墓冢前立墓碑（图7-113、图7-114）。墓冢内用封土、外用石砌墓墙，整体呈圆形，直径10.31米，高6.49米，封土顶部用石板覆盖，中部高四周底，墓顶平面均分为8份，施八条垂脊，各垂脊外端均施凤尾；墓顶中部施5层镂空石雕宝顶，宝顶通高2.88米。墓脚外用石板砌散水（宽1.3米），墓冢建筑面积为123.91平方米。

挂镜台（图7-115）、厢房、碑室等建筑（略）。

图7-113 庞统墓立面图

图7-114 庞统墓现状

图7-115 庞统祠挂镜台

4．残破现状

（1）祠门（表7-27）

祠门残破现状与原因分析　　　　　　　　　　　　　表7-27

序号	部位名称	残破现状	残破原因分析	稳定性
1	基础	东耳房地基基础整体下沉	地震造成下部岩体不均匀下沉	已稳定
2	台明	前檐西侧1块压面石被小树顶起	自然损害	不稳定
		每块压面石均有风化、磨损	自然损害	
3	地面	前檐柱下方石表面毁坏，现用水泥抹面	后人修缮未按照原工艺施工	已稳定
		东耳房地面为水泥地面，西耳房为瓷砖地面	人为改造	
4	墙体	八字墙束腰部位条石全部严重风化；东尽间东山墙石料严重风化	气候潮湿、变化异常	局部不稳定
		东耳房东山墙整体外倾，严重扭曲变形	地震导致地基不均匀下沉	
		石墙全部粉刷成红色，现各处均显起甲，多处大片脱落	年久失修	
		东次间墙体上部3块料石松动外移；东次间门券上部2处裂缝、外移	地震导致墙体松动	
		东西梢间室内后加隔墙	人为改造	
5	装修	东梢间前檐装修石窗被改为木窗	1990年代检修时人为改造	已稳定
		东西梢间顶部后加吊顶	人为改造	后加吊顶不稳定
		西耳房改造为展室，室内装修均为新做	人为改造	
6	散水	建筑东侧散水遗失	人为改造	局部不稳定
7	梁架	方形抹角石柱，保存完好；各梁构件保存完整，节点松动，轻度歪闪；前后檐檩移位，脊檩糟朽	年久失修、地震	局部不稳定
8	木基层	檐椽椽头均已糟朽，内部椽子糟朽毁坏约50%，多数变形严重；封檐板局部折断，顶出150毫米	漏雨、地震	不稳定
9	瓦顶	前檐瓦顶整体下滑，与正脊交接处脱节露天，宽约300毫米	地震	不稳定

（2）栖凤殿（表7-28）

栖凤殿残破现状与原因分析　　　　　　　　　　　　表7-28

序号	部位名称	残破现状	残破原因分析	稳定性
1	基础	东梢间基础下沉	地震造成下层岩体不均匀沉降	已稳定
2	台明	明间台明压面石多块碎裂，部分台明表面抹水泥	后人修缮时，未按原做法施工	已稳定
		前檐明间二步台阶、下沉；压面石凹凸不平	地震所致	

续表

序号	部位名称	残破现状	残破原因分析	稳定性
3	地面	东梢间地面改为水泥地面	人为改造	已稳定
4	墙体	后墙次间与梢间接合处竖向通长裂缝2道，次间中部竖向裂缝1道	地震所致	局部不稳定
		墙面起皮、红色涂料褪色	年久失修	
		西梢间墙体扭曲变形，东山墙整体向外倾斜	地震引起地基下沉，导致墙体倾斜变形	
		东山墙北端曾开一门，现已被封堵	人为改动	
		部分墙体坍塌，现用机砖补砌	自然坍塌后，修缮不当	
5	装修	东梢间后加吊顶	人为改造	局部不稳定
		后檐板门缺失，尚存连楹、门枕石		
		前檐明间东侧雀替毁坏1个	地震所致	
6	散水	南北为院落块石墁地；东西山墙外无散水		局部不稳定
7	梁架	西次间前部1瓜柱毁坏，上部1根随檩枋遗失	自然毁坏，年久失修	局部不稳定
		西梢间檩枋全部移位，东次间后金檩移位50毫米	地震所致	
		东梢间檩东端全部拔榫		
8	木基层	前后封檐板被顶压变形	瓦顶下滑挤压封檐板	不稳定
		前后檐部及脊部椽子糟朽较严重	地震后漏雨严重，雨水浸泡使椽子糟朽速度加	
9	瓦顶	前后坡瓦顶整体下滑，脊部完全脱离透亮	地震所致	不稳定

（3）庞统墓（表7-29）

庞统墓残破现状与原因分析 表7-29

序号	部位名称	残破现状	残破原因分析	稳定性
1	基础	东侧稍显下沉	地震所致	已稳定
2	台明	北侧台明参差不齐	未按原做法铺墁	不稳定
3	地面	墓前月台凸凹不平，做工粗糙	未按原做法铺墁	已稳定
4	墓墙	包砌墙体的石块多处歪闪，东侧、南侧外闪60~80毫米	地震引起墓墙基础不均匀沉降	不稳定
		北侧竖向裂缝2道，上下贯通，通长裂缝；西北部裂缝两道，缝宽30~50毫米；东面裂缝1道，东南裂缝1道，宽20~40毫米	地震所致	
		墙体多处使用水泥勾缝	人为修缮未采用传统工艺	
		地面潮湿，墙体根部多处长满苔藓	空气潮湿	

续表

序号	部位名称	残破现状	残破原因分析	稳定性
5	散水	西南角铺墁散水的石料毁坏20余块	少量石料断裂是地震所致	局部不稳定
6	顶部	墓顶部长了1棵树，根系延伸至墓内封土	缺少必要的日常保养措施	局部不稳定
7	墓碑	墓碑西南角断裂	年久失修	不稳定
		墓碑表面多处发霉变黑	气候潮湿，利于藓类植物生长，文物表面缺少必要防护措施	

5. 评估

庞统祠是四川修建最早、保存最完整的三国遗迹之一，是全国唯一一处专门祭祀三国时期政治家、军事家庞统的祠堂和墓园，也是三国蜀汉政权兴亡的见证地。其建造风格独特，具有重要的历史、交通、文化、艺术、科研价值，在三国遗迹中占有十分重要的地位。

（1）价值评估

历史文化价值：庞统祠对于研究三国文化，特别是蜀汉政权兴亡具有十分重要的地位。庞统祠、庞统墓是四川最早、最完整的三国遗迹之一。鹿头山也是诸葛瞻抵御邓艾的古战场，庞统祠、鹿头山和白马关古驿道见证了蜀汉政权的兴亡，具有极高的历史价值。庞统祠历史悠久，历代文人、学者、政治家、军事家慕名而来瞻仰、抒情，留下了许多著名诗词、文章和学术专著，是三国文化的重要承载地。

建筑艺术价值：庞统祠坐北朝南，采用中轴线对称布局，门厅、二师殿、栖凤殿渐次升高，均采用悬山式屋顶，屋面两端使用镇兽、镇神。庞统祠墓与周边苍翠葱郁的古柏树林相映，浑然一体，古朴敦厚，庄严雄壮。庞统祠以石木为主要结构，主要材料就地取材，墙体、柱子、地墁、门窗等大量采用石质构件，风格雄厚庄重；且各建筑多用木质斜撑，斜撑为镂空木雕，雕刻手法细腻，技艺精湛。门厅及二师殿、栖凤殿亮檐柱上均刻有大量清代名家书撰的楹联，书法遒劲有力，具有很高的艺术价值。庞统祠建筑形式体现了四川川北地区建筑风格，是川北地区明清建筑的代表作。

交通价值：庞统祠旁陇蜀古驿道是秦汉金牛古道在四川境内保存最为完整的一段，是四川古代重要交通遗存。长约4公里石板驿道至今保存完整，秦汉以来一直是四川通往京城的南北交通要道，对研究古代人蜀交通线路、驿道铺墁做法、排水设施等有着重要的实物参考价值。

（2）管理条件评估

2004年设立了专门的管理机构——罗江县庞统祠管理处（博物馆），负责庞统祠的日常管理。管理机构较健全，但管理人员偏少，仅1人为正式编制，其余人员均为临时聘用，自收自支，缺少专业技术人员。

（3）现状评估

庞统祠整体格局保存完整，但由于年久失修，屋面和木基层损坏程度严重，屋面板瓦部分酥碱、破损，木基层檐部糟朽，局部出现漏雨。"5·12"大地震对庞统祠建筑造成重创，加大了建筑损坏程度。震后所有建筑屋面瓦顶下滑，正脊两侧露天，部分脊和吻兽构件倒塌；木构架节点处榫卯松动，部分构件已拔出；二师殿东梢间、东厢房、东碑室以及栖凤殿东梢间南北墙体出现开裂，局部已外闪，其余建筑墙体出现裂缝，但程度较轻；地面墁地方石或条石表面风化、磨损，高低不平，急待进行全面修缮。

（4）稳定性评估

从庞统祠残破现状可以看出，庞统祠文物建筑在"5·12"大地震前已有一定的残损，多分布于屋面和木基层，建筑基础、墙体和大木构架基本稳定。"5·12"大地震后，残损程度普遍加大，憩舍门、仰止门局部坍塌严重。憩舍门、仰止门为纯砖石结构，为松散型刚性结构，构件间缺少结构性拉接，砌体间粘接材料较差，因此稳定性较差。庞统祠其余建筑基础、墙体和木构架基本稳定。

（5）抗震评估

"5·12"大地震后从庞统祠建筑的保存现状看，除憩舍门、仰止门、围墙这类纯砖石结构的建筑抗震性能较差外，其他砖石木混合结构的建筑抗震性能较强，虽然经历8.0级大地震，但结构依然稳定。

（三）设计方案

1. 修缮依据（略）

2. 修缮原则（略）

3. 修缮性质

祠门、东厢房、西厢房、二师殿、栖凤殿、东碑室、庞统墓冢、憩舍门、仰止门、挂镜台、围墙等建筑为修缮工程；西碑室、东西马亭、院落整治、陇蜀古驿道等为保养工程。

4. 修缮方案

（1）修缮工程

1）祠门（表7-30）

祠门修缮内容、技术措施及技术要求一览表　　　　　　　　　表7-30

分项	部位	修缮内容	残破现状	注意问题
基础部分	台明	修整台明，重新铺墁，归安前檐台明，修复排水明沟	降低院内东侧地面，露出台明，用原规格青石剔补台明台帮，现有压面石拆安归位，风化、酥碱严重的压面石按原规格、形制补配，以青灰砂浆打底铺砌，并重新用青灰勾抹缝隙，台明周边应齐整；配制前后檐踏跺各一步	清理时如发现排水沟及台明下部做法与设计不符时，应注意保护现状，及时与设计联系，补充变更
	散水	恢复两山面散水	采用青石板，按照院落残存石板规格，铺墁院外两山墙外散水。散水宽1米，下用3：7灰土夯实，厚150毫米，上墁厚60毫米石板，用青灰灌缝。向外做5%泛水	做散水前应查看地基情况，如达不到强度要求，则应先进行基础处理

续表

分项	部位	修缮内容	残破现状	注意问题
基础部分	室内地面	更换明次间毁坏墁地方石，东西梢间恢复方石地面	揭取室内明次间毁坏的方石，按照原方石地面做法恢复方石地面 东西梢间按照明间式样铺墁方石地面。下层夯实后，做3：7灰土一步，厚150毫米，重新抄平铺墁方石地面，方石规格按照现存明间方石尺寸（500毫米×500毫米×60毫米），采用青灰砂浆砌筑并灌缝	铺墁地面时，应先做稳定性调查，如基础仍不稳定，需要补充详细基础加固措施
木构架、木基层	主体大木构架	根据残损情况修补、更换，加固木构件，归安拔榫构件	拆除糟朽的檩、枋（五件），补配缺失的檩、枋，按原规格形制补配、安装。其余梁架构件检修，拔榫梁枋归位后加扒钉拉接钉牢。梁、檩、枋等构件的裂缝，用木条填塞顺通缝，裂缝长度不超过总长2/3，深度不超过径长1/3的，剔除裂缝毛茬，清理干净后，以木条填塞嵌补；宽度小于3毫米的裂缝，清理灰尘，用白乳胶灌缝。剔补檩枋糟朽部位。根据残损程度对部分童柱、檩枋等木构件进行修补、加固或更换	维修时应补充测定梁架歪闪程度，据实予以拨正
	木基层	更换变形、糟朽的勒檐枋、封檐板	按照原椽尺寸（100毫米×25毫米）更换50%的糟朽椽飞，重新铺钉椽飞；更换全部勒檐枋和封檐板。更换时，应注意避免或尽可能减少对木构架扰动。所换新望板采用优质杉木，含水率应符合规范要求	新换的封檐板、勒檐枋、望板均应做防虫、防腐处理
	悬鱼、博风	修补、更换悬鱼、博风板	拆除糟朽的博风、悬鱼，按原件规格、样式补配安装。注意钉接牢固，所用木材均采用优质杉木	博风板修换钉固应按照原工艺原做法施工
墙体	墙面	恢复墙面	去除墙体表面起甲的红土（氧化铁），清洗后，按照原做法重新粉刷二道	剔除墙面红土时应避免伤及石砌体。刷红浆时应注意卫生，勿染及其他构件
	墙体	局部拆除墙体，重砌墙体	拆除建筑东墙，清理建筑基础；找平夯实，做3：7灰土二步，用白灰砂浆砌筑毛石基础，宽同原基础；上用料石砌筑，尽量使用原石料，更换底部风化严重的石料，新石料应严格按原材质和工艺做法制作。 归安明次间中墙移位石料	拆除墙体，挖出基础后，应详细记录地基情况，据实加固基础
装修	石窗	修缮石窗	按照西次间前窗的式样，采用同材质石料，恢复东次间前窗	新做石窗应严格按照原工艺实施
	板门	检修板门	检修明次间板门	恢复隔扇时应在原卯口上安装，切勿重凿新卯口
屋面	屋面瓦	重新揭顶挂瓦	揭取瓦面、椽子，分拣瓦件，妥善存放，保存完好者可继续使用，缺损瓦件按原瓦件（200毫米×200毫米×8毫米）重新定制；新配瓦件应在加工制作时做出标记。使用布瓦（200毫米×200毫米×8毫米）重新挂瓦，垄距260毫米，叠三路一	拆卸时应注意记录瓦件数量和原叠压做法（压露比例）。重做屋面时，应严格按照原做法实施
	脊饰	原脊饰拆卸，加固处理，按原样重新归安	将原脊饰小心取下，搬至室内做加固处理；重做屋面时，照原脊饰样式将原构件原位归安，补配构件应严格按原脊饰形式、色彩、材质和技术工艺复制	脊饰附近的瓦件应与脊件衔接牢固

续表

分项	部位	修缮内容	残破现状	注意问题
油饰	油饰	装修重做油饰断白	铲除柱子的黑色油漆和板门上深红色油漆。按照四川传统做法重新油饰，其中柱子用土漆油饰，木构架和板门用铁红桐油油饰，对彩画部分做除尘保护	调配油饰时，应先做小样与原桐油作颜色比对，并要考虑到油料干后颜色的变化
附属文物	石狮子	现状保护、除尘	对祠门前狮子做除尘处理	应遵循不改变文物原状和其他文物保护原则，避免对文物本体的扰动
外部环境	蚁害	采取白蚁治理和防范措施	白蚁治理和防范措施应随祠门保护施工的过程而贯串始终。祠门相关部位拆卸时，即请有专业资质的白蚁防治部门对祠门进行白蚁的现场勘查，提出相应的治防方案，报请文物主管部门审批后，再进行白蚁的治防，达到治理和防范的目的	蚁害治理方案应遵循不改变文物原状和其他文物保护原则，避免对文物本体的扰动

2）栖凤殿（表7-31）

栖凤殿修缮内容、技术措施及技术要求一览表　　　　　表7-31

分项	部位	修缮内容	残破现状	注意问题
基础部分	基础	拆除东梢间墙体基础，地震裂缝灌缝加固，重做基础	拆除东梢间震裂的墙体基础；根据下层地震裂缝情况，采用白灰砂浆对地震裂缝灌浆；清理沟槽，夯实基础；采用相同材质料石，用白灰浆重砌基础，补配、更换震碎的料石，基础根部放脚120毫米，高200毫米，基础厚度按照现存基础宽度	经初步观测，建筑下层岩体震后已经基本稳定，但施工前仍应对墙体基础进行勘探，如基础岩层存在问题，应立刻调整方案
	台明	揭取台明压面石，更换碎裂的压面石及部分水泥抹面的压面石，归安凹凸不平的压面石；拆除地震引起下沉的台阶，加固基础，重新归安	拆除现存台明压面石，更换碎裂的压面石，剔除压面石水泥抹面部分，视损害程度决定是否更换，尽量使用原件。更换与归安时，应采用相同材质同规格条石，补换前应挖至一定深度，以青灰砂浆打底铺砌，并重新用青灰勾抹缝隙。归安移位的压面石，台明周边应齐整。拆除地震引起下沉的台阶，加固基础，添加3：7灰土夯实，上部原阶条石原位归安	拆除阶条石后，记录基础下沉情况，加固基础时尽量采用原工艺，采用夯土夯实
	散水	恢复东西两山面散水	清理建筑东西山墙外地面，采用青石板，按照院落墁石板规格，铺墁两山墙外散水。散水宽1米，下用3：7灰土夯实，厚150毫米，上墁石板，用青灰灌缝，向外做5%泛水	做散水前应查看地基情况，如达不到强度要求，则应先进行基础处理
	室内地面	拆除东梢间水泥地面，恢复方石地面	拆除东梢间水泥地面，对基础稳定性进行勘察，根据勘察资料，完善基础加固措施；初步拟定采用白灰砂浆灌实裂缝。下层夯实后，做3：7灰土一步，厚150毫米，重新抄平铺墁方石地面，方石规格按照明间方石尺寸（530毫米×530毫米×60毫米），采用青灰砌筑并灌缝	地震引起建筑东部整体下沉，现已经趋于稳定，经观测，地面裂缝自地震后未再加大。重做基础时，须先做稳定性调查，如基础仍不稳定，需要补充详细基础加固措施

续表

分项	部位	修缮内容	残破现状	注意问题
木构架、木基层	主体大木构架	根据残损情况补配随檩枋，更换瓜柱，加固木构件，归安拔榫檩枋	归安西梢间檩枋、东次间后金檩等各个拔榫移位木构件；按原构件材质、尺寸和工艺做法制作西次间前瓜柱；根据残损情况补配随檩枋	归安拔榫木构件应采用加木楔、铁活加固等传统加固方法，既要牢固，又要不影响美观
	木基层	更换变形、糟朽的椽子、勒椽枋和封檐板	屋面拆卸后，根据残损情况，椽子更换60%。所换新椽（100毫米×25毫米）采用优质杉木，含水率应符合规范要求。更换时，应注意避免或尽可能减少对木构架扰动；更换全部封檐板和勒椽枋	新换封檐板、勒椽枋、椽子均应做防虫、防腐处理
墙体	墙面	恢复墙面	清除墙体表面起甲及严重褪色的红土层（氧化铁），清洗后，按照原做法重新粉刷二道	剔除墙面红土时应避免伤及石砌体。刷红浆时应注意卫生，勿染及其他构件
	墙体	拆除坍塌、开裂、外倾、扭曲变形及后人用机砖补砌的墙体，重砌墙体	拆除建筑后檐东次间与东梢间后墙、西梢间山墙、东山墙整体及东山墙北端后堵墙体，找平夯实基槽，做3：7灰土二步，严格按原材质和工艺做法砌筑。清理加固原有基础，上用原石料原位置砌筑石墙	地震造成东部墙体下沉、外闪、开裂严重；拆除墙体，开挖基础，详细记录地基情况，灌缝、加固基础
装修	墙面	恢复墙面	清除墙体表面起甲及严重褪色的红土层（氧化铁），清洗后，按照原做法重新粉刷二道	剔除墙面红土时应避免伤及石砌体。刷红浆时应注意卫生，勿染及其他构件
	墙体	拆除坍塌、开裂、外倾、扭曲变形及后人用机砖补砌的墙体，重砌墙体	拆除建筑后檐东次间与东梢间后墙、西梢间山墙、东山墙整体及东山墙北端后堵墙体，找平夯实基槽，做3：7灰土二步，严格按原材质和工艺做法砌筑。清理加固原有基础，上用原石料原位置砌筑石墙	地震造成东部墙体下沉、外闪、开裂严重；拆除墙体，开挖基础，详细记录地基情况，灌缝、加固基础
屋面	吊顶	拆除后加吊顶	拆除东梢间顶部后加吊顶，恢复原状	拆除吊顶时应避免对其他木构件造成破坏
	修复	修复前檐明间东侧毁坏雀替	按照前檐明间西侧雀替式样恢复东侧雀替	恢复雀替时应在原卯口上安装，切勿重凿新卯口
油饰	屋面瓦	揭取瓦顶，重新挂瓦	拆卸全部屋面瓦，拆卸时应注意保护可用瓦件。按照当地传统做法（干摆）重新挂瓦，垄距260毫米，望瓦首尾相接，面瓦压三露一。缺损瓦件按原尺寸（200毫米×200毫米×8毫米）重新烧制、补配	屋面脚手架在搭建时应特别注意保护脊饰，先拆卸脊饰，后拆卸屋面瓦件
附属文物	脊饰	原脊饰拆卸，补配缺失部分，按原脊饰式样重新归安	将倒塌的原脊饰小心取下，室内馆藏保护；按照倒塌脊饰残存式样，恢复补配缺失部分；原脊饰未倒塌部分人工切割成若干块后卸下，搬至室内做加固处理；重做屋面时，照原脊饰式样将原构件原位归安，补配构件应严格按原脊饰形式、色彩、材质和技术工艺复制	脊饰附近的瓦件应与脊件衔接牢固

续表

分项	部位	修缮内容	残破现状	注意问题
外部环境	油饰	铲除木构件上后做油饰，局部重新油饰	铲除柱子上的黑色油漆以及装修、枋子、椽子等近年所刷的深红色油漆和前檐鹤颈椽、望板的黄色油漆。按照四川传统做法重新油饰，其中柱子用土漆油饰，木构架用铁红桐油油饰	调配油饰时，应先做小样与原桐油作颜色比对，并要考虑到油漆干后颜色的变化

3）庞统墓冢（表7-32）

庞统墓冢修缮内容、技术措施及技术要求一览表　　　表7-32

分项	部位	修缮内容	残破现状	注意问题
基础部分	基础	拆除墓墙基础，加固重做基础	拆除墓墙东侧基础；根据下层震裂情况，对裂缝灌浆，采用白灰砂浆添灌缝隙；清理沟槽，夯实地基；采用相同材质料石，用白灰浆砌筑，重砌基础，基础厚度按照现存基础宽度	经初步观测，建筑下层岩体震后已基本稳定，但施工前仍应对墙体基础进行勘探，如基础岩层存在问题，应立刻调整修缮方案
	台明	揭取北侧台明，重做垫层，重新砌筑台明	拆除现存参差不齐北侧台明压面石，更换断裂的压面石，加固基础，采用3：7灰土重做垫层一步，原台明条石原位归安，以青灰砂浆打底铺砌、灌缝，台明周边应齐整	拆除阶条石后，记录基础下沉情况，加固基础时尽量采用原工艺，采用夯土夯实
	散水	局部揭取地震毁坏的散水，重新铺墁	揭取西南角毁坏的散水，采用同材质、同规格石料，更换毁坏的20余块石料，按照原工艺做法，重新铺墁，下用3：7灰土夯实，厚150毫米，找平，上墁石板，散水宽依残存现状，用青灰灌缝，向外做泛水	做散水前应查看地基情况，如达不到强度要求，则应先进行基础处理
	墓前月台地面	揭取墓前凸凹不平的月台地面，重新砌筑	揭取墓前凸凹不平的月台地面，下层夯实后，做3：7灰土一步，厚150毫米，重新抄平，铺墁方石地面，方石规格按照现存方石尺寸，采用青灰砌筑并灌缝	砌筑月台石料的加工程度与做法，参见前院院落甬路方石
	墓冢围墙	拆除开裂、歪闪、扭曲变形的墓冢围墙，重砌墓墙	局部拆除开裂、歪闪、扭曲变形的墓冢围墙，拆除前对原墓石逐块进行编号，绘制石构件编号图，对裂缝、歪闪原因进行认真分析，清理墓墙基础，加固基础，按照原做法、原工艺，使用原材料，按照编号图归安墓石。石料除藓与墓碑除藓同步进行	地震造成墓冢围墙外闪、开裂；拆除墙体，清理基础时，应详细记录地基情况，观测地基稳定情况，如有问题及时补充加固方案
墓顶	顶部	揭取墓顶，取出部分封土，重新夯制坟冢，重砌墓顶	清除墓顶1棵小树，揭取墓顶宝顶及顶部封盖石，挖出部分墓内封土，过筛、清理小树根系，按照原做法、原工艺，逐层夯实，重新夯制坟冢；上夯二步3：7灰土，每步150毫米，用于防渗。按照原位重新归安墓顶封盖石，逐级归安宝顶，采用青灰砌筑、青灰灌缝	宝顶及垂脊归安时，应采用传统工艺进行加固处理
	脊饰	原脊饰拆卸，补配缺失部分，按原脊饰式样重新归安	原构件原位归安，补配构件应严格按原脊饰形式、色彩、材质和技术工艺复制	脊饰附近的瓦件应与脊件衔接牢固

续表

分项	部位	修缮内容	残破现状	注意问题
附属 文物	墓碑	灌缝加固、除尘、除藓	采用环氧树脂灌缝加固墓碑西南角部；对墓碑表面发霉变黑及长苔藓部位进行除尘、除藓，除藓制剂的配制应请有专业资质的部门进行现场勘查，提出相应的保护方案，报请文物主管部门审批后，再进行处理	应遵循不改变文物原状的保护原则，避免对文物本体的扰动

（2）日常保养工程（略）

注：该项目图纸部分由河北省古代建筑保护研究所朱新文先生绘制。

二、祠堂——湖北宜昌望家祠堂

（一）内容评述

望家祠堂是三峡库区文物建筑搬迁工程。由于国家重大工程需求搬迁文物建筑的工程属于特例，这类工程的重点是文物本体的测绘工作。传统意义上的测绘一般不绘制每缝梁架的构造图，也不绘制每一面墙体的立面图，搬迁工程则不然，不仅仅需要绘制每缝梁架的构造图，还应对每个构件进行编号，绘制构件编号图，构件上实际粘贴的标签号码要与编号图严格对应，重点节点还应绘制搭接关系图，配以对应的照片及影像资料。一般修缮工程的重点是统计构件的残损记录，搬迁工程应在此基础上统计可以重复使用的构件数量，要考虑异地搬迁后的损耗。搬迁工程的测绘精度要求极高，在普通修缮工程中，由于主体梁架、柱网结构基本不变，测绘中即使有少量误差，施工人员一般以实际构件为准，不会纠结图纸上的细微误差。而搬迁工程则不然，重新选址后，施工人员只能根据设计图纸进行放线，安装柱网结构，柱网测绘出现误差，将导致上部梁架的无法安装，后果是极为严重的。因此，测绘中应反复校正测量数据，应采用"先整体后局部"的测量方法，确保总体控制性尺寸的准确性，把文物建筑视为一个整体的系统，确保系统的统一性。

另外，文物建筑搬迁工程选址也是关乎工程成败的重要方面，望家祠堂综合考虑了文物建筑周边的山体、地形、道路、植被以及与长江的关系等因素，新址位置选择与原址有较大的相似性，望家祠堂搬迁工程极大地还原了文物本体及其周边的环境原有风貌。当然，新址选址还应考虑地质结构的变化，避免新址选在地质结构不稳定的地层上。

1．概况

1996年6月，受湖北省文物事业管理局及湖北省三峡文物工作站的委托，笔者带队对湖北省宜昌市望家祠堂进行了勘察研究，2000年5月完成设计方案。

望家祠堂（图7-116）位于湖北省宜昌市平溪坝乡，地理坐标为东经110°28′49″，北纬31°02′28″，为宜昌市重点文物保护单位。祠堂坐落在长江北岸，距江边约200米的一台地上，

图7-116　望家祠堂全景

殿前为坡地，再前为小溪，左右均为民居，后为山体；右侧甬路通往平溪坝村，左侧甬路转折而下直达江边。祠堂台基高程为133.4米，处于三峡库区的淹没线以下，为第二期蓄水（高度135米以下）淹没范围。为配合三峡水利工程，望家祠堂迁建工程被列为湖北省三峡工程淹没区文物建筑搬迁第一个试点项目①。

2．历史沿革

据现存碑刻载："……自元明落籍，家道日昌……我祖蚰公……于康熙年间，各施田地……斯时也，族会宗祠，迄乾隆年内，宗祠已建"。由此可知，望家祠堂始建于清乾隆年间（1765~1824年），准确纪年不详；经调查，未发现后代维修记载；现存建筑构件上也未发现历代修缮痕迹，综合建筑本身残破现状分析，可推断该组建筑为清乾隆原构。

该祠堂为宜昌市平溪坝乡望氏家族宗祠，是望姓后人为祭祀先祖和祈祷族人航运平安的场所。后堂内原供奉祖宗牌位，民国年间尚保存祭祀活动，后渐败落，现已不再使用②。

堂内尚存清光绪九年（1883年）碑刻1通，上列望家"宗祠条规"；清光绪六年（1880年）碑刻1通，为当时县衙公文《堂论》；另存同治十二年（1873年）、民国15年（1926年）等碑文，记载祠堂的地契、文书、管理办法以及布施者人名等情况。

3．价值评估

望家祠堂是望氏家族祭祖和祈祷族人航运平安的场所，祠堂修建与其所处的地理位置密切相关，其是长江沿岸人们依赖长江、与长江相处的产物，对于研究长江两岸人民的风土人情有重要价值。

望家祠堂建筑小巧而精美，建筑造型在沿江古建筑中别具一格；内部梁架采用穿斗式构架，弯曲变化的风火墙具有浓郁的地方特点；其建筑工艺水平在宜昌市境内为上乘之作，是

---

① 该工程已于宜昌市城新址狮子岭复建，并通过了三峡建设委员会和湖北省文物局的联合验收。
②《湖北省宜昌县县志》清光绪版。

研究峡江一带传统建筑的重要实物资料[①]。

建筑脊部脊饰富于变化，墙体上部均绘有各类白底黑线彩绘（图7-117），图案以各种花卉、卷草为主，线条流畅；柱顶石种类繁多，雕刻手法纯熟，具有鲜明的地方特色。

望家祠堂搬迁工程是三峡淹没区湖北省第一个文物建筑搬迁试点工程，它的成功实施将对文物保护搬迁工程起到示范所用。

图7-117　马头墙做法及彩画现状

4．建筑形制

望家祠堂位于长江东岸，坐南朝北，总体布局分为前厅、东西厢房、后堂及前后偏房等建筑（图7-118）。前厅、东西厢房与后堂围合成四合天井院落，总面阔19.14米，进深21.71米，建筑面积415.53平方米，占地面积610.52平方米[②]。

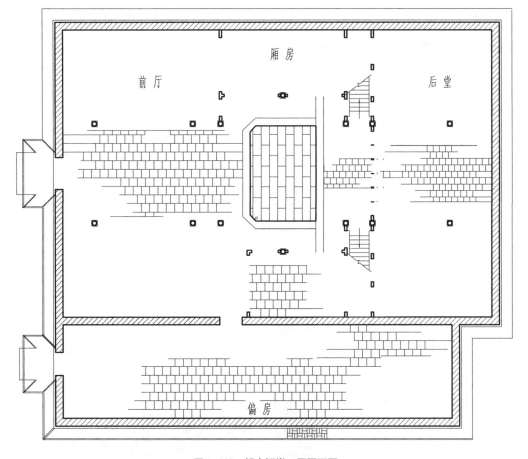

图7-118　望家祠堂一层平面图

---

① 湖北省三峡工作站、湖北省考古所提供了大量现场勘测记录实测图等基础资料。
②《湖北省宜昌县三峡工程淹没区地面文物调查表》湖北省三峡工作站编。

图7-119　望家祠堂瓦顶俯视

望家祠堂共用柱14根，檐柱直径为230毫米，柱下均施柱顶石。柱顶石形状各异，有鼓径式、覆盆式、方形、八角形等式样，规格大小不一，大部分为线雕，工艺较为简单。

屋顶均用110毫米×30毫米扁椽，上为干摆阴阳灰板瓦屋面（图7-119），板瓦规格为140毫米×140毫米×30毫米，檐部有羊角勾头及花纹滴水。脊部除厢房为瓦脊外，其余用砖脊，外抹灰并绘彩画，两端有脊饰。

室内均用420毫米×420毫米×70毫米方砖墁地，墙身下用（规格240毫米×140毫米×130毫米）大条砖平砌，上用（240毫米×140毫米×40毫米）条砖砌筑，再上用陡砖（240毫米×140毫米×40毫米）空斗式砌筑。墙顶部做风火墙，上施墙帽，墙帽端部做水草脊饰；外墙均抹灰饰白，山墙面上端施彩绘，以黑白色为主色调。

（1）前厅

前厅面阔三间14.14米，进深7.82米，高7.8米，为二层单檐阴阳板瓦顶小式硬山建筑。梁架穿斗式结构，13檩用4柱，前出风火墙。柱中部做穿插梁，梁上用龙骨支撑二层楼板。穿插梁从后檐柱向外挑出一步，上立廊柱出二层廊，廊顶部用鹤颈椽为轩。

前檐明间中部施两扇板门（图7-120），用石门券、石下槛，前出三步踏跺，门上墙体内镶望家祠堂匾额一块（图7-121）。后檐一层不施装修，二层明间次间均用六扇六抹隔扇，施斜方格心屉；后廊柱间施木质栏杆，为灯笼花枋心，前檐及两山均用墙体围护。

图7-120　望家祠堂正立面

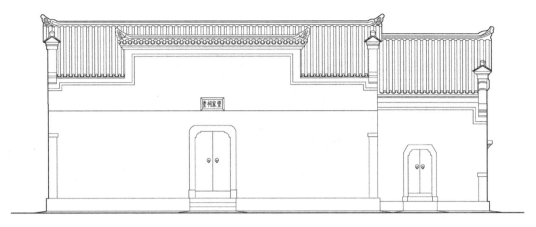

图7-121　望家祠堂正立面图

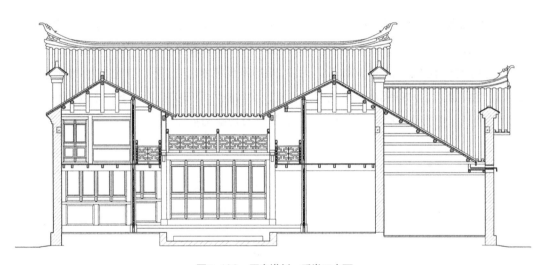

图7-122　厢房横剖、后堂正立面

（2）东西厢房

东西厢房为二层单檐阴阳板瓦顶小式硬山建筑（图7-122），面阔二间6.1米，进深一间3.37米，前出廊，高6.35米。梁架为穿斗式结构施中柱，8檩用3柱。柱中部做穿插梁，梁上用龙骨支撑二层楼板。檩枋前后与前厅、后堂构件直接搭交，中部形成天井。

前檐一层金柱间施四扇六抹隔扇，一码三箭心屉；二层金柱间施四扇六抹隔扇，斜方格心屉；二层廊柱间施木质栏望；两山及后檐用墙体围护。

（3）后堂

后堂为单檐阴阳板瓦顶小式硬山建筑（图7-123），面阔三间14.14米，进深二间7.27米，前出廊，高7.6米。明间两缝梁架为抬梁式，14檩用4柱，施柁墩代替瓜柱，柁墩饰雕花；次间檩枋直接插入两山墙内。

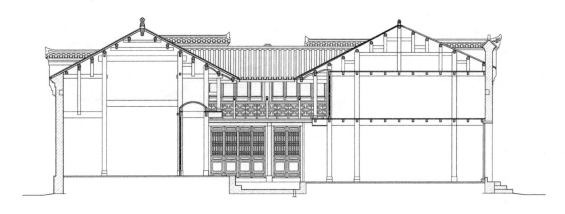

图7-123　前厅后堂剖面、厢房正立面

　　檐柱中部做穿插梁，从后檐柱向外挑出一步，上立廊柱，出二层廊；廊步与厢房前厅等
建筑交圈，施木质栏望，饰灯笼花；室内空间为一层，梁架露明。

　　一层前檐檐柱与金柱间做廊轩，两次间廊步设木梯上二层。前金柱间施装修（图
7-124），明间施六扇六抹隔扇，施龟背锦心屉；次间施六扇四抹槛窗，下施木板槛墙，槛窗
施龟背锦心屉。两山及后檐均用墙体围护，各柱顶石均雕刻精细。

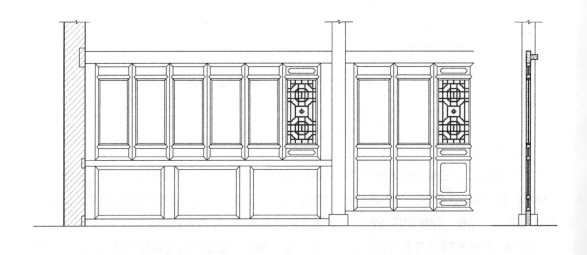

图7-124　后堂装修大样图

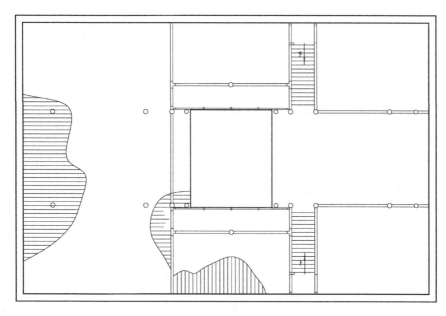

图7-125　望家祠堂二层平面图

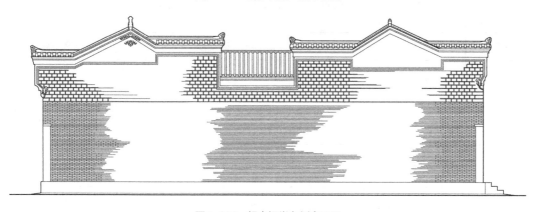

图7-126　望家祠堂东侧立面图

（4）前后偏房

偏房位于厢房西侧，分前后2座建筑（图7-125）。中做过厅，前偏房面阔一间4.8米，进深一间9.8米，高7.05米，用15檩不施柱，为单檐布瓦顶小式硬山建筑；前檐中部施两扇板门，前出三步踏跺，门上墙体内镶匾额一块；山墙用砖墙围护（图7-126）。后偏房面阔一间4.8米，进深一间7.8米，高6.85米，用14檩不施柱，为单檐布瓦顶悬山建筑（图7-127）。

5．建筑现状及残破原因分析

望家祠堂因年久失修和风雨侵蚀，残破

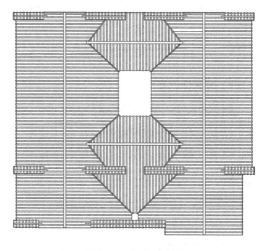

图7-127　望家祠堂俯视平面图

严重。屋面瓦顶脱落，椽子部分折断，柱子糟朽，檐部墙体坍塌，亟待抢修，现将主要情况分述如表7-33所示。

望家祠堂残破现状与原因分析　　　　　　　　　　　表7-33

部位	残破性质	残破程度	残破原因
脊饰	遗失	前厅前墙脊部被改造，已非原样，两端脊饰残毁	人为破坏
瓦顶	残损	屋面漏雨，瓦面2/3残损	缺乏保养
椽飞	糟朽变形	后堂前檐鹤颈椽无存，其余椽飞部分糟朽，个别折断变形，前后连檐毁坏，拆除后大部分不能使用	雨水浸蚀
梁架	部分毁坏	整体保存较好，有轻度虫蛀；后堂明间梁架穿插枋毁坏，瓜柱用材偏小	虫蛀
檩	劈裂	9根檩严重糟朽、劈裂；拔榫、错位的檩枋共计35根	漏雨
枋	劈裂遗失	各类枋共遗失15根，次间各枋均有劈裂	人为破坏
柱	糟朽	柱根均有不同程度糟朽，2根糟朽严重；各柱均有虫蛀现象	漏雨、虫蛀
柱顶石	风化	柱顶石均有不同程度风化与局部磕碰残损	年久失修
地面	大部遗失	除天井采用原石料铺墁外，其余室内地面均被改为水泥地面；后堂压面石缺失	修缮不当
墙体	改动、外闪	后墙外闪，有裂缝；室内墙体原为板墙，后改为砖墙；各墙面多处后开小方窗	地基下沉、人为改造
装修	劈裂、改动	大门被住户改造，原板门遗失；内檐隔扇槛窗全部遗失，匾额尚存1块	人为改造
楼板、栏杆	劈裂、糟朽	2/3楼板劈裂、糟朽，栏杆为后人更换，楼梯全部毁坏	自然磨损、人为改造
天花板	遗失	天花楞遗失6根，天花板全部遗失	人为
油饰、壁画	褪色、剥落	梁架及各柱均缺油饰，椽子油饰全部褪色；山墙壁画约1/3剥落	年久失修

6. 迁移保护方案

　　根据《长江三峡工程淹没区及迁建区湖北省文物古迹保护规划报告》[①]，参照湖北省三峡文物工作站及宜昌市政府意见，按照《中华人民共和国文物保护法》和《湖北省长江三峡工程淹没区及迁建区文物保护管理暂行办法》关于文物建筑修缮的原则和方法，拟定出望家祠堂"异地搬迁，全面复原"的保护设计方案，概要如下：

---

① 《长江三峡工程淹没区及迁建区湖北省文物古迹保护规划报告》湖北省三峡工作站编。

（1）原则和步骤

选定搬迁新址，并做详细的设计，绘制相应的设计、施工图。对现存望家祠堂进行现场勘测，绘制图纸，收集完整资料，进行建筑构件登记和编号，编制拆迁工程方案。按照拆迁工程方案实施拆迁，做好拆迁施工的详细记录。参照望家祠堂原环境特征选定新址，确定殿基位置，实施望家祠堂搬迁工程，参照现存构件，补配缺失构件，按原做法、原形制恢复该建筑。

（2）实施措施

依据规划方案选定新址，通水、通路、通电；挖掘山体，筑平台，用条石包砌，平整场地，依原址尺寸围成一院落；院中地面以方石墁地。

台基及地面：砌筑院落台基，按设计图砌筑墙体及各柱下基础，包砌台明，前面及东西两面用原石料封护，中部填黄土夯实。选择颜色质地相近的石料，按原做法配制毁坏、遗失的石料。按照编号图、依原样归安石质构件；按原样补配断裂柱顶石，重新调平、归安。

室内地面均做3:7灰土两步，上铺方砖两层，方砖规格420毫米×420毫米×70毫米，十字错缝顺铺。台基外铺墁散水，散水做法：素土夯实后，做3:7灰土一步（厚150毫米），上用（规格280毫米×140毫米×70毫米）条砖铺墁。

大木构件：安装前需按编号对柱子、梁、枋、檩及椽子进行全面检修，更换用材太小的柱子和墩接糟朽严重的檐柱，并用铁箍加固；对于其余略有残损、局部裂隙、不影响承重的木柱，用铁箍加固并进行粘接、修补。按平面布局调整、取平所有木柱柱头；依据卯口大小，并参考其他枋子尺寸，补齐遗失穿插枋、随檩枋。按梁架构件编号图，归安原有构件。榫头有裂隙的，安装后以铁箍加固；更换榫头完全断裂的构件。

墙体：两山墙及后墙下碱墙用条石按原样复原；墙身部分用条砖（300毫米×150毫米×40毫米）按原样砌筑空斗墙；墀头由当地博物馆拆卸、保存，风火墙按原尺寸复原；外墙面罩麻刀灰两道（厚30毫米），饰红并做旧。后檐墙以外挖设700毫米×700毫米排水沟一道，用毛石砌筑。

楼板：更换损坏的楼板。

椽飞及瓦顶：按原尺寸重新制安椽子（200毫米×30毫米）。瓦顶阴阳灰板瓦更换70%，依原规格式样补配残缺的瓦件。按原样调正脊、归安脊饰，对毁坏部位按残存式样予以复原。

装修：现存部分装修为后人所改，重建时不再使用。检修前厅前檐板门并归安，恢复后檐二层明次间六抹隔扇；恢复东西厢房二层六抹隔扇、后殿前檐明间六扇六抹隔扇、次间六扇四抹槛窗及板墙；复原二层围栏；检修归安偏房板门。

油饰与彩画：将所有木构件打磨加工、填补裂缝，并重新油饰断白；椽子施铁红油饰断白；恢复风火墙上彩绘。

第四节　近现代类建筑遗产

通常意义上讲的近现代建筑的时间节点是1840～1949年，期间我国建设了大量西方建筑或受西方建筑影响的中西方相结合的建筑。

在这一时期，旧的建筑体系还在发挥作用，尤其是在偏远的乡村，一直沿用着旧的建造方式；新的建筑体系在中国大地上迅速展开，中国传统的营造方式逐步被吞噬，从城市逐渐推进到乡镇，新建筑体系下的新功能、新风格、新技术，逐步成为压倒性力量，成为中国建筑的主流。但中国民族建筑形式的创新探索并没有止步，大量中西方风格相结合的建筑出现，展现了民族建筑形式演变的过程，成为这一时期我国建筑的一大特点。

在近现代，引进西式建筑逐步成为城市生活、各行各业的普遍需求。西方国家纷纷在中国置地建厂，随着中国民族资本家的迅速成长，官僚垄断资本的介入，接受了西式教育的大量建筑师从业、国内产业工人阶级的形成以及建筑技术的成熟等，推动了中国近现代建筑发展进程。

从洋务派创办新型企业所营建的房屋，到领事馆、工部局、洋行、银行、住宅、饭店等殖民式建筑，再到火车站建筑、银行、医院、政府大楼、学堂等近现代公共建筑，我国保留了丰富多彩的近现代建筑遗产。

1929年中国营造学社成立，建筑学家梁思成、刘敦桢开始大量测绘古建筑，解读《营造法式》和清工部工程做法，并开始着手研究中国建筑史。中国近现代建筑不再是单纯地引进西方建筑，而是结合中国实际创作具有中国特色的近现代建筑。

中国近现代建筑的主体结构大致可分三种基本形式：砖（石）木混合结构、砖石钢筋混凝土混合结构、钢和钢筋混凝土框架结构。

19世纪中叶，西式砖（石）木混合结构传入中国，并逐步得以推行，一般适用于中小型建筑。西式砖（石）木混合建筑采用传统的砖、石、木材，以砖石墙体承重，砖石发券，采用木梁楼板和新式木屋架，虽然构造形式与中国传统建筑有很大区别，但施工工艺接近，技术难度较小，工匠很容易转型适应，这种建筑形式得以大范围的应用。本书下文所举得范例，公共建筑——河北直隶图书馆，就采用了这种构造形式。

20世纪初，钢骨混凝土结构开始兴起，部分早期建筑采用了这种结构。之后，钢筋取代了钢骨，砖石钢筋混凝土混合结构开始大量应用。1920年代以后，钢筋混凝土框架结构和钢框架结构开始广泛推广，中国近现代建筑技术得以快速发展。

与此同时，我国广大农村和偏远地区，仍延续使用土、木、砖、石等建筑材料，采用传统木构架结构形式。本书后文举例的一二九师司令部旧址建筑群，即是这种形式。虽然是

1840年以后建设的建筑，但严格意义上说，该建筑仍属中国传统建筑的范畴。

一、公共建筑——河北直隶图书馆

（一）研究评述

新式图书馆作为近现代公共设施，对推动新文化传播起到了重要作用。河北直隶图书馆仅存一独栋二层西式建筑，外墙、倚柱采用清水墙砌筑，工艺精湛，方案注意到了补砌时对施工工艺精度的要求。该建筑南山墙存在外倾，建筑南侧原建有违章临建，直接利用南侧山墙，客观上起到支顶作用，违建拆除后，南墙外闪加剧。保护方案对南墙内测采用钢丝网喷固，外侧加固基础，墙体整体性增强后，增加钢筋拉接。该方案实施后取得了良好的修缮效果，为现代加固技术与方法在近现代建筑遗产中的应用积累了较好的经验。

该方案综合考虑了基础加固、结构加固、墙体剔补与防风化处理、屋架修缮、装修修补、院落防水、消防防雷等各种工程，涉及多学科知识的融合，采用了类似于"全科会诊"的诊断模式，避免了头疼医头、脚疼医脚，以偏概全，同时也避免了施工过程中的浪费。在保护修缮过程中，对现代技术方法的选择与改进，应以确保建筑结构安全为前提，以排除险情为目的，遵循最小干预原则，增加方案的可操作性和有效性。

（二）勘察报告

2008年6月受保定市莲池管理处委托，笔者带队对直隶①图书馆进行全面勘测，并编制了直隶图书馆修缮设计方案。

1. 背景资料分析

直隶图书馆原为河北省图书馆，地处保定市裕华路古莲花池②院内，为全国重点文物保护单位。直隶图书馆为一座两层西式楼房，建筑面积240平方米（图7-128）。修建于1908年，收藏图书2000余种20万卷（册），是当时国内三大图书名馆之一，也是我国北方地区建立最早的公共图书馆。

光绪三十四年（1908年）六月，直隶总督杨士骧拨银四千八百两，交直隶提学使卢靖修建图书馆，次年10月建成开馆；1918年直隶省馆更名为"直隶省立第一图书馆"；1924年直隶馆舍遭直、奉军阀强占，损失严重；1928年直隶省改为河北省，该馆相应更名为河北省第一图书馆；1932年改为河北省立民众教育馆；1938年改为河北省立保定莲池图书馆。1939年初，该馆被日军占领，紧急外迁，7月再遭洪水，险遭灭顶之灾。解放战争时期停馆，1949

---

① 直隶，因其直接隶属京师而得名。"畿辅重省"延至民国初期，1928年国民政府南迁，直隶省改称河北省。

② 古莲花池位于保定市裕华路，是全国重点文物保护单位，总面积2.4万平方米。古莲池是一座以环水筑榭为显著特点，兼有中国南北园林之美的古典园林，是全国十大名园之一。

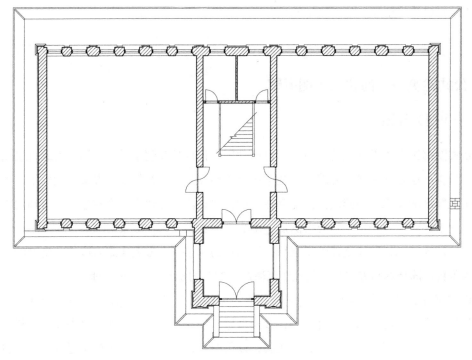

图7-128　直隶图书馆平面图

年后一直使用，直至1953年河北省新图书馆建成。1951年12月莲池文化馆成立，直隶图书馆归莲池文化馆管理。1963年成立莲池管理处，转归莲池管理处管理，后改做管理处图书资料室，直至近年因残毁严重而停用。

2．评估

直隶图书馆是河北省修建最早、格局保存最完整的公共图书馆。其建造风格独特，具有重要的历史、艺术和科学价值，在我国图书馆建造历史上占有十分重要的地位。

（1）价值评估

1）历史文化价值

直隶图书馆是利用莲池书院[①]旧址重新修建的新式图书馆，与莲池书院有着重要的历史渊源，是我国清末民初文化教育传承的重要载体，对接受新思想和传承历史文化，标领学风、培养才俊，起着不可低估的重要作用。直隶图书馆是我国北方地区建立最早的公共图书馆，清光绪末年，在"西风东渐""洋务运动"影响下，直隶省一批邑绅和知识分子官僚开始意识到建立有别于私人藏书楼的公共图书馆，向民众传播科学文化的必要。直隶图书馆于1909年10月建成开馆，同年清政府学部奏请在全国创建图书馆，1911年清政府要求各省一律办图书馆。直隶图书馆的建立开公共图书馆建设风气之先河，对其他省份建立图书馆起到了示范作用，促进了我国图书馆事业的发展。直隶图书馆馆藏丰富，存有大量古籍善本。对公众开

---

① 莲池书院因古莲花池得名．古莲花池为元代汝南王张柔所建．后因地震损毁．明代后期进行大规模修整，清雍正正十一年（1733年）直隶总督李卫奉旨创办莲池书院。

放，服务社会，为提高国民素质和培养人才起到了重要作用。

2）艺术价值

直隶图书馆建筑各立面均以倚柱、窗线、腰线装饰，整个建筑中部高两边底，主次分明，外观朴实大方。建筑将中式八角亭与西式建筑相结合，造型独特，具有较高的建筑艺术价值。匾额由直隶提学使卢靖题写，艺术价值较高。

3）科学价值

直隶图书馆为二层西洋式建筑，平面成凸形，采用砖木结构，以墙体承重，各间以倚柱分割柱网，外观构造大量使用了倚柱的形式，增加了建筑的稳定性；二层用木梁加龙骨承托楼板，顶部采用新式三角木架，受力结构合理。

（2）现状评估

直隶图书馆整体结构完整，但由于年久失修，多处严重毁坏，南山墙地基轻度下沉、墙体开裂，整体向外倾斜，楼板龙骨多处拔榫、断裂，存在严重安全隐患；屋顶面层毁坏，多处漏雨。直隶图书馆整体保存状况较差，急待全面修缮。

3. 建筑形制与法式特征

直隶图书馆整体建筑坐东朝西，为砖木结构二层西洋式建筑（图7-129），面阔七间，进深一间，平面格局呈"凸"字形，建筑立面中部高两侧底（图7-130）。建筑中部门厅向前凸出，共三层，一层为方形，二层抹八角，三层为中式八角亭攒尖顶；两侧主楼南北各出三间，均为二层。穿过门厅（图7-131），进入廊道，廊道南北两侧设阅览室及借书室，过廊道做楼梯，从中部上12级木质踏跺至平台，转折上南北两侧楼梯至二

图7-129　直隶图书馆侧立面

图7-130　直隶图书馆正立面

图7-131　直隶图书馆前厅

层，二层廊南北两侧设藏书室，中一间（楼梯上）设管理室，表7-34对直隶图书馆的形制与法式特征进行了分析。

直隶图书馆的形制与法式特征分析图　　　　　　　　　　　表7-34

序号	部位	形制与法式特征
1	台明散水	正门（西门）前出七级台阶，垂带、踏跺均采用青石砌筑。 台明采用青砖白灰淌白砌筑，向外深出较短；下铺散水，用青砖铺墁
2	地面	室内一层地面为水泥地面，二层为木质楼板
3	墙体	建筑外墙体（图7-132）均采用青砖白灰砌筑，为清水墙，属于细淌白做法。内墙面均以白灰抹面，并粉刷白色涂料。  图7-132　直隶图书馆正立面图  主楼前立面墙体：一层下碱向外出花碱，一二层之间用腰线一道，腰线用四层砖叠涩而成（图7-133）。墙顶也用四层砖叠涩出檐，再上做女儿墙，女儿墙墙面顶做叠涩檐，中以砖砌宝瓶分割，内为青砖砌体。各间倚柱均用青砖砌成灯笼串状。 主楼山面、后面均中部设腰线一道，顶部叠涩檐，上施女儿墙，做法同前墙。整体外墙粉刷灰色涂料 图7-133　前窗及墙体细部

序号	部位	形制与法式特征
4	装修	门厅一层南、西、北等三面辟门，各门均用两扇木板，上施半圆形门楣（上亮子）。 主楼正立面分上下两层，南北各三间（图7-134），每间中部均设两个木窗，每窗向外平开二扇窗，上亮子为玻璃窗，下窗台向外挑出四层砖倒梯形叠涩台，窗顶发弧形砖券。 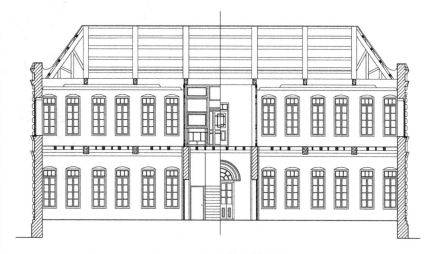 图7-134　直隶图书馆纵剖图 两山墙下层不施窗户，上层施三窗，每个窗为平开两扇木窗，式样与正面相同（图7-135）。 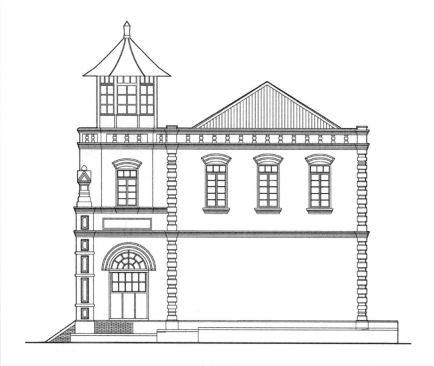 图7-135　直隶图书馆侧立面图

续表

序号	部位	形制与法式特征
4	装修	背面装修: 上下两层均设木窗, 每层七间, 每间两窗, 每窗两扇。窗设内外两层, 内层向内平开, 式样与前檐及两山墙窗户式样相同; 外窗为两扇向外平开木窗, 用木板不施玻璃, 窗口式样与正面相同。 室内装修: 一层廊道与阅览室及借书室之间设两扇木门, 并以墙体分割; 楼梯平台下设置储藏室, 用单扇板门分割 (图7-136), 二层廊道与藏书室之间用隔扇分割, 各施6扇隔扇。 一、二层顶部均用吊顶, 采用木龙骨, 板条吊顶, 表面粉刷白色  图7-136　大门及室内地面
5	大木结构	楼板用木质龙骨承托, 龙骨东西横向铺设, 两端插入墙体 (图7-137), 以墙体承重。梁架结构采用新式木质三角架结构, 架子两端插入墙体, 以墙体承重, 每缝三角架之间用横枋连接, 三角架木构件之间采用钢板和螺栓加固; 三角架上部支撑方檩, 方檩承重顶部 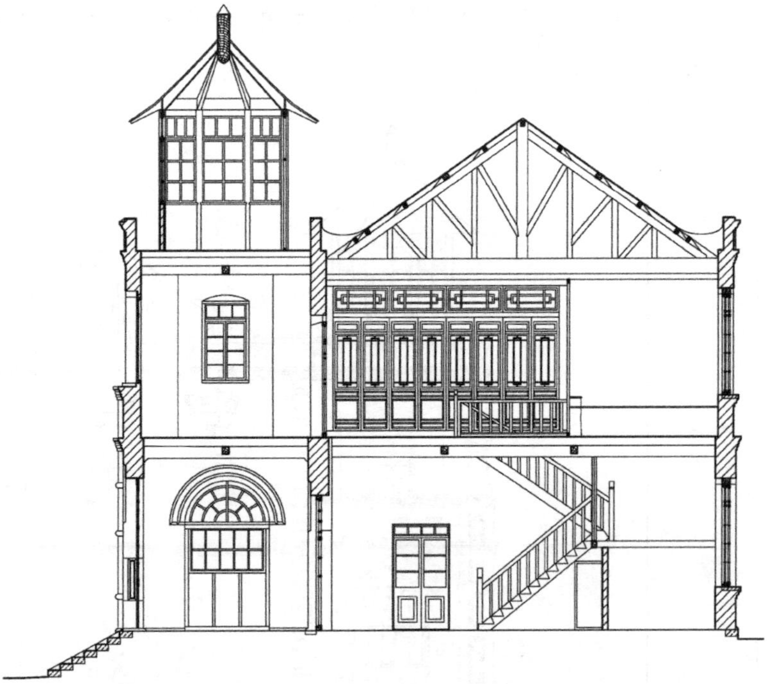 图7-137　直隶图书馆横剖图
6	屋顶	门厅顶部用攒尖顶, 主楼顶部做四坡顶, 均为新式铁棱瓦屋面。具体做法檩上钉望板, 板上做防水层, 防水层上做铁瓦

4．残损现状

（1）门厅

门厅残损现状与残损分析 表7-35

序号	部位	残损现状	残损原因分析
1	散水	建筑散水280毫米×140毫米×70毫米条砖铺墁，磨损碎裂严重	年久失修
2	台明踏跺	踏跺石表面风化、磨损严重，有轻度错位	自然损害
		垂带较完整，燕窝石北端局部悬空	垂带北侧地面下沉
3	地面	地面为水泥地面、多处毁坏	年久失修
4	墙体	下层墙面多处严重风化、面层酥碱脱落，后局部用水泥抹面，空鼓起皮，高度约2米	气候潮湿、变化异常
		山墙整体外倾，严重扭曲变形	年久失修导致地基下沉
		外墙粉刷成灰色，现各处均显起甲、多处大片脱落	年久失修
5	装修	一层装修：中间门板有裂纹一道，侧面二门上亮子毁坏，用三合板临时添堵，油饰脱落褪色严重	年久失修，风吹雨淋油活褪色
		二层装修：各窗下槛框糟朽，窗扇下部糟朽，窗体松动，铁活全部锈蚀	年久失修
		三层装修：各面窗均松动变形、油饰褪色	年久失修
6	大木结构	大木构件保存完整，木质三角梁架各檩枋严重糟朽	漏雨所致
7	瓦顶	攒尖顶内防水层毁坏，表面封护铁板褪色严重，南部锈蚀严重	年久失修

（2）主楼

主楼残损现状与残损分析 表7-36

序号	部位	残损现状	残损原因分析
1	基础	南侧地基轻度下沉，现已趋于稳定	地基有厚度不同的渗水堆积层，莲池池水渗透导致墙体歪斜
2	散水	南面及东面无散水	遗失，未及时修复
3	台明	台明条砖根部糟朽，西面及东面局部被水泥抹面	后人改造，自然风化，修补不当所致
4	地面	一层地面原为木质地板，现改为水泥地面	后人改造
		二层南次间楼板多处糟朽变形，与南墙连接处脱离30～50毫米	年久失修

续表

序号	部位	残损现状	残损原因分析
5	墙体	南墙整体向外倾斜,中部有裂缝3道	失修导致基础下沉
		北山墙上部纵向裂缝一道	冻融
		外墙面根部高1~2米不等,面砖风化酥碱	失修、风雨侵蚀
		前墙及南山墙局部墙面后人用水泥涂抹	修缮不当
		一层南北内墙面多处裂缝	墙体变形所致
		外墙面涂抹灰色涂料,多处起甲脱落	年久失修
6	装修	室内一、二层吊顶为后加,原吊顶毁坏	人为改造
		后檐各窗外层板窗,均严重糟朽变形;窗框下部及下槛糟朽严重	板材较薄、长期裸露风雨侵蚀
		二层室内隔扇保存完整,但整体松动、局部变形;油活为后做,与原做法不符	维修不当
		前檐窗户松动,油饰褪色	未能及时修缮
		北面二层装修,根部糟朽严重,油饰全部褪色;南面窗户均整体松动,铁活缺失	未能及时修缮
		室内各门均有轻度松动变形	失修所致
7	大木结构	三角架中部2缝三角梁架横向移位、顶板被顶压变形	年久失修所致
		檩枋40%糟朽,望板50%糟朽,前檐更为严重	漏雨
8	瓦顶	屋顶防水层毁坏,铁板油饰脱落,约30%生锈毁坏	漏雨

其他工程(略)。

(三)设计方案

1. 修缮依据

(1)《保定直隶图书馆修缮加固工程勘察报告》、《保定市莲池书院直隶图书馆楼地基工程勘查报告》。

(2)直隶图书馆相关史志、资料记述。

(3)相关法规:《中华人民共和国文物保护法》(2002年);《中华人民共和国文物保护法实施条例》(2003年);《文物保护工程管理办法》;《中国文物古迹保护准则》(2004年)。

(4)设计规范:《古建筑木结构维护与加固技术规范》GB 50165–92;《建筑抗震设计规范》GB 50011—2001;《建筑抗震加固技术规程》JGJ 116—98;《木结构设计规范》GB 50005—2003;《建筑地基处理技术规范》JGJ 79—2002;《房屋渗漏修缮技术规程》CJJ 62—95;《砌体结构设计规范》GB 50003—2001。

2. 修缮设计原则

严格遵守不改变文物原状的原则,最大限度保留文物建筑的历史信息。尽可能使用原做法、原工艺、原材料，以确保文物建筑维修后的可靠性、持久性。以抢险维修为主，确保文物建筑整体安全，恢复经后人更改建的、与历史原貌不符或与原建筑风格不协调的部分。

遵守《国际古迹保护与修复宪章》提出的原则：修复过程必须以原始材料和确凿文献为依据，当传统技术被证明不适用时，可采用任何现代的结构和保护技术来加固文物建筑，但这些现代技术必须是科学资料和经验证明为有效的。

3．修缮性质与主要内容

本工程定性为一般修缮加固工程。主要内容是：对墙基础以最少干预为原则，进行加固处理。对上部结构，包括墙体裂缝进行加固处理；解决墙体灰砖的酥化剥蚀问题，对清水墙面进行保护，对内墙面装饰层进行翻新保养。对铁瓦屋面全面翻修，对屋面漏水的部位进行彻底的防渗防漏处理。恢复原有木制地面，对损坏的楼面进行修补。对所有的木构件进行全面的防腐防蚁处理，损坏的要先进行修复。对所有门窗进行修复、补缺，恢复原有的门窗。对细部装饰和吊顶按原状修复。对室内外杂乱的水电管线和灯饰残留管线进行清理，合理安排水电及防雷系统设施。

4．修缮加固工程范围和规模

本工程只限于对直隶图书馆楼主体建筑进行修缮加固，加固修缮面积504平方米。

5．修缮方案

（1）前厅

前厅修缮内容、技术措施及技术要求见表7-37。

前厅残损现状与原因分析　　　　　　　　　　表7-37

分项	部位	残损现状	残损原因分析
台明	散水	重做散水	拆除原散水，残毁地面揭除时，首先做好原样记录，然后逐行逐块用撬棍轻轻揭除。清理建筑外地面及旧垫层。散水宽1280毫米，下用3∶7灰土夯实，厚150毫米。采用280毫米×140毫米×70毫米青机砖铺墁散水，以掺灰泥［白灰、黄土重量比为1∶（2~3）］铺底，厚约1~2厘米，按线自一端开始，用完整砖块，依原样铺墁，向外做2%泛水，随后用白灰面掺黄土面（比例同掺灰泥）扫入缝内灌严
	台明踏跺	归位踏跺	拆除踏跺石、垂带及砚窝石，清理旧垫层。下用3∶7灰土夯实，厚150毫米。把石构件后口清除干净后再归位。归位后应进行灌浆处理，并重新用青灰勾抹缝隙
	地面	恢复木地板	凿除水泥地面，清理旧垫层。下用3∶7灰土夯实，厚150毫米。重新抄平按原式样铺设木地板
墙体部分	墙体	剔凿挖补风化酥碱墙体	对残毁面积较小的部位先用錾子将需修复的地方凿掉。凿去的面积应是单个整砖的整倍数。然后按原砖的规格重新砍制，砍磨后照原样用原做法重新补砌好，里面要用砖灰填实
		择砌风化酥碱墙体	对残毁面积较大的部位则采用择砌的方法。择砌必须边拆边砌，不可等全部拆完后在砌。用水将旧槎洇湿，然后按原样重新砌好。一次择砌的长度不应超过50~60厘米。若只择砌外（里）皮时，一次择砌的长度不要超过1米

续表

分项	部位	残损现状	残损原因分析
墙体部分	墙面	剔除外墙水泥抹面	后加水泥抹面多已空鼓，用錾子轻轻剔除，不可损坏水泥面下的原有墙体。凿除水泥后若内部墙面风化酥碱严重，则进行挖补或择砌处理
		填补墙身裂缝	墙体裂缝宽度在1厘米以上者，对墙体采取挖补法修葺。墙体有细微裂缝者，先清理裂缝里尘土杂物并用水冲洗干净，将修补材料用小抿子添补在裂缝之内，抹平，待稍干后用白灰膏掺适量黄土做出假砖缝。墙体裂缝修补用料配比：水泥：砖面：骨胶：黄土：白灰膏=100：130：25：50：8
		清理外墙涂料	用磨头将墙面（包括剔凿挖补后的部分）全部磨一遍，磨不动的部分可先用剁斧剁一遍，再用清水冲刷墙面或刷一遍砖面水
构架	大木架	根据残损情况更换、剔补、加固檩枋	更换严重糟朽木构件。糟朽较轻并不影响结构受力的，剔补、粘接朽坏部分。归安各个拔榫移位木构件，应采用加木楔以及铁活加固等传统加固方法
装修	装修	重做侧门亮子	拆除后堵三合板，依照中门式样重做侧面二门上亮子
		整修糟朽、松动装修	更换糟朽严重的槛框。拆安检修松动的窗扇，修理时应整扇拆落，归安方正，接缝要加楔重新灌胶粘牢，更换全部铁活（三角和丁字要嵌入边框内，与表面齐平，用螺钉拧牢）。边框和抹头局部劈裂糟朽时应钉补牢固，严重者应按原制补配
		填补裂缝	装修上一般裂缝要用通长木条嵌补、粘接严实，细小裂缝待油饰时用腻子勾抿
瓦顶	瓦顶	翻修屋面	揭开屋面的铁皮瓦，检查原有的屋面防水层，对渗漏部位进行修补或将屋面防水层采用新工艺、新材料重新铺设，对原屋面铁皮瓦进行除锈、防腐后安装
油饰	油饰	重新油饰	用粗砂纸打磨旧油饰，不可漏磨，然后清理干净。满刮腻子，全部用砂纸细磨。上三道油，以丝头蘸上配好的色油，擦于操作面上，再用油栓横澄竖顺，使油膜均匀一致。油不得流坠，油路要直，边角要擦到，最后罩清漆

（2）主楼

主楼修缮内容、技术措施及技术要求见表7-38。

主楼残损现状与原因分析　　　　　　　　　　　　　　　表7-38

分项	部位	残损现状	残损原因分析
台明	地面	恢复木地板	凿除水泥地面，清理旧垫层。下用3：7灰土夯实，厚150毫米。重新抄平按原式样铺设木地板
	散水	重做散水	拆除原散水。残毁地面揭除时，先做好原样记录，然后逐行逐块用撬棍轻轻揭除。清理建筑外地面及旧垫层。散水宽1280毫米，下用3：7灰土夯实，厚150毫米。采用280毫米×140毫米×70毫米青机砖铺墁散水，以掺灰泥［白灰、黄土重量比为1：（2~3）］铺底，厚约1~2厘米，按线自一端开始，用完整砖块，依原样铺墁，向外做2%泛水，用白灰面掺黄土面（比例同掺灰泥）扫入缝内灌严
墙体	墙体	剔凿挖补风化酥碱墙体	对残坏面积较小的部位先用錾子将需修复的地方凿掉。凿去的面积应是单个整砖的整倍数，然后按原砖的规格重新砍制，砍磨后照原样用原做法重新补砌好，里面用砖灰填实

续表

分项	部位	残损现状	残损原因分析
墙体	墙体	择砌风化酥碱墙体	对残坏面积较大的部位则采用择砌的方法。择砌必须边拆边砌，不可等全部拆完后再砌。用水将旧槎洇湿，然后按原样重新砌好。一次择砌的长度不应超过50~60厘米。若只择砌外（里）皮时，一次择砌的长度不要超过1米
	墙面	剔除外墙水泥抹面	后加水泥抹面多已空鼓，用錾子轻轻剔除，不可损坏水泥下面的原有墙体。凿除水泥后若内部墙面风化酥碱严重，则进行挖补或择砌处理
		填补墙身裂缝	墙体裂缝宽度在1厘米以上者，对墙体采取挖补法修葺。墙体有细微裂缝者，先清理裂缝里尘土杂物并用水冲洗干净，将修补材料用小抿子添补在裂缝之内，抹平，待稍干后用白灰膏掺适量黄土做出假砖缝。墙体裂缝修补用料配比：水泥：砖面：骨胶：黄土：白灰膏=100：130：25：50：8
		清理外墙涂料	用磨头将墙面（含剔凿挖补后的部分）全部磨一遍，磨不动的部分可先用剁斧剁一遍，最后用清水冲刷墙面或刷一遍砖面水
构架	大木架	依残损情况更换、剔补、加固檩枋	更换严重糟朽木构件，糟朽较轻并不影响结构受力的剔补、粘接朽坏部分。归安各个拔榫移位木构件，应采用加木楔以及铁活加固等传统加固方法
装修	装修	整修糟朽松动装修	更换糟朽严重的槛框。拆安整修松动的窗扇，修理时应整扇拆落，归安方正，接缝要加楔重新灌胶粘牢，更换全部铁活（三角和丁字要嵌入边框内与表面齐平，用螺钉拧牢）。边框和抹头局部劈裂糟朽时应钉补牢固，严重者应按原制补配
		填补裂缝	装修上一般裂缝要用通长木条嵌补粘接严实，细小裂缝待油饰时用腻子勾抿
吊顶	吊顶	重做吊顶	拆除后加的吊顶、灯池，按原式样、原材料修复吊顶；油漆按原来的颜色、工艺重新刷涂
瓦顶	瓦顶	翻修屋面	揭开屋面的铁皮瓦，检查原有的屋面防水层，对渗漏部位进行修补或将屋面防水层采用新工艺、新材料重新铺设，将原屋面铁皮瓦进行除锈、防腐后安装
油饰	油饰	重新油饰	用粗砂纸打磨旧油饰，不可漏磨，然后清理干净。满刮腻子，全部用砂纸细磨。上三道油，以丝头蘸上配好的色油，擦于操作面上，再用油栓横澄竖顺，使油膜均匀一致。油不流坠，油路要直，边角要擦到

6. 修缮加固的技术措施

（1）拆除后加的建筑构件

拆除室内后加的吊顶、墙裙及内墙装饰；拆除后铺的地面面砖，按原地面的材料和做法进行修复。

（2）基础处理

根据地基基础勘察报告及现场实地探查表明，图书馆建筑基础直接落于杂填土上，其下为淤泥。其原始地貌为紧挨莲池的水坑，地下水位较高。在2004年图书馆东侧的改造工程施工时，所挖的基坑仅距图书馆东墙2.5米，基坑深5.0米，在施工期间未采取防降水措施及基坑支护措施，造成了图书馆楼下的土体地下水位的变化和土体的流失，建筑基础产生不均匀沉降。本次修缮以最少干预为原则进行以下工作：对墙基础下的杂填土进行注浆固结；对墙基础进行加固补强；对外墙在墙根处做混凝土防水层，防止雨水对墙基的浸泡与冲刷。

（3）对上部结构的加固处理

砖砌体裂缝处理：砌体的裂缝有的是由于基础不均匀沉降产生的，有的是由于震动破坏产生的，还有是砖砌体的陈旧变形裂缝。应分清不同裂缝的性质，确定其范围，采用不同的处理方法。对于陈旧变形裂缝采用聚合物胶泥封缝，对于结构性裂缝先用聚合物胶泥封缝，再采用压力灌浆法对裂缝灌注环氧树脂砂浆。

内墙面的处理：根据《砌体结构设计规范》GB 50003—2001和《建筑抗震设计规范》，GB 50011—2001，原有墙体不能满足强度要求，应进行补强处理，处理方法为：将内墙面抹灰全部清除，并将原有墙体灰缝向内剔除直至露出较硬的砂浆，深度约为15毫米，充分润湿后用水泥砂浆勾缝。清除墙体表面浮尘，充分润湿后在墙体表面敷设一层Φ4钢筋网片，然后采用喷射砂浆作法，水泥砂浆的厚度为30毫米，达到设计强度后参照原建筑墙面面层作法恢复面层。

（4）建筑抗震加固

因本地区为抗震设防7度区，设计基本地震加速度值为0.10g（第一组），根据《建筑抗震设计规范》，本建筑物不能满足规范要求，应加固处理。根据《中华人民共和国文物保护法》、《文物保护工程管理办法》等法规，结合本建筑物的具体情况，采用附加拉杆进行抗震加固。

（5）屋面的修缮维护

揭开屋面的铁皮瓦，检查原有的屋面防水层，对渗漏部位进行修补或对屋面防水层采用新工艺、新材料重新铺设。原屋面铁皮瓦进行除锈、防腐后再安装，疏通屋面排水沟，将原有雨水斗除锈后重新安装。

（6）外墙面的保护修缮

用清水和钢丝刷擦除附着在砖墙表面的灰迹污垢，恢复清水墙面的原貌，封堵裂缝。封堵材料需先调色处理，处理完毕后在墙面刷涂透明防水剂，以防止墙面继续风化和雨水的侵蚀；拆除所有后加的管线和雨水管，按照原式样修补雨水管，已缺失的要按原样重新建造；地脚线、腰饰线、拱券饰线以及墙角造型有部分缺损，应按现存式样重塑补齐；清水外墙经过风吹雨淋，出现渗漏、粉化、饰面层脱落等问题，粉化严重的灰砖可采用除粉剂。在不影响结构的情况下，为了增强古建筑的年代感，可采用固化法，保留粉化砖的韵味。

（7）门窗的修缮

图书馆楼的门为中式门，窗为西式窗，双层窗扇，里为玻璃窗扇，外为木质窗扇，均有不同程度的损坏和缺失，应按照原式样原材质进行修补；门窗的铰链和铁件部分已锈蚀或被更换，对于仍然可用的经修补后重新按原位安装，对于已破烂不能再用的须按原式样定造。木门窗因为木材干缩等原因，板缝太大时应卸下门窗重新密缝修补再连接成整体；木门窗须手工除掉面漆，按原来的颜色和工艺重新油漆。

（8）楼地面的修缮

现有后加的地面要凿除，按原式样铺木地板。二楼木地板损坏部位按原式样与原材料进行修复，所用木材一定要经过防腐防虫处理。

（9）天花板修复

拆除后加的吊顶、灯池，按原式样、原材料修复；油漆按原来的颜色、工艺重新刷涂。

二、旧址——河北涉县八路军一二九师司令部旧址

（一）研究评述

民国时期，西方建筑体系已经进入中国，但乡村建筑没有受到冲击，仍然沿用中国传统修缮体系，采用木构件承重，砖石及装修做维护结构，建筑外观形式及梁架结构仍保持着古建筑的构造做法。受材料价格的影响及北方地区房屋保暖的需求，前檐逐步不再采用隔扇槛窗，民居中明间设板门，此间在墙体中部开窗洞的方法得到普遍运用。简洁实用构成这一时期民居的特点。

一二九师司令部旧址就是采用这种建造方式修建的，八路军一二九师进入太行山区，利用旧房屋进行改造，材料、工艺均采用当地的做法。该修缮方案编制过程中出现一次纰漏，外檐椽子望板由于常年烟熏，颜色漆黑，调研时误以为刷涂了当地的土漆，后经反复考证，重新冲洗掉新刷的黑漆。知错就改，也是值得称赞的。另外，下院的东厢房被改为新式瓦房，与历史环境不符，该建筑价值不高，设计中拆除了新式瓦房，按照西厢房的式样恢复了东厢房。由于依据充分，布局合理，修缮工艺得当，修缮后社会反映良好。

（二）勘察报告

1. 概况

八路军一二九师司令部旧址坐落在河北省涉县清漳河西岸河南店镇的赤岸村中偏西部。东经113.6°，北纬36.3°。建筑群四周除西南侧有一土丘外，其余各面均为民宅。旧址由上、中、下3个四合院和1个防空洞组成，占地面积1834.1平方米。

2. 历史沿革

1940年以前，一二九师司令部旧址下院为赤岸村的公产房，是节庆进行集会、请神、唱戏等活动的场所；上院和后院为民居。1940年八路军一二九师进住赤岸村，刘伯承、邓小平、李达、李雪峰等领导同志均在此居住；抗战期间，此处一直为八路军一二九师暨晋冀鲁豫军区所在地。中华人民共和国成立后先后被村委会、村小学、卫生队、供销社等单位占用。1963年洪水浸塌了下院东厢房和东耳房。1964年村大队予以重修。1979年成立了"一二九师司令部旧址管理处"（隶属涉县文物保管所），并将旧址辟为革命纪念馆，对外开放。

3. 建筑布局与各单体建筑结构及现存情况

（1）下院

下院现存正房、西耳房、西厢房、戏台、东屋（第二展室）等五座建筑（图7-138）。

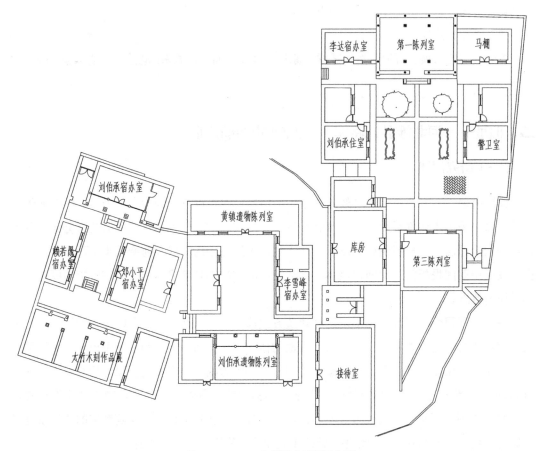

图7-138　一二九师司令部总平立面

正房为硬山小式布瓦顶建筑（图7-139），梁架七檩用四柱，前出廊，面阔三间9.32米，进深二间7.27米，高5.9米（图7-140）。前后金柱上施五架梁，梁上施瓜柱，支撑三架梁，三架梁上用脊瓜柱承托脊檩，两边施插手、不施驼墩（图7-141）。各檩下均施随檩枋，枋下用拉牵。金柱与檐柱间施穿插枋。明间前金柱上存有卯口，原为四扇格扇，现为两扇板门。次间为新式玻璃窗，室内用条砖铺墁，前出

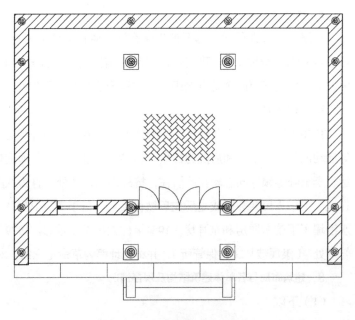

图7-139　司令部下院正房平面图

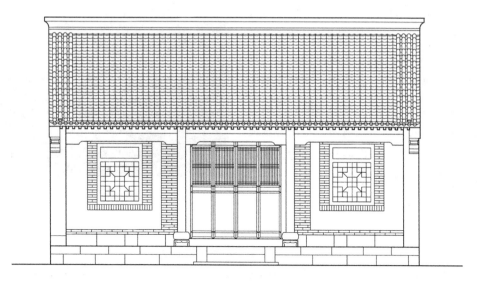

图7-140 司令部下院正房立面图

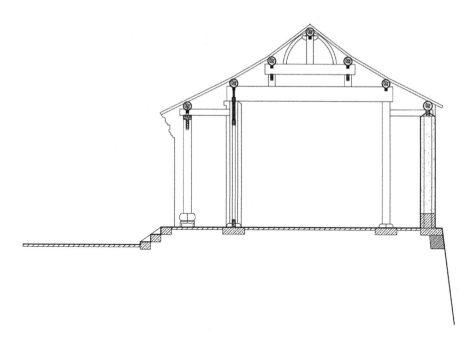

图7-141 司令部下院正房剖面图

台阶两步，山墙与后墙为土坯墙，前檐墀头用条砖磨制，各墙下碱均施毛石。

西厢房为硬山小式布瓦顶建筑（图7-142），梁架六檩用三柱，面阔四间9.02米，进深一间6.11米，高5.06米，北半部前出廊，南半部不出廊。南两间不施金柱，顺面阔施扒梁，支撑五架梁，五架梁以上做法与正房同；北两间施金柱，金柱支承五架梁，前出穿插枋连接檐柱。中间两间施单扇板门，北一间朝东辟门，南一间朝北辟门，其余两间为新式玻璃窗，室内用条砖铺墁；前出台阶两步，山墙与后墙为土坯墙，各墙下碱均施毛石。

东房（第二展室）为1964年所建新式瓦房，为硬山布瓦顶。面阔四间20.1米，进深一间6米，高6.4米。方向东偏南15度。屋顶用木龙骨纤维板吊顶，梁架用木三角支架，檩不施随檩枋，北端第二间与南端第一间为板门，其余各间为新式玻璃窗，室内为水泥地面，前出台阶两步，山墙与后墙为土坯墙四角施砖垛，墙下碱施毛石。

图7-142　前窗及墙体细部

（2）中院

中院现存：

北房（李达宿办室）、西厢房、东厢房（李雪峰宿办室）、南房等四座建筑。

中院东厢房（李雪峰宿办室）为硬山小式布瓦顶二层建筑，梁架五檩用二柱，面阔三间，进深一间。檐柱包于墙体内，上施五架梁，梁上施瓜柱，支撑三架梁，三架梁上用脊瓜柱承托脊檩，两边施插手、不施驼墩。各檩下均施随檩枋。一层明间为两扇板门，次间为方格窗，二层装修与一层相同，室内施木隔断，隔断上施棂条，下施群板。室内用条砖墁地，前出台阶一步，山墙与后墙为土坯墙，墙下碱施毛石。

（3）上院

上院现存：北房（邓小平宿办室）、西厢房、东厢房（刘伯承宿办室）、南房（太行木刻展）等四座建筑（略）。

4．残损状况及相关原因分析

（1）下院正房

表7-39对下院正房残损性质、残损程度及残损原因进行了分析。

下院正房残损程度与原因分析　　　　　　　　表7-39

部位	残损性质	残损程度	残损原因	备注
瓦顶	瓦陇松动、脱节	瓦陇脱节，约1/2瓦面毁坏，屋面大面积渗漏	年久失修	
椽飞	糟朽、下垂	檐椽飞椽除前檐完好外，其余全部糟朽，部分下垂；苫箔全部糟朽；吊顶为后加	漏雨	
梁架	歪闪、糟朽、断裂	梁架整体向前歪闪约10厘米；明间五架梁北端劈裂，两山梁架有不同程度糟朽，西次间五架梁已折断，穿插枋劈裂	部分构件为柳木，存在严重虫蛀	
檩	折断、拔榫	西次间脊檩、前上金檩、东次间上金檩折断；随檩枋全部毁坏；后檐挑檐檩全部糟朽	用材不合理，断面偏小	
额枋	遗失	两次间额枋遗失，明间额枋拔榫达5厘米	人为和失修	
柱	糟朽、下沉	西山墙内柱严重糟朽、北侧两柱已断裂下沉，其余各墙内柱均有不同程度糟朽	虫蛀	

续表

部位	残损性质	残损程度	残损原因	备注
墙体	坍塌、脱落	西北角墙体坍塌，外墙面摸灰层全部脱落	角柱折断	
地面台基	下沉、遗失	原地面全毁，现用红机砖铺墁，东北角部台基下沉；明间前檐柱顶石遗失	以人为为主	
装修	更换	明间装修原在前金柱施四扇隔扇，现改为前檐柱施两扇板门；次间也将方格窗移至前檐柱	人为	金柱上留有卯口
油饰	脱落	木构件油饰脱落60%	风雨浸蚀	

（2）中院东厢房

表7-40对下院正房残损性质、残损程度及残损原因进行了分析。

下院正房残损程度与原因分析　　　　　表7-40

部位	残损性质	残损程度	残损原因	备注
瓦顶	瓦陇松动、脱节	瓦陇脱节，约1/2瓦面毁坏；屋面大面积渗漏	年久失修	
椽飞	糟朽	椽飞约75%糟朽，苇箔全部糟朽	漏雨	
梁架	糟朽、断裂	两边缝梁架糟朽，南次间三架梁已折断	虫蛀	
檩	折断、拔榫	北次间上金檩、南次间后檐檩折断；其余各檩轻度糟朽	虫蛀	
楼板	糟朽	楼板糟朽达55%	虫蛀	
柱	糟朽	后山墙内柱及西南角柱糟朽约1/3柱高，其余墙内柱均有不同程度糟朽	虫蛀	
墙体	倾斜、脱落	西南角墙体向外严重倾斜20厘米；外墙面摸灰层约脱落45%	基础下沉	
地面台基	下沉	原地面全毁，现用红机砖铺墁，西南角部台基下沉	自然毁坏	
装修	毁坏	明间下层板门磨损严重，二层次间方格窗严重毁坏	人为	
油饰	脱落	木构件油饰脱落约达65%	风雨浸蚀	

5. 价值评估

八路军一二九师司令部旧址1996年11月被公布为全国重点文物保护单位。1994年旧址被列为河北省爱国主义教育基地，1997年被列入全国百个爱国主义教育示范基地之一，对弘扬革命传统、加强社会主义精神文明建设起到了一定的推动作用。

（三）方案说明

1. 修缮依据

《中华人民共和国文物保护法》关于"不改变文物原状"的文物修缮原则；《中华人民共

和国文物保护法实施细则》；《涉县一二九师司令部旧址勘察报告》关于残破现状及病害原因分析以及《涉县一二九师司令部旧址采访调查记》等。

2．修缮性质与范围

重点修缮：下院正房、下院西厢房、下院西耳房；复原工程：下院东耳房（马棚）、下院东厢房（警卫室）；其他修缮工程：下院院落地面、围墙等。

3．修缮方案

（1）下院正房（表7–41）

落架修复。

落架维修设计方案　　　　　　　　　　　　　　　　表7–41

序号	部位	维修设计方案
1	地面、台基	揭取室内地面，依原规格配置，更换风化严重的压面石，室内和台明地面做法：素土夯实后，打3：7灰土二步（厚300毫米），用240毫米×120毫米×60毫米青砖铺墁
2	大木构架	拨正梁架，墩接东山前檐柱、后山内墙柱（墩接高度视拆开墙体后的情况而定，用一级红松），更换西山墙北侧两柱；西边缝梁架更换三架梁、五架梁及三个瓜柱，明间五架梁北端加铁箍一道，更换西次间脊檩、前上金檩、东次间上金檩、后檐檩及随檩枋；补配两次间额枋，归安明间额枋；椽飞部约更换70%，重铺苇箔，连檐、瓦口全部更换
3	瓦顶	揭取瓦顶，重做苫背，苫背采用碴灰泥厚120毫米，板瓦更换约65%，依原规格式样补配残缺的滴水、吻兽、脊饰等
4	装修	重新制做明间前檐隔扇、次间方窗，参考中院南房装修式样
5	油饰	将原大木构件打磨清洗后，重新油饰断白；新配檩、柱及装修等按原做法施油饰

（2）下院西厢房（表7–42刘伯承宿办室）

下院西厢房维修设计方案　　　　　　　　　　　　　　表7–42

序号	部位	维修设计方案
1	台基地面	揭除现存室内水泥地面，以素土夯实后，打3：7灰土二步（厚300毫米），用240毫米×120毫米×60毫米机制蓝砖铺墁，并归安错位压面石
2	大木结构	铁箍加固霹裂的木构件，椽飞约更换20%，连檐、瓦口全部更换
3	瓦顶	揭取瓦顶，重做苫背，采用二层做法（渣灰泥厚120毫米，黄泥背厚40毫米）。板瓦约更换40%，勾头、滴水约更换30%；依原样补配遗失吻兽
4	油饰	梁架大木构件钻生一道，其他木构件按原做法施油饰

参考文献

[1] 《国际古迹保护与修复宪章》(又称威尼斯宪章),1964.

[2] 罗哲文,《中国古代建筑(修订本)》,2001.

[3] 黄松《保护建筑遗产 构建和谐社会》[J]. 同济大学学报,2006,17(5).

[4] (清)平步青,《霞外攟屑·掌故·陈侍御奏折》.

[5] 《睢县志·文化·古建筑》,1989.

[6] 《中华人民共和国文物保护法》,1982.

[7] 《意大利物质文化遗产保护发展简史》.

[8] 陈曦. 建筑遗产保护思想的演变[M]. 同济大学出版社,2016.

[9] 尤嘎·尤基莱托,《建筑保护史》,2011.

[10] (法)雨果著. 巴黎圣母院[M]. 李玉民 译. 西安交通大学出版社,2017.

[11] (法)《历史性建筑法案》,1840.

[12] (法)勒·杜克,《法国建筑理性辞典》,1868.

[13] (英)约翰·拉斯金 著. 建筑的七盏明灯[M]. 张璘译. 山东画报出版社,2006.

[14] 林明,张靖,周旖. 文献保护与修复[M]. 中山大学出版社,2012.

[15] 许槿. 欧洲建筑遗产修复的方法与技术[M]. 华中科技大学出版社,2016.

[16] 《城市规划大纲》(又称雅典宪章),1933.

[17] (加拿大)简·雅各布斯 著.《美国大城市的死与生》[M]. 金衡山 译. 译林出版社,2006.

[18] 《武装冲突情况下保护文化财产公约》,1954.

[19] 《保护世界文化和自然遗产公约》(简称世界遗产公约),1972.

[20] 《关于历史地区的保护及其当代作用的建议》(简称内罗毕建议),1976.

[21] 《欧洲建筑遗产宪章》,1975.

[22] 《马丘比丘宪章》,建筑师及城市规划师国际会议,1977.

[23] 《巴拉宪章》,1979.

[24] 《佛罗伦萨宪章》,1981.

[25] 《保护历史城镇与城区宪章》,(简称华盛顿宪章),1987.

[26] 《奈良文件》,1994.

[27] 《北京宪章》,国际建协第20届世界建筑师大会,1999.

[28]《中国文物古迹保护准则》，2000.

[29]《西安宣言》，2005.

[30] 梁思成.《为什么研究中国建筑》[M]. 外语教学与研究出版社，2011.

[31]（清）《保存古物推广办法》，1906.

[32]（民国）《保存古物暂行办法》，1916.

[33]（民国）《名胜古迹古物保存条例》，1929.

[34] 中国营造学社. 中国营造学社汇刊 [M]. 知识产权出版社，2006.

[35]（民国）《古物保存法》，1930.

[36] 北平市政府秘书处. 旧都文物略 [M]. 中国建筑工业出版社，2012.

[37]（民国）《保存名胜古迹暂行条例》，1940.

[38] 解放区华北人民政府，《关于文物古迹征集保管问题的规定》，1948.

[39] 梁思成，《全国重要建筑文物简目》，1949.

[40]《关于在农业生产建设中保护文物的通知》，1956.

[41] 国务院，《文物保护管理暂行条例》，1960.

[42] 文化部，《文物保护单位保护管理暂行办法》，1963.

[43] 国务院，《加强文物保护工作的通知》，1974.

[44]《国务院批转国家文物事业管理局、国家基本建设委员会关于加强古建筑和文物古迹保护管
    理工作的请示报告的通知》，1980.

[45]《关于保护我国历史文化名城的请示》，1982.

[46] 全国人大常委会，《中华人民共和国文物保护法》，1982.

[47]《关于强化历史文化名城规划的通知》，1983.

[48] 文化部，《纪念建筑、古建筑、石窟寺修缮工程管理办法》，1986.

[49] 建设部和文化部，《关于重点调查、保护近代建筑物的通知》，1988.

[50]《中华人民共和国文物保护法实施细则》，1992.

[51]《中国历史文化名镇（村）评选办法》，2003.

[52] 国务院，《关于加强文化遗产保护的通知》，2005.

[53]《北京文件：关于东亚地区文物建筑保护与修复》，2007.

[54] 国务院，《历史文化名城名镇名村保护条例》，2008.

[55]《中国文物古迹保护准则》，2015.

[56] 梁思成. 营造法式注释[M]. 中国建筑工业出版社，1983.

[57]（宋）李诫. 营造法式 [M]. 重庆出版社，2018.

[58] 梁思成. 清式营造则例 [M]. 清华大学出版社，2006.

[59] 梁思成. 闲话文物建筑的保护//梁思成全集（第五卷）[M]. 中国建设工业出版社，2001.

[60] 国务院，《文物保护暂行条例》，1961.

[61] 中国文物研究所. 祁英涛古建论文集 [M]. 华夏出版社，1992.

[62] 梁思成全集（第五卷）[M]. 中国建设工业出版社，2001.

[63] 陈明达. 营造法式大木制度研究 [M]. 文物出版社，1981.

[64] 郭黛姮. 南宋建筑史，[M]. 上海古籍出版社，2018.

[65] 刘致平. 中国建筑类型与结构 [M]. 建筑工程出版社，1957.

[66] 刘大可. 中国古建筑瓦石营法 [M]. 中国建筑工业出版社，1993.

[67] 马炳坚. 中国古建筑木作营造技术 [M]. 科学出版社，2003.

[68] 杜先洲. 中国古建筑修缮技术 [M]. 中国建筑工业出版社，1983.

[69] 梁思成. 中国建筑史 [M]. 生活. 读书. 新知三联书店，2011.

[70] 王其亨，吴葱，白成军. 古建筑测绘 [M]. 中国建筑工业出版社，2007.

[71] 《古建筑木结构维护与加固技术规范》，1992.

[72] 何力. 历史建筑测绘 [M]. 中国建筑工业出版社，2009.

[73] 清华大学建筑学院国家遗产中心，《山西南部早期木构建筑信息数字化研究》，2012.

[74] 《文物认定管理暂行办法》，2009.

[75] 北京市古代建筑研究所，《真觉寺金刚宝座（五塔寺塔）石栏板抢险加固工程》项目.

[76] 《汉语大词典》（第二版）[M]. 上海辞书出版社，2018.

[77] 河北省古代建筑保护研究所，《文物保护工程设计方案集》，2007.

[78] 杨荞华，马全宝，姚洪峰. 闽南民居传统营造技艺 [M]. 安徽科学技术出版社，2013.

[79] 陕西省西安市文物管理局. 西安长乐门城楼修缮工程报告 [M]. 文物出版社，2001.

[80] 文化部文物保护科研所. 中国古建筑修缮技术 [M]. 中国建筑工业出版社，2010.

[81] 《砌墙砖（外观质量、抗压、抗折强度、抗冻性能）检验方法》，1989.

[82] 李永革，郑晓阳. 中国明清建筑木作营造诠释[M]. 科学出版社，2018.

[83] 联合国教科文组织，《实施世界遗产公约的操作指南》，1977.

[84] 建设部，《施工图设计深度要求》，2017.

[85] 《文物保护工程设计文件编制深度要求（试行）》，2013.

[86] 《全国重点文物保护单位文物保护工程竣工验收管理暂行办法》，2013.

[87] 《文物建筑保护维修工程竣工报告管理办法》，2003.

[88] 张克贵，崔瑾著. 太和殿三百年[M]. 科学出版社，2015.

致　谢

本人自 1990 年分配至河北省古代建筑保护研究所，一致从事建筑遗产保护工作，直至 2011 年 8 月调入北京建筑大学，在建筑与规划学院担任建筑遗产专业负责人和建筑学科带头人，在北京建筑大学工作 8 年后于 2019 年 9 月调入中国艺术研究院建筑艺术研究所工作。我在文博行业一线从事勘察、设计、施工、监理及相关研究工作已达 21 年，期间受到了河北省古建所原所长张立方、副所长刘智敏、后任所长郭瑞海以及林秀珍、孙荣芬、刘国斌、朱新文、次立新、刘清波、檀平川、张宏禄、张剑玺、李拥军、孙颖卓、张勇、赵喆等同事的关怀与帮助，形成了情同手足的情谊；到北京后，教授工作室的周远、董俊娟协助我做了大量勘察设计工作，陆红伟前期协助做了部分整理工作，在此一并表示感谢！

本书中引用的部分项目为本人在河北省古代建筑研究所工作期间主持的项目以及在北京建工建筑设计院田林教授工作室主持的项目，其中勘察及绘图并非一己之力，是多位同事共同努力的结果。下面将项目对应的具体参加人员一一列出，由于时间久远，记忆偏差，难免存在挂一漏万，不当之处还请谅解，并对所有参与勘测绘图的人员一并加以感谢！

项目名称	勘察绘图人员
河北蔚县真武庙	孙颖卓、张勇、田林
辽宁锦州广济寺	林秀珍、孙荣芬、田林
河北泊头清真寺	孙荣芬、张剑玺、田林
新疆伊犁将军府古建筑群	刘智敏、张剑玺、孙荣芬、田林
山东临清钞关	周远、董俊娟、田林
四川罗江庞统祠庙	朱新文、刘国宾、张勇、田林
湖北宜昌望家祠堂	林秀珍、张丰、张洪英、张勇、田林
河北直隶图书馆	孙颖卓、赵喆、田林
河北涉县八路军一二九师司令部旧址	李拥军、张勇、田林